W0219825

myBook+

Ihr Portal für alle Online-Materialien zum Buch!

Arbeitshilfen, die über ein normales Buch hinaus eine digitale Dimension eröffnen. Je nach Thema Vorlagen, Informationsgrafiken, Tutorials, Videos oder speziell entwickelte Rechner – all das bietet Ihnen die Plattform myBook+.

Ein neues Leseerlebnis

Lesen Sie Ihr Buch online im Browser – geräteunabhängig und ohne Download!

Und so einfach geht's:

- Gehen Sie auf **https://mybookplus.de**, registrieren Sie sich und geben Ihren Buchcode ein, um auf die Online-Materialien Ihres Buchs zu gelangen
- **Ihren individuellen Buchcode finden Sie am Buchende**

Wir wünschen Ihnen viel Spaß mit myBook+!

https://mybookplus.de

Die DNA der Generation Z – der direkte Weg in ihr Mindset

Prof. Dr. Meike Terstiege

Die DNA der Generation Z – der direkte Weg in ihr Mindset

Warum sie so special sind – ein Marketingbuch für Praktiker

1. Auflage

Haufe Group
Freiburg · München · Stuttgart

Bibliografische Information der Deutschen Nationalbibliothek

Die Deutsche Nationalbibliothek verzeichnet diese Publikation in der Deutschen Nationalbibliografie; detaillierte bibliografische Daten sind im Internet über http://dnb.dnb.de/ abrufbar.

Print: ISBN 978-3-648-15813-5 Bestell-Nr. 10699-0001
ePub: ISBN 978-3-648-15814-2 Bestell-Nr. 10699-0100
ePDF: ISBN 978-3-648-15815-9 Bestell-Nr. 10699-0150

Prof. Dr. Meike Terstiege
Die DNA der Generation Z – der direkte Weg in ihr Mindset
1. Auflage, Mai 2023

www.haufe.de
info@haufe.de

Bildnachweis (Cover): © AdobeStock/ra2 studio

Produktmanagement: Kerstin Erlich
Lektorat: Ursula Thum, Text+Design Jutta Cram, Augsburg

Inhaltsverzeichnis

Vorwort

Die Generation Z ist stark. Die Generation Z ist einflussreich. Aber nicht jeder kann das verstehen, nicht jeder will das akzeptieren. Fakt jedoch ist, dass die Gen Z die Generation der Gegenwart und die Generation der Zukunft ist. Kein Unternehmen, keine Marke und kein Arbeitgeber kann sie ignorieren. Als Kund:innen der Zukunft und Arbeitnehmer:innen der Zukunft sind sie die entscheidende Zielgruppe für Unternehmen als Absender von Marken und für Unternehmen als Anbieter von Arbeitsplätzen. Sie nicht zu verstehen oder sie nicht ernst zu nehmen, ist ein Fehler, den sich mittlerweile kein Unternehmen mehr leisten kann. Mit ihr auf Augenhöhe zu kommunizieren und ihr entgegenzukommen, ist ein Erfolgsfaktor, auf den kein Unternehmen mehr verzichten kann.

Die Generation Z wird unterschätzt. Die Generation Z wird missverstanden. Viele Vertreter:innen der Generation Babyboomer und der Generation X betrachten die Gen Z voller Unverständnis, voller Misstrauen und teils sogar voller Miss- bis Verachtung. Das grundlegende Missverständnis zwischen diesen teils vollkommen unterschiedlichen Generationen beruht auf der Bildung von teils verhärteten Fronten und auf einem gegenseitigen Aufeinander-Herabblicken. Die Gen Z fühlt sich (häufig zu Recht) missverstanden und rächt sich dafür mit dem Verfolgen ihrer ganz eigenen Lebens- und Karriereziele. Sie hat eben ganz andere Vorstellungen von einem erfüllten Privat- und Berufsleben – und den »Älteren« bleibt nichts anderes übrig, als das zu akzeptieren.

Die Generation Z ist anspruchsvoll. Die Generation Z ist engagiert. Sie verfolgt ihre Interessen – seien es Klimaschutz und Nachhaltigkeit oder Diversität und Geschlechtergleichstellung – mit Intensität und Nachdruck, wird jedoch als teilnahmslos-desinteressierte Work-Life-Balance-Generation diffamiert. Sie erwartet von anderen Generationen und von Unternehmen, diese Werte nicht nur zu teilen, sondern proaktiv voranzutreiben. Sie gibt sich mit nichts weniger zufrieden als mit dem drastischen Infrage-Stellen des Status quo und mit dem nachhaltigen Verändern bzw. Verbessern der Zukunft.

Die Generation Z ist analog. Die Generation Z ist digital. Sie ist digital sozialisiert und vollständig von Internet und Digitalisierung, Smartphones und Tablets, WhatsApp und TikTok geprägt. Sie zeigt nicht nur ein anderes Mediennutzungsverhalten und einen eigenen Umgang mit Marken, auch ihre Kommunikation über und mit Marken und Unternehmen ist neu. Marken und Unternehmen müssen sich daher genau jetzt (und nicht erst morgen) auf die Gen Z einstellen. Sie müssen ihre Bedürfnisse und Wünsche identifizieren und verstehen.

Und: An der Gen Z führt kein Weg vorbei – für niemanden und für kein Unternehmen, für (fast) keine Marke. Die Gen Z ist vielversprechend, irritierend und provozierend. Sie stellt die Generationen vor ihr und die Unternehmen vor neue Herausforderungen. Unternehmen, die in Zukunft erfolgreich sein wollen, sind auf die Gen Z als Konsument:innen, Kund:innen und Arbeitnehmer:innen angewiesen. Unternehmen, die sich am Markt behaupten wollen, kommen nicht umhin, der Generation Z entgegenzukommen.

Dieses Buch dient daher dazu, Verständnis für eine Generation zu schaffen, die durch die (Baby)Boomer (geb. zw. 1946 und 1964), Gen X/Buster (geb. zw. 1965 und 1979) und Gen Y/Millennials (geb. zw. 1980 und 1994) bislang (viel zu oft) missverstanden bis unverstanden ist. Nur wenn die Gen Z verstanden wird, können Unternehmen, Marketing und HR mit ihr in einen proaktiven und produktiven Dialog treten und sie glaubwürdig, nachvollziehbar und ernst gemeint für sich als Kund:innen und als Arbeitnehmer gewinnen.

Viel Spaß beim Lesen (und Reflektieren) der hier beschriebenen Insights zur Generation Z – vor allem aber wünsche ich Ihnen mehr als nur ein Aha-Erlebnis, das Ihre Marke und Ihr Unternehmen der Gen Z näher und nahebringt!

Meike Terstiege, Mai 2023

Abbildungsverzeichnis

1 INTRO

Das Verstehen der Generation Z ist ein Garant für Unternehmenserfolg – das ist nicht mehr wegzudiskutieren, zu ignorieren oder zu leugnen. Die Generation Z als eine Idee des Marketings oder als Trend (der bald vorbei ist) abzutun und ihr mit Desinteresse zu begegnen, ist ein unverzeihlicher Fehler, wenn es um die Gewinnung und Bindung neuer Zielgruppen in den Bereichen Marketing, PR, Vertrieb und auch HR geht.

Wer die Generation Z versteht, sie ernst nimmt und ihr auf Augenhöhe begegnet, gewinnt ihr Interesse und vielleicht auch ihre Loyalität. Wer die Generation Z belächelt, sie vernachlässigt und in ihr nicht den Partner der Zukunft sieht, verliert sie – und hat ein Problem.

Die Generation Z (sog. Zoomer, geb. zw. 1995 und 2010) ist in mehrfacher Hinsicht für fast alle Unternehmen sowie Marketers eine vielversprechende Herausforderung, für viele ein nebulöses Mysterium und für einige eine schlichtweg nervige Aufgabe, denn

- als einflussreiche Gesellschaftsgruppe und als Mitmenschen verkörpert sie eine Generation des Bruchs und des Aufbruchs – mit teils vollkommen neuartigen Ansprüchen und Ansätzen, mit eigenen Wünschen und Vorstellungen,
- als potenzielle Kundengruppe steht sie branchenübergreifend im Fokus von Marketing, PR und Vertrieb und
- als potenzielle Arbeitnehmer sind ihre Mitglieder branchenübergreifend von Interesse für Arbeitgeber.

Die Generation Z (auch Generation Greta, Generation Merkel oder Zoomer genannt) ist von Haus aus und von Kindesbeinen an digital sozialisiert (im Gegensatz zu den analogen Boomern) und ohne Unterbrechung im Web aktiv (im Gegensatz zu vielen mit dem Internet und vor allem den sozialen Medien fremdelnden Boomern). Kaum ins Berufsleben eingestiegen, fordern sie bereits als Praktikant:innen viel und als Arbeitnehmer:innen dann recht schnell z. B. Workations, Sabbaticals und auch mal höhere Gehälter (die ein in ihren Augen vernünftiges Leben gewährleisten). Sie lehnen Hierarchien und vor allem hierarchische Denkweisen ab, fühlen sich keinem Unternehmen oder Arbeitgeber vollends verbunden. Auf willkürliche Anordnungen von oben reagieren sie fast schon allergisch, sie verlangen Erklärungen und fragen ständig nach dem Warum. Überstunden, Nachtschichten, Wochenendarbeit oder gestrichene Urlaubstage sind für sie ein No-Go. Zugleich sind sie durchaus anspruchsvoll, haben hohe Erwartungen an Arbeit, Arbeitgeber und Arbeitgebermarken – sind sie doch in einer Ära des dauerhaften konjunkturellen Aufschwungs aufgewachsen, in der alles möglich war sowie Sorglosigkeit und Machbarkeit vorherrschten. Wertschätzung und Lob sind wichtige Antriebsfedern und Motivatoren im Job.

Auch wollen die Zoomer ganz anders geführt werden. Chefs müssen zu Coaches avancieren, Vorgesetzte zu Personalmanagern und vorherige »Befehlsgeber«, die von oben Anweisungen gaben, zu Feedbackmeistern, die Ratschläge auf Augenhöhe geben. Aus Führungskräften werden Dienstleister. Die Zeit der autoritären Chef-Attitüde funktioniert nicht mehr, die Gen Z will persönlich und in zeitnahen Feedbackschleifen angesprochen werden. Von Vorgesetzten als 08/15-Mitarbeiter:in behandelt, zu Unrecht kritisiert oder harsch angegangen zu werden, treibt sie ganz schnell in die innere Kündigung, der in dieser Generation die echte Kündigung auf dem Fuße folgt. Arbeitgeber und Vorgesetzte müssen demnach dazulernen (Deters et al. 2022).

Im Folgenden betrachten wir die Generation Z daher aus drei verschiedenen Blickwinkeln:

- als Menschen einer Generation, die mit den vielen traditionellen Sichtweisen und Werten der vorherigen Generationen nicht nur nichts anfangen kann, sondern mit diesen häufig ganz bewusst bricht,
- als Kund:innen und Konsument:innen, die völlig neue Anforderungen an Marken, Produkte und Dienstleistungen stellen und teils überraschende Erwartungen gegenüber Marken und Unternehmen haben, und
- als vielversprechende Arbeitnehmer:innen, die arbeiten wollen und arbeiten können, sich dabei aber weder (bis zur Erschöpfung) verausgaben noch langweilen möchten.

Der Dreiklang des Verstehens der Generation Z als

- gesellschaftliche Zielgruppe,
- Kundenzielgruppe und
- Arbeitnehmerzielgruppe

ist die Grundlage des zukünftigen Erfolgs für Unternehmen als Absender von Marken, als Anbieter von Arbeitsplätzen und als Partner einer Generation, die die aktuelle Gesellschaft nicht nur beeinflusst und prägt, sondern vielmehr die zukünftige Gesellschaft darstellt und ausmacht.

2 MINDSET – wie die Gen Z die Welt sieht

Als eine der wachsenden und einflussreichsten gesellschaftlichen Gruppen steht die Generation Z sowohl für einen Wandel als auch für die Abkehr von tradierten Normen und Werten. Ihre ungewöhnlichen Denk- und Handlungsweisen können und sollten den vorhergehenden Generationen ihrer Eltern und Großeltern zu denken geben und diese letztlich zu einem Umdenken oder wenigstens zu einem Überdenken der eigenen Anschauungen motivieren.

Daher lohnt es sich, die Gen Z als Generation zu betrachten, die sehr häufig mit traditionellen Sichtweisen und Strukturen wenig anfangen kann und teilweise recht laut gegen diese rebelliert. Das Mindset der Gen Z zu verstehen, ist der beste (und vermutlich einzige) Weg, um mit ihr in den Dialog treten und sie als Unternehmen, Marke oder Arbeitgeber für sich gewinnen zu können.

2.1 SYSTEMSPRENGER und SNOWFLAKE – warum die Generation Z vielfältig und zwiegespalten ist

Die Generation Z als eine gesellschaftliche Gruppe mit einem einheitlichen Mindset zu beschreiben, wird dieser nicht gerecht. Sie ist auch keine Generation, die homogen und einheitlich ist. Denn gerade die Gen Z zeichnet sich durch eine Vielfalt an Meinungen sowie an Stärken und auch an Schwächen aus – Stärken, mit denen sie sich brüstet, bzw. Schwächen, mit denen sie kämpft.

Die Generation Z ist vieles, vor allem aber ist sie eine Generation der Extreme. So bewegt sie sich zwischen dem Image als Systemsprenger (Großekathöfer & Timm 2022), weil sie die Gesellschaft verändert, und ebenso dem als Snowflake, weil ihr nachgesagt wird, wenig belastbar zu sein. Werfen wir daher zuerst einen Blick auf die verschiedenen Facetten einer »bipolaren«, d.h. hin- und hergerissenen Generation, die sich sowohl als Snowflake als auch gleichzeitig als Systemsprenger für Wirtschaft, Politik und Gesellschaft vielversprechend und herausfordernd zeigt.

2.1.1 Generation SNOWFLAKE

Sprechen wir über eine Generation, die sich (u.a.) als »Snowflake« zeigt. Die Generation Z ist zwiegespalten, außen hart, innen weich. Nach außen cool, innen jedoch längst nicht so abgebrüht, wie sie sich gern geben bzw. gesehen werden will. Denn letztlich sind ihre Vertreter:innen sensibel, und zwar von Grund auf. Es ist eine überbehütete und verunsicherte Generation, die einerseits von ihren Helikoptereltern besorgt umsorgt wurde, andererseits mit Krisen lebt und aufwächst. Eine Generation, die sich im Schutz-Kokon der Familie hat entwickeln können und jetzt mit einem mittlerweile doch recht schutzlosen Leben nicht nur konfrontiert, sondern überfordert ist. Und gleichzeitig haben wir es mit einer Generation zu tun, die sich als Antwort auf die sie ständig begleitenden und umgebenden Krisen und Unwägbarkeiten nach außen hin betont cool, tough und unnahbar zu geben versucht.

Snowflake mit harter Schale

So zeigt die Gen Z stets zwei Seiten, gibt sich extrem heterogen und polarisierend. Im Versuch, sich nach außen hin abzuschotten, umgibt sie sich mit dem Mantel der Unnahbarkeit. Vieles scheint sie kalt zu lassen. Vieles tun sie mit einem müden bis gelangweilten Lächeln ab. Vieles kommentieren sie leidenschaftslos, vieles ignorieren sie. Und vieles lassen sie ganz einfach nicht an sich heran.

Die Gründe für diese Unnahbarkeit sind simpel: Zum einen ist die Coolness der Gen Z bedingt durch ein alterstypisches Abschotten und Distanzieren von anderen – ein Verhalten, das jede Generation davor und voraussichtlich auch die Generationen danach an den Tag legen. Die Vertreter:innen sind meist noch in der Phase der Identitätsfindung und Persönlichkeitsentwicklung – deshalb suchen sie nach Eindrücken und Erlebnissen, nach Menschen und Meinungen, nach Werten und nach Antworten. Um beim selektiven Sammeln der für sie bedeutenden Informationen aus ihrem Umfeld nicht im »Information Overload« unterzugehen, benötigen sie ihre ganz persönliche Firewall. Eine Demarkationslinie, die sie von der Umwelt trennt und sie vor ihr schützt, die nur sie übertreten dürfen und das nur bei Bedarf.

Als Resultat wirkt die Gen Z deutlich abgeklärter und distanzierter, als sie es in Wirklichkeit ist. Sie saugt von außen zwar alles auf, gibt sich gegenüber äußeren Reizen und Einflüssen aber unbeeindruckt. Wie sie mit diesen Umweltreizen aber umgeht, wie sie diese bewertet und verarbeitet, bleibt für Außenstehende meistens eine Black Box.

Zum anderen erlebt die Generation Z wie keine Generation zuvor nicht nur eine Krise, sondern gleich mehrere – und diese auch nicht nacheinander, sondern teils parallel sowie keine kleinen Krisen, sondern ausschließlich große. Gleichzeitig scheint ein Ende dieser Krisenzeiten nicht absehbar. Die Gen Z erlebt Unsicherheit und Unplanbarkeit pur, nichts ist mehr sicher, alles scheint möglich. Angesichts dieser sie ständig und vollständig umgebenden Volatilität sieht sie es nicht nur als probates Mittel, sondern hat schlichtweg keine Alternative, als sich hartgesotten zu geben, so viel härter zu zeigen, als sie wirklich ist.

Die harte Schale ist ihre Rüstung gegen Corona, Klimakrise und Kriege, gegen Inflation und Shitstorm. Ohne diese Rüstung fühlen sie sich schutzlos gegenüber den Herausforderungen und Härten des Lebens, hätten den Problemen, die sie seit ihrer Kindheit und Jugend begleiten und nach ihrer Einschätzung auch in Zukunft begleiten werden, von Anfang an nichts entgegenzusetzen. Die harte Schale ist für die Gen Z ein »Must«, kein »Can«.

Snowflake mit weichem Kern

Unter diesem Mantel der Unnahbarkeit sieht es allerdings anders aus. Behütet und beschützt aufgewachsen muss sich die Generation Z beim Erwachsenwerden genau den Herausforderungen stellen, vor denen ihre Eltern und Großeltern sie hatten schützen wollen und es nun nicht mehr können. Die Generationen Boomer und Buster (Babyboomer und Gen X) haben ihren Kindern und Enkeln sehr viel und tatsächlich leider oft auch zu viel abgenommen. Entscheidungen, Meinungen und Monetäres, Verkehr, Versorgung und Versicherung, um zu wenig hat sich die Gen Z in ihrer Jugend kümmern müssen.

In den ersten Phasen ihres Lebens hat sich die Gen Z keinerlei Gedanken, geschweige denn Sorgen machen müssen – weder

- um Geld (das Taschengeld floss regelmäßig und wurde sogar ohne elterliches Murren erhöht, Ferienjobs entwickelten sich so häufig zur Nebensache),
- um Freizeit (Langeweile ist für die Gen Z ein Fremdwort, sah sie sich doch von Kindesbeinen an mit einer Vielfalt an Freizeitaktivitäten konfrontiert, die ihnen die Eltern mit dem Ziel der Förderung von Begabungen offerierten),
- um Transport (von Fahrrad über Scooter bis Auto – Eltern und Großeltern sorgten als Financiers oder als Chauffeur-Service stets dafür, dass das Kind mobil ist bzw. transportiert wird),
- um Haushalt (Eltern entbanden den Nachwuchs, insbesondere dank innovativer Haushaltsgeräte und -erleichterer sowie mit Unterstützung der oft haushaltseigenen Putzfee, von vielen bis allen Haushaltspflichten, da man den Nachwuchs, der ja ohnehin bald schon mit den Härten des Lebens zu kämpfen hätte, schonen und die Jugend genießen lassen wollte),
- noch um Konflikte (Spielplatz- oder Schulhofstreitigkeiten wurden gern unter den Eltern oder auch vor Gericht ausgetragen, Medieninhalte mit Konfliktpotenzial wurden gefiltert und kanalisiert, Rügen von Lehrer:innen wurden von Eltern als Inkompetenz, Ungerechtigkeit oder sogar Mobbing seitens der Lehrkräfte argumentativ abgetan).

Bislang in Watte gepackt tritt die Gen Z ungeschützt ins Leben, sieht sich urplötzlich all den kleinen alltäglichen Aufgaben und allen Problemen, die das Leben und das Miteinander von Menschen so mit sich bringen, schutzlos und planlos gegenüber. Beim Verlassen des elterlichen Kokons fehlen ihr aufgrund mangelnder Erfahrung schlichtweg die Kompetenzen, um Konflikte zu lösen, um Dinge selbst anzustoßen und in die Hand zu nehmen, oder ganz einfach nur, um Alltag und Haushalt, Schule, Ausbildung oder Studium allein bzw. selbstständig zu meistern. Ohne Eltern, die im Helikopter- und Rasenmäher-Modus alles für sie erledigten und jeglichen Unbill des Lebens so lange wie möglich von ihnen fernhielten, müssen sie sich erstmals selbst behaupten.

So ist ihnen Kritik fremd, Lob hingegen sind sie (von ihren Eltern) gewohnt. Von Kindesbeinen an haben sie von ihrem engsten Umfeld, von Familie und Freunden, Anerkennung und Bestätigung erfahren, ob gerechtfertigt oder nicht, ob bei kleinen oder großen (Meister-)Leistungen. Denn die Eltern der Generation X, immer im Stress und immer am Rande des Burn-out, machte es sich leicht(er): Um (noch mehr) Stress zu vermeiden und um es sich mit den Kindern nicht zu verscherzen, wurde munter drauf los gelobt. Ganz gleich, was der Nachwuchs vollbrachte, ein Lob macht(e) so vieles leichter, war der Weg aus Konfliktpotenzialen, machte alle zufrieden und glücklich. Die Gen Z wuchs daher mit dem Eindruck und dem Selbstbild auf, nahezu perfekt zu sein – zumindest aus der Perspektive von Eltern und Co. Wenn ihnen später dann der raue Gegenwind der Realität entgegenweht, bläst dieser sie daher leicht um. Kritik ist für sie ein Angriff, selbst konstruktive Kritik kennen sie nicht oder können schlecht mit ihr umgehen. Für sie gibt es entweder Lob oder nichts. Kritik ist für die Gen Z gleich Ablehnung. Und dafür haben sie weder Verständnis noch Coping-Strategien, haben damit keine Erfahrung und daher dafür auch keine Lösungsstrategien.

Um die Gen Z produktiv zu kritisieren, verlangt es daher einerseits nach »Watte« und andererseits nach Kontinuität. Denn nur in (immens viel) Watte gepackte Kritik schafft es, zur Gen Z durchzudringen und sie nicht zu verschrecken. Und nur kontinuierliches Feedback (ein Begriff, mit dem die Gen Z deutlich mehr anfangen kann als mit dem Begriff der Kritik) ist für sie handhabbar und verdaubar. Kritik auf Dauer und in homöopathischen Dosen entspricht ihren Erwartungen und ihrer Mentalität bzw. Sensibilität. Nur mit Kritik, die nicht als solche erkennbar ist, die nicht einmalig und überraschend, sondern als Routine in Form von Feedbackschleifen erfolgt, und die die Gen Z nicht zerstört, sondern optimiert und motiviert, kann die Generation Z umgehen.

Snowflake mit hohem Anspruch

Die Gen Z ist anspruchsvoll. Finanzen spielen für sie daher eine große Rolle. Schließlich wollen auch sie sich ein eigenes Leben aufbauen und eine Wohnung leisten können. Trotzdem ist Spaß bei der Arbeit für sie entscheidend, viel wichtiger als beispielsweise das sofortige Suchen und Finden des sogenannten Traumjobs, den man direkt nach dem Abitur oder Studienabschluss ergreift. Der Traumjob ist demzufolge eher in die Kategorien »Der Weg ist das Ziel« oder »Um einen Prinzen zu finden, muss man viele Frösche küssen« oder auch »Trial and Error« zu finden, da sich der Arbeitsmarkt längst zu einem Arbeitnehmermarkt zugunsten der Generation Z entwickelt hat. Wenn also ein Job nicht gefällt oder ein anderer attraktiver erscheint, wechselt man eben einfach, spontan und den jeweiligen Vorlieben entsprechend.

Das Ziel der Generation Z ist vielmehr eine Symbiose von Arbeit und Erfüllung, die ihr in mehrfacher Hinsicht eine gute Lebensqualität ermöglicht. Für die Gen Z gehören Schwierigkeiten zum Leben, schließlich haben ihre Vertreter:innen bereits Krisen u. a. durch Pandemie und Krieg bewältigen müssen. Dennoch lassen sie sich in ihrem Streben nach Freude und Wohlbefinden, nach einer mit dem Leben zu vereinbarenden Karriere und Lebensqualität nicht beirren. So sind sie durchaus (und trotz der großen Zahl an Vakanzen) hoch motiviert, eine passende Arbeitsstelle zu finden, die den eigenen Vorstellungen entspricht (Sigmund 2022).

Snowflake mit (un-)freiwilligem Engagement

Vor diesem Hintergrund gewinnt das von Politiker:innen diskutierte verpflichtende soziale Jahr als ein weiteres, eher brenzliges Thema an Bedeutung (Fromm 2022a, Fromm 2022b). Denn ein Sich-Einbringen und Etwas-Tun für die Gesellschaft ist für große Teile der Gen Z fast schon eine Selbstverständlichkeit, jedoch immer basierend auf Freiwilligkeit und Selbstbestimmung. Nun aber aufgrund der demografischen Entwicklung und aufgrund des Fachkräftemangels als preiswerte Lückenbüßer von der Politik eingeplant zu werden und eine Form von Zwangsdienst für genau die Generationen, die »den Karren in den Dreck« gefahren hat, ableisten zu sollen, klingt wenig attraktiv und auch nicht fair. Deutlich attraktiver und auch u. a. hinsichtlich der Berufsfindung sinnvoller wären soziale Praktika und Angebote während der Schulzeit, beispielsweise in Form von mehreren einmonatigen Praktika, die über die gesamte Schullaufbahn verteilt werden und in denen die Gen Z sich sozial engagiert und lernt, mit Menschen umzugehen und auch den Wert von Arbeit und Einsatz zu schätzen (Sigmund 2022).

Snowflake mit Sendungsbewusstsein

Dabei nimmt die Gen Z Politik und Politiker:innen in die Pflicht (Großekathöfer & Timm 2022). Die Gen Z will in ihren Potenzialen gefördert werden. Deshalb verlangt sie nach Aufmerksamkeit und Gehör der Politik. Generell besteht seitens der Gen Z der Eindruck, zu wenig bis überhaupt nicht gehört und teils nur als »Smartphone-addicted Generation Z« abgestempelt und somit disqualifiziert zu werden. Denn die Generation Z denkt und agiert deutlich komplexer, macht sich eine Vielzahl von Gedanken über die Zukunft des eigenen Lebens und der Erde.

Dabei sind große Teile der Gen Z durchaus sendungsbewusst und medienwirksam. Viele Vertreter:innen der Gen Z aber teilen ihre Gedanken und Ansichten nicht, da sie befürchten, damit anzuecken oder seitens der Generation Babyboomer kritisiert zu werden. Damit sie ihr Potenzial ausschöpfen kann, fordert die Gen Z u. a. ein besseres und auch digitale(re)s Schulsystem, das sie besser auf die Welt und das Leben vorbereitet, ihre Stärken und Interessen frühzeitig erkennt und auch fördert und so zu einer zukünftigen Generation von selbstbewussten jungen Erwachsenen macht (Sigmund 2022).

Snowflake mit leicht links-liberalem Bewusstein

Gleichzeitig umgibt die Generation Z eine Aura des Besserwissertums und der »political correctness«. Auch wird sie vor diesem Hintergrund teils als »Generation beleidigt« beschrieben (Fourest 2022). Getrieben von einer eher links orientierten Denkweise, die manchmal den Eindruck erweckt, Andersdenkenden Sprech- und Denkgebote vorgeben zu wollen, ist dies ein Teil der Gen Z, der sich als äußerst empfänglich für Unrecht zeigt und gelegentlich einen Hang zu einer ihr eigenen »Mikroaggression« hat.

Beispiele für diese als »woke« bezeichnete Haltung sind u. a. die Diskussion darüber, ob eine weiße, niederländische, nichtbinäre Person das Gedicht »The Hill We Climb«, das die afroamerikanische Dichterin Amanda Gorman zur Amtseinführung von US-Präsident Joe Biden vorgetragen hatte, ins Niederländische übertragen darf, oder der Anspruch, man solle im Restaurant kein Sushi essen, das von Nicht-Asiaten zubereitet wurde. Ambitionen und Aktionen, die die Gen Z auch als eine Generation der Selbstgerechtigkeit erscheinen lassen (Fourest 2022).

Snowflake mit diversem Horizont

Der Woke-Begriff hat sich bereits als ein Thema manifestiert, das die Boomer zum Kochen bringt – wie am Beispiel des Ravensburger Verlags zu sehen, der das Kinderbuch »Der junge Häuptling Winnetou« aus dem Programm genommen hat, da dieses die Unterdrückung der indigenen Bevölkerung romantisiere bzw. romantisiert. Wichtig ist der Generation Z dabei nur, dass diskriminierende und rassistische Bücher gar nicht erst veröffentlicht bzw. entsprechende Begriffe nicht genutzt werden – im Gegensatz zu früher bzw. wie noch vor wenigen Jahren. Das liegt an einer veränderten Wahrnehmung und Priorisierung, dass z. B. diskriminierende Veröffentlichungen überarbeitet werden müssen und so bei Publikationen die Akzeptanz und die Wertschätzung von Menschen im Vordergrund stehen (Sigmund 2022).

Snowflake mit Corona-Erkenntnis

Bitter ist auch die Erfahrung der Gen Z zu Zeiten der Corona-bedingten Lockdowns, in denen Schulen, Universitäten, Clubs und Freizeiteinrichtungen geschlossen waren, was in großem Maße das Leben der Gen Z – insbesondere um die Gesundheit und das Leben der älteren Generationen zu schützen – beeinträchtigt hat. Die Gen Z hatte während der Lockdown-Zeit allzu häufig das Gefühl, dass gerade sie (zu) viel Rücksicht nehmen musste und ihre Interessen dadurch (zu) sehr in den Hintergrund gerückt sind bzw. wurden. Die Risikogruppen während der Pandemie zu schützen stand für die Gen Z außer Frage. Zugleich jedoch sieht sie, dass ihre eigene mentale Gesundheit zugunsten der Gesundheit der Älteren deutlich gelitten hat – was weder benannt wurde, noch anerkannt wird (Sigmund 2022).

Snowflake unter (ungerechtfertigter) Anklage

Die Generation Z ist jedoch nicht allein mit ihren Vorwürfen, auch die Generation der Babyboomer hat durchaus Kritikpunkte zu äußern. So genießt die Generation Z einige

Privilegien, die die Boomer in ihrer Jugend zuvor nicht als Option hatten, z. B. überdurchschnittlich gute Ausbildungsmöglichkeiten und Bildung, wenig(er) finanzielle Sorgen und Unsicherheiten oder auch (mehr) Gleichberechtigung (Sigmund 2022).

Gleichzeitig haben Babyboomer den Eindruck, dass es der Gen Z vorrangig um Spaß und Sinnhaftigkeit im Leben und auch beim Arbeiten geht, zugleich aber der »Ernst des Lebens« und vor allem die Absicherung und Finanzierung des Lebens weniger Priorität haben (Fromm 2022a, Fromm 2022b). Und angesichts des Fach- und Führungskräftemangels sehen die Babyboomer, dass sich die Gen Z noch nicht einmal für einen Job anzustrengen hat, noch nicht einmal überdurchschnittliche Motivation bei der Jobsuche zu zeigen hat (Fromm 2022a, Fromm 2022b). Die Generationen Boomer und Zoomer sehen sich kritisch, vermutlich haben sie mehr Gemeinsamkeiten, als sie denken. Sicher aber ist, dass sie alles, was sie (vermeintlich) trennt, überwinden sollten, um die Herausforderungen der Gegenwart und Zukunft gemeinsam und auch füreinander zu meistern.

2.1.2 Generation SYSTEMSPRENGER

Die Generation Z präsentiert sich zugleich als Systemsprenger. Sie konfrontiert und polarisiert, ist laut und präsent, fordernd und kritisch. Sie hat ihre eigenen (und oft durch die älteren Generationen verursachten) Probleme und daher ihre ganz eigene Meinung. Und diese tut sie größtenteils lautstark kund, geht offen mit ihren Ansprüchen und Erwartungen um.

Krisengeschüttelte Systemsprenger

Die Gen Z ist eine Generation, die bisher mit zahlreichen Krisen zu kämpfen hatte und auch in Zukunft mit Problemen zu kämpfen haben wird, die sie größtenteils nicht verschuldet hat. Die Gen Z weiß, dass sie die Zeche zahlen muss – sei es für das klimaschädliche Agieren und Wirtschaften der vorherigen Generationen oder für deren Schuldenmachen. Sie weiß, dass der Lebensstandard, der für ihre Eltern »normal« war und mit dem sie aufgewachsen ist, für sie vermutlich unerreichbar bzw. unerschwinglich sein wird. Und sie weiß, dass sie ihr Leben auf einem Planeten führen muss, der immer mehr an seine Grenzen kommt.

Lösungsorientierte Systemsprenger

Die Gen Z weiß aber auch, dass ihr immerhin einige Stellhebel zur Verfügung stehen, um etwas in ihrem Sinne zu bewegen und ihre Vorstellungen umzusetzen. Da ist zum einen die demografische Entwicklung, die der Gen Z in die Karten spielt. Arbeitskräfte sind ein immer rarer werdendes Gut, Fach- und Führungskräftemangel beherrschen den Arbeitsmarkt. Die Gen Z bewegt sich in einem Arbeitnehmermarkt, kann sich ihre Arbeitgeber aussuchen und Jobs nach Belieben wählen und wechseln. Im Bewerbungsprozess tritt sie daher wenig(er) still und bescheiden auf, sie äußert klare Forderungen und verabschiedet sich schnell, wenn diese nicht oder zu langsam erfüllt werden. Als Käufer- und Kundengruppe wird sie zu Entscheidern über den Erfolg von Marken und Unternehmen, beeinflusst und konfrontiert Marken, fordert diese und entwickelt diese proaktiv mit.

Lautstarke Systemsprenger

So machen und geben sie sich im Bewusstsein dieser überaus widrigen Lebensumstände stark, um einerseits auf Probleme, für die sie nichts können, aufmerksam zu machen und um andererseits die ihnen von der Demografie zugespielte Karte für sich zu nutzen. Dementsprechend präsent sind sie in den Medien, wenn es um Klimapolitik, um Kultur oder um einen Wandel des Werts von Arbeit geht. Sie sind dabei nicht nur politisch interessiert, sondern auch engagiert. Denn im politischen Engagement erkennen sie eine der wenigen Möglichkeiten, das Ruder, an dem viel zu lange allein die Älteren gestanden und das Schiff in die falsche Richtung gelenkt haben, vielleicht doch noch herumreißen zu können. Politik und Wirtschaft sehen sich daher mit einer Generation konfrontiert, die alte Grenzen bricht und dafür neue Grenzen setzt. Die sich nichts (mehr) gefallen lässt, weil sie nichts (mehr) zu verlieren hat. Und die sich lieber auf sich selbst verlässt, weil sie sich viel zu lang allein auf die Älteren verlassen hat.

Vor diesem Hintergrund werden Unternehmen gefeiert, die sich für Werte einsetzen, die der Gen Z entsprechen. Andererseits werden Unternehmen abgestraft, deren Kultur nicht zu den Werten der Gen Z passt. Alle Unternehmen, seien es Unternehmen, die die Gen Z mit ihren Marken begeistern wollen, oder Unternehmen, die die Gen Z als Arbeitgeber überzeugen möchten, müssen sich den Anforderungen der Gen Z stellen und deren Ansprüchen genügen.

Sensible Systemsprenger

Die Gen Z ist demnach durchaus in der Lage, für (ideellen) Sprengstoff zu sorgen und (kreativer) Sprengstoff zu sein. In ihrer Snowflake-Facette zeigt sie sich zwar als äußerst empfindsam und sensibel, trotzdem verfügt sie als Systemsprenger ebenso über Stärke, Willen, Durchsetzungskraft und die Fähigkeit zur Disruption.

Sie ist eine Generation, die sich durch Diversität auszeichnet, die Schwächen zugibt und Stärken auslebt, die sich nicht schämt, nicht perfekt zu sein, und kein Problem damit hat, selbstbewusst Dinge einzufordern, die ihr wichtig sind. Die Vertreter:innen vernetzen sich, um zusammen Schwächen und Problemen zu meistern und um gemeinsam für die eigenen Interessen zu kämpfen. Angesichts einer ihres Erachtens unsicheren Zukunft sehen sie das lautstarke Adressieren und Durchsetzen ihrer Interessen als eine der wenigen Optionen, die ihnen bleibt.

Vorwurfsvolle Systemsprenger

Die Generation Z wirft den Generationen Babyboomer und X so einiges vor: Die Vertreter:innen klagen die vorherigen Generationen an, diese seien rückwärtsgewandt und raubten ihnen die Zukunft. Erderwärmung und Klimakrise sind in ihren Augen das Ergebnis eines Handelns, das zu wenig bzw. nicht zukunftsorientiert ist, wenngleich diese Themen durch Pandemie und Krieg (zeitweise) in den Hintergrund rücken. Der Mangel an Gleichberechtigung und an (sozialer) Gerechtigkeit seien ebenfalls das Ergebnis von Versäumnissen der Boomer und Buster (Sigmund 2022).

Nachtragende Systemsprenger

Klimakrise, Ozonloch und Erderwärmung sind menschengemacht – genauer gesagt und aus der Perspektive der Gen Z exakt von den vorherigen Generationen Boomer und Buster verursacht. Die Generationen Boomer und Buster haben gemäß Gen Z ihre (wirtschaftlichen) Erfolge in großen Teilen auf dem Ausbeuten von Ressourcen und zum Schaden des Planeten Erde auf- und ausgebaut (Tholl 2019).

Mit den Resultaten dieses rein wirtschaftlich und wenig nachhaltig orientierten Handelns sehen sich nun die zukünftigen Generationen Z und Alpha konfrontiert. Sie haben immer mehr den Eindruck, das Chaos richten zu müssen, das ihre Eltern und Großeltern angerichtet haben (Tholl 2022). Zwar betonen viele Politiker:innen, dass sie bei Themen wie Erderwärmung, Klimazerstörung, Hunger und Massenmigration so einiges falsch gemacht haben. In den Ohren der Gen Z klingen Schuldeingeständnisse der Älteren jedoch häufig nach leeren Versprechungen oder einem gespielten Schuldeingeständnis, das eher PR-bedingt ist. Sie wollen nicht immer wieder hören, dass die Generationen vorher etwas falsch gemacht haben, diese dann aber in der Folge trotzdem nichts ändern (Großekathöfer & Timm 2022).

Gleichberechtigte Systemsprenger

Die Gen Z nimmt wahr, dass Frauen es weiterhin schwer(er) haben bei den Themen Jobsuche, Beförderung und Gehaltserhöhung – aus ihrer Sicht besteht bei den Themen Gleichberechtigung und Gleichstellung noch viel Nachholbedarf. Vor allem aber möchten die Frauen der Gen Z nicht bevorzugt werden, weil sie Frauen sind, sie wollen vielmehr als kompetente Arbeitskräfte wahrgenommen und eingestellt werden (Sigmund 2022). Allein Kompetenzen und Stärken sollen Entscheidungskriterien sein, keinesfalls will man als Gen-Z-Frau aus Image- oder PR-Gründen einen Job bekommen, um die Frauenquote von Unternehmen zu erfüllen oder um das Unternehmensimage zu verbessern. Die Vertreter:innen kritisieren, dass Maßnahmen wie die Frauenquote überhaupt nötig sind, um Frauen auf dem Arbeitsmarkt eine (gleiche) Chance zu geben, und dass Fähigkeiten und Potenziale bei der Stellenbesetzung noch längst nicht an erster Stelle stehen – unabhängig von Hautfarbe, Geschlecht, sexueller Orientierung etc. erfolgen noch zu wenige Besetzungen und Beförderungen (Onderka 2021).

2.1.3 Generation WORK-LIFE-BALANCE

Die Generation Z stellt das Leben und nicht die Arbeit über alles. Die Vertreter:innen tauschen das Motto »Nine-to-five« gegen die Devise »Nine-to-life«. Die Gen Z hat genug, genug von Arbeit und Karriere – zumindest von den althergebrachten und bisherigen Vorstellungen, was Arbeit und Karriere zu bedeuten haben. Die Eltern und Großeltern der Gen Z haben sich teils zu Tode, teils »nur« in den Burn-out geschuftet. Für sie galt Arbeit als Ehre und Karriere als höchstes aller Ziele. Die Gen Z hat dieses Verhalten als Kinder bzw. Enkel erlebt, als Heranwachsende reflektiert und ist längst zu dem Schluss gekommen, dass sie das so nicht will. Sie will leben im Jetzt, weil sie nicht weiß, wie lange das Leben angesichts aller Krisen noch dauert. Und sie will arbeiten, um zu leben, um sich ein Leben, wie sie es sich vorstellt, leisten zu können.

Beim Arbeiten gibt die Gen Z so wie die vorherigen Generationen alles, engagiert sich und bringt sich ein. Aber sie kennt (im Gegensatz zu ihren Eltern und Großeltern) ihre Grenzen und weiß diese zu benennen und zu verteidigen. Ihr Credo beim Arbeiten und vor allem bei einer möglichen Arbeitsbelastung ist »bis hierhin und nicht weiter«. Sie ruft »Stopp«, bevor Arbeit zur Belastung wird. So versucht sie sich frühzeitig vor Ausbeutung, Erschöpfung und Überbelastung zu schützen.

Ein Nein zu viel Arbeit

Dieses Maß an »Über-Arbeit« und ein gewisser Grad an Sich-Ausbeuten-Lassen hatten sich für die älteren Generationen noch gelohnt, Boomer und Buster genossen Wohlstand und auch Luxus. Die Gen Z hingegen ist sich bewusst, dass sie sich diesen Wohlstand kaum mehr wird leisten kann, ganz gleich, wie viel sie arbeitet und wie sehr sie sich auch engagieren mag. Die Work-Life-Balance ist daher auch eine Antwort auf ein zu erwartendes Sinken des Lebensstandards sowie das Verabschieden von alten und längst überholten Werten.

Also arbeitet die Generation Z idealerweise in einem Job von genau »9 to 5«. Denn danach fängt das wahre Leben an, dem sie mindestens genauso viel Bedeutung beimisst wie ihrer Arbeit. Überstunden, Urlaubsverzicht, Nacht- oder Wochenendarbeit ergibt daher für sie keinen Sinn. Sich für den Job oder für den Arbeitgeber aufzuopfern bietet der Gen Z keinen Mehrwert, denn genau in den Zeiten, wenn man für seinen Arbeitgeber auf Freizeit, auf Wochenenden oder auf Urlaub und so auf gemeinsame Zeit mit Freund:innen und Familie verzichtet bzw. die Dinge, die einem am Herzen liegen, verschiebt, ist für die Gen Z die Zeit zu leben.

Ein Jein zum klassischem Bildungsweg

Angesichts dieser Unsicherheit von Gegenwart und Zukunft stellt sich die Gen Z ihrer ganz persönlichen Zukunftsplanung. Um im Leben und in der Zukunft zu bestehen, muss sich die Gen Z eine neue Form von Wissen aneignen. Dabei sind viele Vertreter:innen der Ansicht, am meisten anhand von Erfahrungen aus der analogen Welt lernen zu können. Gleichzeitig verliert ein Hochschulabschluss für sie an Bedeutung: Immer weniger Vertreter:innen der Gen Z glauben, dass dieser ihnen die besten Startmöglichkeiten ins Berufsleben bietet und dass er weniger wert ist, als es früher der Fall war. Ohnehin haben sich die Karrierevorstellungen und -pläne der Gen Z teils drastisch verändert, wobei gerade die Pandemie für eine weitere und noch größere Verunsicherung gesorgt hat und zahlreiche Zielvorstellungen von Karriere komplett verändert hat.

So planen viele, ihr Leben und ihren beruflichen Erfolg selbst in die Hand zu nehmen, und entscheiden sich daher immer häufiger dazu, ein eigenes Unternehmen zu gründen. Wobei selbst als Unternehmer:in der ausschließlich materiell-ökonomische Erfolg, dem alle anderen wichtigen Bereiche des Lebens untergeordnet werden, nicht maßgeblich ist. Sie setzen sich deutlich weniger unter Druck und haben längst Mechanismen entwickelt, um sich nicht vollständig für Beruf, Erfolg und Karriere einspannen zu lassen und sich gegen ein Zuviel an Stress abzugrenzen (Leitherer 2022).

Ein Ja zu viel Engagement

Die Balance zwischen Work und Life zu finden ist für die Gen Z zwar wichtig, nicht aber leicht – noch viel schwieriger aber ist es, diese umzusetzen. Teile der Gesellschaft und viele Arbeitgeber verurteilen die Gen Z für ihr Streben nach Work-Life-Balance, betiteln die Gen Z als arbeitsscheu und nicht belastbar. Die Herausforderungen der Gen Z sind daher nicht nur das Definieren oder das Umsetzen dieser Balance, sondern auch das Sich-Verständlich-Machen, das Verständnis-Schaffen sowie die Abwehr von Vorurteilen, mit denen sich die Generation konfrontiert sieht.

Der Gen Z vorzuwerfen, wenig oder nicht arbeiten zu wollen, ist dabei schlichtweg falsch. Denn auch das Erreichen von Work-Life-Balance geht mit viel Work und einem großen Aufwand einher. Die Gen Z will und kann arbeiten, möchte sich einbringen und engagieren, nur eben nicht zulasten ihres (Privat-)Lebens – und um das zu erreichen, muss sie immens viel argumentative Vorarbeit leisten, um alle Akteure und Entscheidungsträger zu überzeugen und zum Mitmachen zu bewegen.

Ein lautes Ja zum Leben

Die Trennung von Arbeit und Leben sowie die adäquate Gewichtung von Arbeit und Leben seitens der Gen Z ist daher ein klares Bekenntnis zum Leben. Ein Ja zum Leben im Jetzt, da das Leben in Zukunft alles andere als sicher erscheint.

Die Trennung von Arbeit und Leben seitens der Gen Z ist aber auch eine deutliche Abkehr von althergebrachten Werten früherer Generationen, von tradierten Lebenszielen, selbstaufopfernden Karriereplänen und nur nach außen strahlenden Statussymbolen. Die Work-Life-Balance ist daher auch ein Nein zu einem übermäßigen Engagement im Job, das mittlerweile keine Früchte mehr trägt und sich einfach nicht mehr lohnt.

2.1.4 Generation SINN

Die Generation Z sucht nicht nur in ihrer Arbeit, sie sucht in fast allem einen Sinn. Sie verlangt nach Arbeit und nach Marken mit Sinn. Sie gibt sich nicht zufrieden mit traditionellen 08/15-Jobs und auch nicht mit oberflächlich schillernden Markenprodukten. Geld und Gehalt beim Job sowie die Leistung von Produkten oder Dienstleistungen sind ihr zwar wichtig, Arbeit um des Arbeitens willen bzw. nur wegen des Geldes einem Job nachzugehen oder gar zu leben, um zu arbeiten, sind nicht ihr Ding. Genauso wenig wie Marken, die keinen persönlichen oder gesellschaftlichen Mehrwert bieten. Vielmehr präferiert die Gen Z eine berufliche Tätigkeit, die sie persönlich erfüllt, die etwas bewegt und in einem größeren Kontext auch gesellschaftlich einen Mehrwert hat. Und sie wählt Marken, die auch eine für sie mitzutragende Botschaft und eine ebensolche Mission ihr eigen nennen.

Sinn als Lebenserleichterer

Dabei ist unter dem Ziel des Sinn-Findens seitens der Gen Z nicht unbedingt ein rein ideeller Mehrwert von Jobs oder Marken zu verstehen, welche die Menschheit, das Klima oder sogar die ganze Welt rettet. Auch Sinn in den kleineren Bereichen des Lebens ist der Gen Z wichtig: Selbst Produkte, die einer vielleicht nur kleinen Zielgruppe das Leben etwas erleichtern, oder Dienstleistungen, die relativ trivial im Alltag helfen, finden bei der Gen Z nur dann Anklang, wenn sie als Marken auch eine glaubwürdige Botschaft und einen Auftrag haben. Und kein Unternehmen ist klein genug, um sich als Arbeitgeber vor der Verantwortung zu drücken, der Gen Z die Existenzberechtigung als Arbeitgeber und Arbeitgebermarke darzulegen.

Sinn als Sicherheitsgarant

Der Sinn von Dingen, von Marken und von Arbeit scheint für die Gen Z gerade deswegen so wichtig zu sein, weil die Gen Z eine Generation ist, die sich generell auf der Sinnsuche befindet. Aufgrund des volatilen gesellschaftlichen, politischen und wirtschaftlichen Hintergrunds, in dem die Gen Z nicht nur aufgewachsen ist, sondern auch permanent, weiterhin und zukünftig lebt, erscheint es ihr absolut notwendig, Sinn zu suchen und auch in möglichst allem zu finden. Denn Sinn gibt der Gen Z Halt und Sicherheit. Als verunsicherte und empfindsame Generation sehnen sich ihre Vertreter:innen nach Orientierungspunkten, die abseits der verrückten Zeiten bspw. durch Marken Rückhalt geben. Wenn das Leben, die Eltern und Großeltern nicht in der Lage sind, Sinn zu schaffen, müssen es eben Unternehmen als Absender von Marken oder als Arbeitgeber hinbekommen.

2.1.5 Generation VIELFALT

Die Generation versteht und lebt Diversität. Für sie gehört das Thema Vielfalt zu den obersten Prioritäten. Sie kennt nicht nur die Bedeutung und die Vorteile von Vielfalt, sondern auch deren Elemente und wie man Diversität umsetzt. Für sie ist »Vielfalt« kein abstrakter Begriff, der sich für Marketing, PR und Sales eignet, sondern gelebte und geschätzte Realität. Denn die Gen Z ist aufgewachsen mit Bekannten, Freund:innen, Mitschüler:innen, Kommiliton:innen und auch Familienmitgliedern, die unterschiedlich sind, die sich durch Heterogenität auszeichnen und ihre eigenen Vorstellungen von Leben und Liebe, von Alter und Schönheit sowie von Glauben und Politik haben. Vielfalt ist für die Gen Z normal und selbstverständlich.

Vielfalt hat Geschichte

Vielfalt ist für die Gen Z aber auch ein Katalysator für Themen, die sie beschäftigt und belastet. Die Gen Z ist aufgewachsen in einem Zeitalter von Bewegungen wie Black Lives Matter, Fridays For Future, Body Positivity oder auch weltanschauungs- und glaubensbedingten Anschlägen. Toleranz gegenüber anderen Denkweisen als der eigenen, Akzeptanz für alle, die nicht der sog. Norm entsprechen, und Interesse für neue Perspektiven sind für die Gen Z ein hohes Gut.

Vielfalt hat Vorteile

So sieht die Gen Z die Vorteile einer diversen Gesellschaft und verlangt, diese Sichtweise auch in Wirtschaft und Politik repräsentiert zu sehen. Und dabei ist die Gen Z überaus kritisch hinterfragend bis sogar zweifelnd. Sie weiß die Bemühungen von Unternehmen und Konzernen zum Thema Diversität durchaus zu würdigen, allerdings erst nach einer tiefergehenden Prüfung jeglichen Engagements. Nur wenn Unternehmen nachvollziehbar zeigen können, was sie unter »Diversität« verstehen, warum sie dieser für sich und ihre Stakeholder Bedeutung beimessen und was sie alles im Detail unternehmen, um Diversität zu fördern, können sie die Gen Z für sich als Absender von Marken bzw. für sich als Arbeitgeber gewinnen.

Vielfalt hat Herausforderungen

Unternehmen, die die Gen Z für sich gewinnen wollen und dabei auf das Instrument Diversität setzen, sollten die Thematik daher nicht allein argumentativ in ihrer Marketing-, Sales- oder HR-Kommunikation nutzen, sondern als ersten Schritt versuchen, Diversität in ihrer Unternehmenskultur zu verankern, intern zu leben und zu fördern. Erst wenn unternehmensintern alle Mitarbeiter:innen nachweisbar für Diversität einstehen und die Idee dahinter verstehen, sollten sie den Schritt in die Öffentlichkeit wagen. Unternehmen, die Diversität predigen, diesem Anspruch aber bei einem prüfenden Blick hinter die Kulissen nicht gerecht werden, verlieren umgehend die Akzeptanz und das Interesse der Generation Z.

2.1.6 Generation MITTELSCHEITEL

Die Generation Z propagiert zwar Vielfalt und Einzigartigkeit, liebt und lebt aber zugleich die Einheitlichkeit. Unverwechselbar und einzigartig zu sein ist für die Gen Z von größter Bedeutung. Sie tut viel, um Ecken und Kanten zu haben, tut alles, um nicht 08/15 zu wirken. Die Gen Z will alles, bloß kein Standard sein. Websites, Portale, Magazine und Social Media sind voll von Tipps zur Individualisierung der Persönlichkeit und zur Personalisierung von Produkten.

Gleichzeitig möchte sie nicht anecken, hat Respekt vor dem Anderssein und teils Angst vor der eigenen Einzigartigkeit. Nur so lässt es sich erklären, dass ein Großteil der Gen Z (trotz aller Bemühungen, »edgy« zu sein) ganz einfach extrem gleich aussieht. Styles, Mindset und Werte ähneln sich innerhalb der Gruppe der Zoomer sehr, man teilt ein nahezu identisches Styling u. a. bei Frisur und Kleidung, übernimmt die Einstellungen des eigenen Netzwerks und vertritt dieselben ethisch-moralischen Werte des Freundeskreises. Abweichungen von dem, was die Peergroup macht, sind eine Seltenheit. So stark die Gen Z das Thema Vielfalt auch vertritt, so wenig vielfältig ist sie selbst.

Anhängerinnen der Einheitsfrisur

Und so lassen sich Teile der standardisierten Einheitslooks der jungen Frauen und Männer in Ansätzen erklären: Der liebevoll gezüchtete Langhaar-Mittelscheitel bei den Gen-Z-Frauen und der passioniert gepflegte 3- bis 10-Tage-Hipster-Bart bei den Gen-Z-Männern.

Ein Blick in die sozialen Medien oder auch ganz einfach in die Schulen und das Stadtbild deutscher Großstädte zeigt: Schätzungsweise acht von zehn Vertreterinnen der Gen Z haben lange Haare und tragen Mittelscheitel. Trotz unzähliger Varianten, das Haar zu stylen und zu schneiden hat sich dieser Style bei den Damen der Gen Z durchgesetzt. Trotz der Bedeutung von Individualität und Diversität für die Gen Z ist der Gefallen an einer Einheitsfrisur riesig. Trotz des Betonens von Body Acceptance und Body Positivity scheint die Norm (zumindest beim Thema Hairstyling) ein erstrebenswertes Ziel zu sein.

Denn dieser Einheitslook schafft Gemeinsamkeit und Gemeinschaft unter den Gen-Z-Damen. Hat man doch ein (weiteres) Thema, über das man sich austauschen, bei dem man sich vergleichen und wofür man sich begeistern oder worüber man auch lästern kann, das die jungen Frauen der Gen Z miteinander verbindet und bei welchem man sich auch untereinander messen kann. Hier tritt der Wunsch nach Einzigartigkeit zugunsten der Sehnsucht nach Akzeptanz durch Mittelscheitel und somit auch Mittelmäßigkeit in den Schatten. Die über Jahre gezüchtete und gepflegte Mähne wird daher ggf. auch vehement verteidigt, am besten zu beobachten beim berühmt-berüchtigten Umstyling von »Germany's Next Top Model«. Auch nur wenige Zentimeter der ursprünglichen Haarlänge zu verlieren stellt für die dort gezeigten Damen Jahr für Jahr erneut ein Horrorszenario dar. Die Gleichung ist simpel: Wer Haar verliert, gehört nicht mehr dazu, wem die Haare gekürzt werden, ist anders – zu sehr anders. Und wem die Haare geschnitten werden, ist eine Verliererin, hat im wahrsten Sinne des Wortes den Kürzeren gezogen.

Anhänger des Einheitsbarts

Ein Blick in die sozialen Medien zeigt auch, dass schätzungsweise acht von zehn der männlichen Vertreter der Gen Z Bart tragen, mal den klassischen 3-Tage-Bart, mal die etwas mutigere 10-Tage-Bart-Variante. Trotz des Aufwandes, den die Pflege eines solches Bartes mit sich bringt, sieht man kaum einen Gen-Z-Mann ohne gestylte Gesichtsbehaarung. Trotz der Umstände, die ein Bart beim Waschen, Küssen oder Essen macht, hat sich die Gesichtsbehaarung bei den Herren der Gen Z durchgesetzt.

Denn dieser einheitliche Style verkörpert die Gemeinsamkeit der Männlichkeit und eine Gemeinschaft von Männern. In einer Generation und Zeit, in der Geschlechterrollen aufweichen, Gleichberechtigung an Tempo gewinnt, Gleichstellung ein gesellschaftlich akzeptiertes Ziel ist und Männer Schwäche zeigen dürfen, ist teils Ratlosigkeit angesagt, wenn es darum geht, wie man heutzutage Männlichkeit ausdrücken und zeigen kann. Dabei bietet der Bart eine (geschlechtlich gesehen) einzigartige Möglichkeit, sich als Mann von Frauen abzugrenzen und trotz Gleichstellung und Diversität sein Mannsein zu verteidigen. Zwar rasiert man/Mann sich als Vertreter der Gen Z gern Achseln, Brust und Beine, der Bart im Gesicht aber ist die letzte Bastion von Männlichkeit für eine Generation, die tradierten Geschlechterrollen keine Bedeutung und keinen Raum mehr zugesteht.

2.1.7 Generation KOPFHÖRER

Die Generation Z ist im Modus des »Information Overload« aufgewachsen. Sie ist eine Meisterin im Ausblenden, aber auch im »Vor-Reizen-Davonstehlen«. Zugleich lässt sie sich ständig berieseln, befindet sich sozusagen im Modus der Dauerberieselung. Ganz gleich, ob es sich um Sprachnachrichten von Freund:innen, um Playlists von Spotify, um Hörbücher oder um Podcasts handelt – der Weg zur Generation Z führt über das Gehör. Akustische Information, Kommunikation und Unterhaltung prägen das Kommunikationsverhalten der Generation Z.

Verpassenspanik

Die Vorliebe für den Ton entspringt in Teilen dem Bedürfnis nach und der Fähigkeit zum Multitasking, das die Gen Z prägt. Sie will nichts verpassen, fühlt und erlebt eine ständige »Fear of Missing out« (FOMO) und ist daher schlichtweg auf Multitasking angewiesen. Mit dem Agieren im Multitasking-Modus schlägt sie mehrere Fliegen mit einer Klappe: Denn in der Zeit, in der sich die Gen Z etwas anhört, kann sie parallel dazu etwas lesen. Auf jeden Fall muss sie nicht stillsitzen und sich auf nur eine einzige Tätigkeit zu einem bestimmten Zeitpunkt konzentrieren. Das Faible für Akustik und

Kopfhörer rührt von der Notwendigkeit des Multitaskings der Gen Z her, was wiederum der Angst, etwas zu verpassen, entspricht, da die ungeduldige, abwechslungsgewöhnte und -verwöhnte Generation Z außerordentlich erlebnisorientiert geprägt ist.

Multitasking-Fetisch

Kopfhörer sind für die Gen Z das ideale Instrument, um »always on« und »always available« zu sein. Mittels Kopfhörern ist die Gen Z kontaktierbar und abrufbar für alle Eindrücke, die für sie wirklich relevant sind, bspw. Anrufe von Freund:innen und Familie, und die sie daher keinesfalls verpassen will. Dank Kopfhörern ist sie in der Lage, effizient-pragmatisch und ressourcenoptimiert nur einen ihrer Sinne und nur eines ihrer Sinnesorgane für genau einen Sinneseindruck, nämlich das Akustische, zu nutzen – alle weiteren Sinnesorgane sind frei, um alles andere aufzunehmen, das mindestens genauso interessant und relevant sein könnte. Die Gen Z weiß genau, wie man Ressourcen zielorientiert einsetzt, und verschwendet diese nicht.

Eskapismus-Instrument

Gleichzeitig sind Kopfhörer das ideale Instrument für Eskapismus und Hedonimus, um sich vor nicht relevanten Kontakten, Eindrücken und Informationen abzuschotten und eben endlich auch einmal nicht erreichbar, sondern so ganz für sich zu sein. Dank Kopfhörern schafft sich die Gen Z einen Kokon, der vor Unnötigem schützt – nicht nur vor Schall und Sinneseindrücken, sondern auch vor den Forderungen des Alltags und der Mitmenschen, von denen man sich abzugrenzen versucht.

2.2 KRISEN und KINDHEIT – weshalb sich die Generation Z fragil und labil zeigt

Die Generation Z ist eine Generation, die bereits früh mit Krisen konfrontiert wurde. Dabei wurde und wird sie von Eltern begleitet, die ihrerseits schwierige Zeiten erlebt haben, u. a. die Krise beim Platzen der ersten Dotcom-Blase, die Banken- und Immobilienkrise in den sog. »Nuller-Jahren«, die 9/11-Katastrophe, die als »Flüchtlingskrise« betitelte Migrationsbewegung ab 2015 bis hin zur Klimakrise. Das Aufwachsen mit diesen Krisen führt dazu, dass einige bis viele Jugendliche brauchbare Coping-Strategien entwickeln, um mit diesen Krisen und Bedrohungen adäquat umgehen und angemessen darauf reagieren zu können (Mühlhausen 2022).

Mentale-Probleme-Verstärker

Das Gefühl der krisenbedingten Bedrohungen geht an der Generation Z nachvollziehbarerweise nicht spurlos vorbei. Ganz im Gegenteil: Die Generation Z leidet stärker als jede andere Generation davor unter mentalem »Un-Wohlbefinden« und unter psychischen Problemen. Laut der WHO nahm bereits zwischen 2014 und 2018 das mentale Wohlbefinden in zahlreichen Ländern der EU deutlich ab. Durch die Pandemie jedoch und die sie begleitenden Unsicherheiten in Form von u. a. (Hoch-)Schulschließungen und Homeschooling, Lockdowns und geschlossener Bildungs- und Freizeiteinrichtungen sowie Sportvereinen nahm und nimmt dieses Wohlbefinden weiterhin ab. In der Kategorie »Wohlbefinden von Kindern und Jugendlichen« rangiert Deutschland im oberen Mittelfeld (Rang 14 von 41 Ländern), ein Viertel aller Mädchen und Jungen in Deutschland ist mit ihrem Leben nicht zufrieden (Mühlhausen 2022).

Pandemie-Probleme

Laut UNICEF waren Kinder und Jugendliche während der pandemiebedingten (Hoch-) Schulschließungen vor allem von den folgenden Punkten betroffen (Mühlhausen 2022):

- Bewegungsmangel
- familiäre Spannungen
- fehlende soziale Kontakte
- Überforderung durch Homeschooling
- fehlender Zugang zu Online-Lernangeboten
- mangelnde Unterstützung beim Lernen durch Eltern bzw. angesichts Internetzugang oder Ausstattung mit Laptop und PC
- Probleme, Ängste und Sorgen der Eltern und Erwachsenen, die auf die Kinder und Jugendlichen übertragen wurden, die damit wiederum überfordert und demzufolge verunsichert und verängstigt waren

Pandemie-Gruppierungen

Dabei ist zu berücksichtigen, dass Kinder und Jugendliche auch während der Pandemie deutlich abhängiger von ihrem psychischen Umfeld waren als Erwachsene. Sie haben mehr und stärker empfundene Sorgen, wenn die Erwachsenen Sorgen wie finanzielle Probleme, Herausforderungen im Homeoffice oder Kurzarbeit haben. Die Pandemie hat bei Kindern und Jugendlichen zu den folgenden Effekten und Gruppierungen geführt (Mühlhausen 2022) (siehe Abb. 1):

- **»Lockdown-Profiteure«**
  Jugendliche, die vom Lockdown eher profitiert haben. Sie hatten zuvor in der Schule großen Leistungsdruck oder Mobbing erlebt und fühlten sich zu Hause kurzzeitig entlastet. Mit dem Wiederanlaufen des Schulbetriebs allerdings hatten sie mit noch größeren Schwierigkeiten zu kämpfen als vorher.
- **»Anbindungsverlierer«**
  Jugendliche, die durch den fehlenden Zugang zu sozialen Medien und zum Internet die Anbindung an den Unterricht verloren hatten.
- **»Belastungsleidtragende«**
  Jugendliche, die ohnehin in familiären Strukturen mit pathologischem Gefährdungspotenzial lebten und durch akute Belastungssituationen Leidtragende von familiären Auseinandersetzungen wurden.

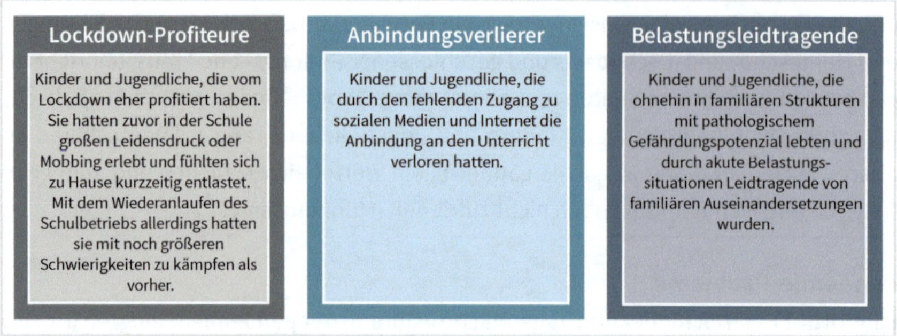

Abb. 1: Pandemie-bedingte Gruppierungen der Gen Z

Problemausweg Social Media

Aufgrund des Homeschoolings, des Wunsches, mit Freund:innen in Kontakt zu bleiben, und des Bedürfnisses nach Ablenkung (Minkus 2022) stieg der Medienkonsum und insbesondere der Social-Media-Konsum bei Kindern und Jugendlichen während der Pandemie an. Trotzdem ist die schlussfolgernde Gleichung »stärkere Mediennutzung = mehr psychische Probleme« zu kurz gegriffen, denn gerade die Pandemie hat gezeigt, dass die sozialen Medien Kinder und Jugendliche durch Krisenzeiten begleiten (Minkus 2022). Hier können sie von den Erfahrungen anderer lernen und so ihre (psychische) Gesundheit verbessern. Zudem bieten die sozialen Medien Jugendlichen eine Möglichkeit, über Dinge zu sprechen, für die es an anderer Stelle keinen Raum gibt (z. B. Psyche, Ängste, Körperlichkeit, Sexualität, Glaube, Ethik, Moral). Dieser digitale und virtuelle Austausch von Gedanken hat in Zeiten der Verunsicherung eine große Relevanz; dazu kommt, dass in den sozialen Medien oft humorvoll und ironisch kommuniziert wird, was den Jugendlichen das Sich-Austauschen und Sich-Öffnen zusätzlich erleichtert (Mühlhausen 2022).

Problemlöser TikTok

Im Gegensatz zur Generation Y, die Instagram präferiert(e), und zu den Generationen Babyboomer und X, die mittels Facebook und Twitter kommunizier(t)en, konzentriert sich die Generation Z stark auf TikTok, das sich mehr und mehr als wichtigste Social-Media-Plattform etabliert. Jugendliche nutzen diesen Kanal mittlerweile auch, um sich dort über Ängste und Sorgen, familiäre Probleme, Depressionen, Sexualität und Beziehungsprobleme auszutauschen oder sich zu solchen Themen zu informieren. Sowohl die aktiven TikTok-User als auch die passiven Nutzer:innen scheinen diesen quasi als geschützt wahrgenommenen Raum zu schätzen, der bisher der Jugend vorbehalten zu sein scheint und von User:innen über 25 Jahre seltener genutzt wird. Daher findet sich hier für die Jugendlichen ein Weg, mittels dieses Kanals einen neuen Umgang mit ihren psychischen Problemen zu finden (Mühlhausen 2022).

Problemforum Netzwerke

Die Generation Z leidet zwar unter psychischen Problemen, sie macht aber zugleich den Weg frei für einen neuen Umgang damit (FRND 2022). Denn die Generation Z spricht – im Gegensatz zu den Vorgänger-Generationen – recht offen uüber psychische Probleme und weiß um die Bedeutung mentaler Gesundheit. Sie ist sich der Gefahren von Burn-out und Depression durchaus bewusst (W&V 2022). Sie teilt nahezu selbstverständlich Erfahrungen, um einerseits voneinander zu lernen, aber andererseits auch um zu sehen, dass sie mit ihren Nöten nicht allein ist und es anderen ähnlich geht. Dass die Generation Z anders und offener mit dem Thema »mentale Gesundheit« umgeht, liegt zum einen daran, dass sie stärker mental herausgefordert ist als die Generationen Y und X, andererseits holen sie sich aber auch mehr und selbstverständlicher Unterstützung und Hilfe als die Jugendlichen der früheren Generationen. Die Generation Z ist folglich deutlich bereiter, mentale Probleme als solche anzuerkennen, diese zu benennen und sich professionelle Unterstützung zu holen (Mühlhausen 2022).

Problempartner Apps und Games

Lösungen und Hilfsangebote für Kinder und Jugendliche gewinnen dadurch an Attraktivität. Innovative Mental-Health-Instrumente und entsprechend technisch unterstützte Dienstleistungen, mit denen Vertreter:innen der Generation Z an ihrem seelischen und mentalen Wohlbefinden arbeiten, ihr mentales Gleichgewicht wiederherstellen können oder gar nicht erst verlieren, boomen (Arora et al. 2022). So schaffen zum Beispiel sog. Mood-Tracking-Apps, die beim Surfen im Internet Stimmungsprofile der User:innen erstellen, bei Jugendlichen und deren Eltern ein Bewusstsein für den mentalen Effekt der Internetnutzung, wohingegen Smartphones sowohl bei der Diagnose als auch bei der Behandlung von psychischen Erkrankungen helfen können und in der Lage sind, dazu beizutragen, dass psychische Erkrankungen bei Jugendlichen ggf. schneller erkannt werden bzw. ihnen bei Problemen schneller und besser geholfen werden kann. Aber auch immer mehr Influencer:innen, die zum Beispiel zu Depressionen posten oder das Entwickeln von sog. Health Games zur Vorsorge bzw. zur Linderung psychischer Probleme und die entsprechenden Belastungen benennen, adressieren das gesteigerte Bedürfnis nach Gesundheit und Wohlbefinden (Mühlhausen 2022).

Viele Lösungen für viele Probleme

Das psychische Ungleichgewicht der Generation Z ist nicht zu unterschätzen und nicht zu übersehen. Zusammenfassend lassen sich die folgenden Themen nennen, die die Ursachen und Umgangsweisen mit den Facetten des mangelnden mentalen Wohlbefindens der Gen Z charakterisieren (Mühlhausen 2022) (siehe Abb. 2):

- Die Generation Z leidet stärker als andere Jugendgenerationen vor ihr unter Schlafstörungen, Kopfschmerzen, depressiven Symptomen und Depressionen.
- Die Pandemie hat dies verstärkt durch die Lockdown-Isolation, das Fehlen von Strukturen im Tagesablauf und den (durch das oft wenig erfolgreich umgesetzte Homeschooling entstandenen) Bildungsrückstand.

- Die Bedeutung von PC-Spielen, Social Media und einer in der Pandemiekrise erhöhten Zeit vor dem Bildschirm ist bislang nicht eindeutig geklärt: Zum einen scheint es einen Zusammenhang zwischen einer hohen Mediennutzungszeit und einem schwach ausgeprägten Selbstwertgefühl zu geben, die sich gegenseitig verstärken; zum anderen stellen die Social-Media-Kanäle (insbesondere TikTok und Instagram) eine extrem wichtige Plattform zum Austausch u. a. über psychische Probleme dar.
- Die Generation Z ist aktiv beim Einholen von Informationen und von Unterstützung bei psychischen Herausforderungen. Ihre Bereitschaft, am physischen, psychischen und mentalen Wohlbefinden zu arbeiten, ist überdurchschnittlich ausgeprägt.

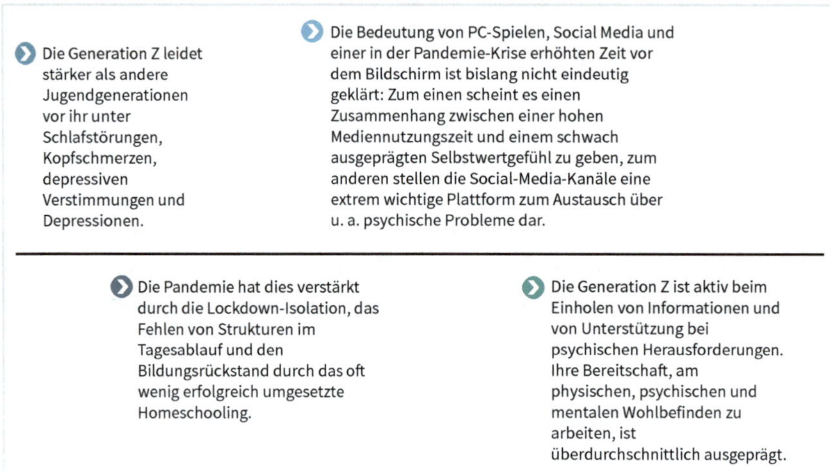

Abb. 2: Pandemie-bedingte Probleme der Gen Z

2.3 HOFFNUNG und HORIZONT – wie die Generation Z sich anpasst und vorankommt

Was erhofft sich die Gen Z von der Zukunft? Eine Frage, die auch Unternehmen bewegt. Denn nur wenn Unternehmen die Zukunftshoffnungen und -ängste der Gen Z verstehen, können sie sich der Gen Z gegenüber als Arbeitgeber und als Markenabsender adäquat positionieren bzw. als solche kommunizieren.

Die Gen Z erwartet nicht (mehr) viel

Grundsätzlich erwartet die Jugend bereits seit Längerem, genauer gesagt seit Jahrzehnten, nicht (mehr) viel von der Zukunft (Haaf 2022). Bereits seit den 1980er-Jahren sind die Zukunftsperspektiven der jeweiligen Jugend eher geprägt durch Perspektivlosigkeit. Daraus folgte als Konsequenz eine überdurchschnittliche Gegenwartsbezogenheit der Jugend, sowohl was persönliche Aspekte des Lebens und Alltags als auch was Berufswahl und Karrierepläne sowie das politische Interesse und Engagement betraf und betrifft (Haaf 2022).

Den politisch aktiven Jugendlichen ist vor diesem Hintergrund dabei gemeinsam: erstens die Hoffnung, mit ihrem Einsatz wenigstens Schlimmeres oder im Idealfall das Schlimmste verhindert zu haben bzw. verhindern zu können, zweitens jedoch auch der Eindruck, nicht in der Lage bzw. Position zu sein, etwas zum deutlich und bemerkbar Besseren verändern zu können (Haaf 2022). In den 1990er- und 2000er-Jahren nahm dieser Eindruck von Macht- und Wirkungslosigkeit weiter zu. Aufgrund des daraus resultierenden und sich in der Jugend durchsetzenden Gefühls des Mangels an Wirksamkeit entwickelte sich eine extrem pragmatische und eher politisch desinteressierte Jugendkultur (Müller 2007). Da diese in ihrem Eindruck bestätigt wurde, ohnehin keine großen Änderungen bzw. Verbesserungen in der Welt bewirken zu können, konzentrierte sie sich als Folge plötzlich mehr und mehr auf sich selbst: Selbstverbesserung war und ist, auch wenn man die Gen Z betrachtet, ein wichtiges Leitbild.

Erst seit wenigen Jahren scheint sich die Jugend wieder aktiv mit der Zukunft auseinanderzusetzen, sich wieder etwas von ihr zu versprechen, aber zugleich sich vor ihr zu fürchten. Die Sorge um die Zukunft des Planeten und somit um die eigene Zukunft paart sich mit der jeweils individuellen Zukunftshoffnung der Generation Z (Klauth 2022).

Klimasorge gleich Zukunftssorge

Überdurchschnittlich viele Vertreter:innen der Gen Z sind klimabesorgt bis klimaaktiv, sie sorgen sich passiv bis aktiv um die Zukunft des Planeten, insbesondere weil es ohne dessen Sicherung und Sicherheit auch keine Zukunft für sie selbst gibt (Dörre et al. 2019). Es gibt aus ihrer Sicht immer weniger, was sicher ist. Und selbst Begrifflichkeiten verlieren ihre positive Tonalität: So bedeutet z. B. Fortschritt für die Gen Z oft Rückschritt, da der Fortschritt der vorherigen Generationen u. a. zu Klimakrise und zu einer unsicheren Zukunft geführt haben, der sich die Generation Z jetzt gegenübersieht.

So bilden sich neue Eliten (Staab 2022): Die Teile der Gen Z, die sich z. B. im Rahmen der Fridays-for-Future-Bewegung engagieren, können als bedeutsame Elite der zukünftigen Generation(en) betrachtet werden. Vergleichbar ist die Entwicklung der Bedeutung dieser Elite mit dem Einfluss der Wiederaufbau-Generation direkt nach dem 2. Weltkrieg und später der Achtundsechziger im Nachklang des Wiederaufbaus und der Aufarbeitung der Kriegs- und Nachkriegszeit.

Die Klimabesorgten und Klimaaktivisten der Generation Z verbindet jedoch, im Gegensatz zu den vorherigen Generationen, nicht eine gemeinsame Erfahrung und die gemeinsame Geschichte, sondern nur (noch) die gemeinsame Zukunftsangst. Sie teilen quasi eine gemeinsame Erfahrung in spe, die durch das Befürchten und Erwarten von Problemen auf einem krisengeschüttelten und -gebeutelten Planeten und durch die Fokussierung auf Selbsterhaltung geprägt ist (Haaf 2022). Enttäuschung und Empörung sind den Vertreter:innen der Gen Z gemein.

Selbsterhaltung vor Selbstentfaltung

Die Generation Z sieht sich mit der Tatsache konfrontiert, dass eben nicht mehr alles steuerbar und beeinflussbar, sondern dass man abhängig von Fremdfaktoren ist, die man nicht steuern kann. Das für die vorherigen Generationen geltende Leitmotiv der freien und selbstbestimmten Selbstentfaltung weicht nunmehr dem realistisch-pragmatischen Prinzip der Selbsterhaltung. Wenn man schon nichts mehr bewegen kann, bleibt einem nur noch das Kümmern um sich selbst (Dörre et al. 2019).

Was Ökologie und Systeme, Gesellschaft und Politik angeht, sehen sich große Teile der Gen Z um Jahrzehnte zurückgeworfen. Das Sich-Anpassen an Lebensumstände wird zum Zentrum des Seins und Handelns, da ein Gestalten dieser Umstände nicht mehr in ihrer Macht steht. Angesichts relativ vieler Jahre ihres Lebens, die geprägt waren und sind von Krisen wie Klimawandel, Krieg, Pandemie, Inflation und Rezession zählt allein die Kompetenz des Zurechtkommens mit den aktuellen und zukünftigen Herausforderungen (Pentzlin 2022).

Das Interesse der Gen Z richtet sich nunmehr auf die Hintergründe und das Wesentliche von Gegebenheiten, denn wenn urplötzlich die Pasta im Supermarktregal fehlt, dann ist die Frage nach der Herkunft dieser Pasta ebenso plötzlich durchaus legitim – gefolgt von der Frage, wie man aktuell und eventuell in Zukunft mit einem Lebensmittel weniger oder auch mit alternativen Nahrungsmitteln zurechtkommen könnte (wenn nicht sogar muss).

Anpassung als (Über-)Lebensprinzip

Anpassung ist daher für die Gen Z ein Erfolgsfaktor beim Meistern sämtlicher zukünftiger Herausforderungen. Angesichts der soziopolitischen Lage und Entwicklung sowie der damit verbundenen (Über-)Forderungen der Generation Z entscheidet sich diese angesichts einer Gesellschaft, in der sich jeder um sich selbst kümmern sollte, für die Prinzipien (Haaf 2022)

- **angepasstes Unangepasstsein** – unverwechselbar sein, aber nicht einzigartiger als die vergleichbare Gruppe der Peergroup – und
- **akzeptable Auffälligkeit** – aus der Masse herausstechen wollen, aber ausschließlich in von Dritten genehmigtem Maße.

Dabei gehören nur wenige Vertreter:innen der Gen Z zu denjenigen, die sie sich gern oder gar leicht anpassen, die meisten tun es allerdings dennoch häufig bis pausenlos (marketing-BÖRSE 2019). Man trägt die gleiche Frisur oder den gleichen Bart, dieselben Kleidungsstile, vertritt dieselben politischen Ansichten und gesellschaftlichen Anschauungen, isst und trinkt, konsumiert dasselbe, folgt denselben Influencer:innen, entscheidet sich für dieselbe Wortwahl und so fort. Allerdings kommt hier ein verändertes Verständnis von Anpassung zum Tragen, das von der Generation Z eher als Normalzustand gesehen wird und sich zur Voraussetzung des Meisterns der Herausforderungen des Lebens entwickelt hat.

Gleichzeitig versucht die Gen Z, diese neue Art an Anpassung für sich auch positiv zu interpretieren, als eine Möglichkeit der Befreiung von Selbstverwirklichungszwängen. Während sich die vorherigen Generationen nicht nur selbst entfalten konnten und wollten, sondern auch immer häufiger mussten, fühlt sich die Generation Z teils frei davon (Staab 2022). Denn wer ohnehin keinen Glauben mehr daran hat, in Gegenwart und Zukunft das Beste und Meiste für sich herausholen zu können, der ist auch frei davon, dies ständig zu müssen. Die Neuinterpretation von Anpassung durch die Gen Z führt demnach zu einer Befreiung von Zwängen und so auch zu einem Gefühl der Entspannung und Freiheit, dem sie sich angesichts des Niedergangs des Planeten hingeben (Haaf 2022).

Wissenschaft vor Politik

Die stark durch Krisen geprägte Gefühlslage der Gen Z ist komplex: Da der Begriff »Fortschritt« von der Gen Z nicht mehr als erstrebenswertes Ziel interpretiert wird, verliert er immer deutlicher bei denen an Bedeutung, die sich in ihrem Leben mit dem simplen Zurechtkommen im Alltag abzumühen haben (Staab 2022). Ähnliches gilt für den Begriff der Demokratie und das Verständnis der Bedeutung von Demokratie und Politik. Viele Vertreter:innen der Gen Z sehen in ihnen zu viele Unsicherheiten und Unwägbarkeiten. Angesichts der aus Sicht der Gen Z mit Demokratie und Politik verbundenen langen Entscheidungsprozesse, teils unverständlichen Elementen oder dem Schwerpunkt auf gemeinschaftlicher Meinungsbildung auf der Basis eines Diskurses (im Vergleich bzw. im Gegensatz zu Expertise) scheint Teilen der Gen Z Demokratie nicht ihrer Maxime der Anpassung zu entsprechen (Staab 2022).

Dafür gewinnt die Orientierung an einer eher technokratischen politischen Ausrichtung an Bedeutung, bei welcher der Wissenschaft und Wissenschaftler:innen eine bedeutende Rolle zukommt, u. a. zu sehen am Fridays-for-Future-Slogan »Believe science« (Haaf 2022). Wissenschaft und Wissenschaftler:innen gewinnen an Anerkennung und Bedeutung, da sie als eine von äußeren Beeinflussungen unabhängige und somit überpolitische Kraft verstanden werden, die mit ihren detaillierten Berechnungen und nachvollziehbaren Erkenntnissen eine Grundlage für Entscheidungen liefern, die nicht nur das Sich-Anpassen erleichtern, sondern letztlich das Überleben ermöglichen. Die von der Generation Z erlebte Politik (sowie deren Protagonist:innen) hingegen orientiert und richtet sich aus der Gen-Z-Perspektive ausschließlich an (eigenen) Interessen und eben nicht an objektiven Erkenntnissen aus (Haaf 2022). Denn in der aktuellen Politikwelt erlebt die Gen Z vor allem lange Entscheidungsprozesse, das Berücksichtigen von Partikularinteressen und einen Mangel am Durchsetzen konkreter Maßnahmen.

Das Verstehen der Gefühls- und Krisenlage der Generation Z (siehe Abb. 3) als bereits heute bedeutende gesellschaftliche Zielgruppe ist für die Generationen Babyboomer und X und für ein produktives gesellschaftliches Miteinander nicht nur relevant, sondern zwingend notwendig. Ein desinteressiertes Nebeneinanderher-Leben oder abschätziges Aufeinander-Herabsehen können sich beide Parteien, sowohl »die Alten« als auch »die Jungen« im Sinne des gesellschaftlichen und wirtschaftlichen Aufbaus und Erfolgs nicht leisten.

Abb. 3: Gefühls- und Krisenlage der Gen Z

Schauen wir uns vor diesem Hintergrund daher die Generation Z aus der Marken- und Marketing-Perspektive an.

3 MARKETING – wie die Generation Z Marken sieht

Die Generation Z ist ein Schlüsselfaktor für die Gewährleistung von Marketing- und Unternehmenserfolg, denn sie ist heute zwar nur eine Zielgruppe der Gegenwart, aber DIE relevante Zielgruppe der Zukunft für Marken und Marketers. Die (potenziellen) Kund:innen der Gen Z stehen daher bereits auf der Agenda von Kommunikations- und Vertriebsexpert:innen. Als Kund:innen und Konsument:innen mit innovativen Ideen, vor allem aber mit neuartigen Ansprüchen gegenüber Produkten und Dienstleistungen besitzen sie mittlerweile einen Einfluss und eine Marktmacht, die es zu einer Notwendigkeit macht, die kommunikativen Anforderungen der Gen Z im Rahmen des Marketings genauer zu betrachten.

3.1 CHARAKTER und PROFIL – was die Generation Z als Marketing-Zielgruppe so besonders macht

Die Gen Z in ihrem Mindset zu verstehen und sie kommunikativ zu erreichen steht branchenübergreifend mittlerweile als Priorität auf der Agenda (fast) aller Marketers. Dabei zeigt sich das Hinterfragen des Charakters, der diese Generation auszeichnet, sowie das Begreifen des Profils, das die Gen Z recht deutlich zeigt, als Mammutaufgabe für Marketingverantwortliche. Die daraus resultierende adäquate Ansprache der Generation Z stellt sich bislang als nicht einfach zu meisternde Herausforderung für das Marketing dar. Das frühzeitige Gewinnen der Generation Z ist jedoch ein absolutes »Must« für Marken, die Digital Natives sind für Marketers jedoch vor allem eine Chance.

Gen Z als meinungsstarke Selbstbestimmer

Die Generation Z erlebt eine Welt und Werte im Wandel. Für sie scheint nichts mehr sicher. Vor diesem Hintergrund zeigt sie sich in großen Teilen extrem reflektiert, nachdenklich sowie kritisch und entwickelt zugleich äußerst konkrete Ansprüche und Erwartungen gegenüber ihrer Lebensplanung und ihren Lebensinhalten. In einer Zeit, in der nichts für garantiert und sicher gehalten werden kann, realisiert sie die Wichtigkeit, die Dinge selbst in die Hand zu nehmen, und die Bedeutung von Eigenständigkeit und der Freiheit von selbstbestimmten Entscheidungen. Als Resultat entwickelt sie ein starkes Bedürfnis nach Selbstbestimmung und Selbstbestätigung sowie ebenso starke Überzeugungen, tritt für diese ein und misst auch Unternehmen und Marken daran (Leitherer 2022).

Gen Z als Herausforderer-Zielgruppe

Die Gen Z ist als anspruchsvolle Zielgruppe daher das Thema zahlreicher empirischer Studien, die aus unterschiedlichen Perspektiven einen Blick auf die Konsument:innen und Kund:innen der Zukunft wagen. Denn nahezu ausnahmslos alle Unternehmen und Marken zeigen sich an dieser Zielgruppe interessiert – oder vielmehr: sind auf diese angewiesen (Mega Media 2022). Das Ziel all dieser Studien und Bemühungen ist die Identifikation und Analyse der für die Marketingkommunikation relevanten Charakteristika der Generation Z, ihrer kennzeichnenden Einstellungen und Verhaltensweisen. Die Identifikation von Erfolgsfaktoren für die Marketingkommunikation mit der Generation Z bewegt somit viele Akeure aus Marketing und Vertrieb (Kleinjohann & Reinecke 2020).

Gen Z als verunsicherte Generation

Die Zielgruppe der Generation Z ist u. a. von Instabilität geprägt und durch Unsicherheit gekennzeichnet (OC&C 2019). Sie ist aufgewachsen mit politischen Umwälzungen und Spannungen, ob in Deutschland, in Europa und sogar global. Die Generation Z ist in Deutschland mit einer Kanzlerin und der sog. großen Koalition und gleichzeitig mit dem Erstarken eher links- und rechtspopulistischer Orientierungen an den politischen Rändern der Gesellschaft aufgewachsen. Durch die (sozialen) Medien jedoch hat sie bereits seit ihrer Kindheit Einblicke in europäische und weltweite Krisen erhalten. Allein die EU wurde und wird u. a. durch Flüchtlings- oder Finanzkrisen, den EU-Austritt von Großbritannien und mittlerweile auch durch militärische Konflikte und einen Krieg geprägt, was die Generation Z nachvollziehbarerweise hinsichtlich Zukunftsaussichten und -planung verunsichert (Mühlhausen 2022).

Zeitweise war für die Gen Z aus ökonomischer Sicht ursprünglich mehr Stabilität gegeben, da in Deutschland seit der Finanzkrise von 2008 ein wirtschaftlicher Aufschwung zu sehen war, der durch eine stabile bzw. steigende Kaufkraft gekennzeichnet war und der auch dem E-Commerce, der durch Digitalisierung und Globalisierung sowie der Zunahme an Touchpoints immens an Bedeutung gewann, geschuldet war (OC&C 2019). Nun aber zeigen sich deutliche Risse und Brüche in dieser Entwicklung angesichts von Krisen und Kriegen, Inflation und Rezession (siehe Abb. 4). Aus der Sicht und der Erfahrung der Gen Z ist nicht nur die Gesellschaft, sondern die gesamte Welt im Wandel. Nichts mehr ist berechenbar, nichts mehr planbar.

Gen Z als Meister des Umbruchs

Aber nicht allein das politische Umfeld der Generation Z ist volatil. Auch der soziale Kontext ist durch Umbruch gekennzeichnet und stellt daher eine große Herausforderung für die Gen Z dar. Die Gegenwart wird durch unterschiedliche Bewegungen beeinflusst, in deren Rahmen man sich engagieren kann. Zum einen wird die Generation Z als Digital-Natives-Gruppe angesichts ihres digitalen Kommunikationsverhalten und ihrer überdurchschnittlichen Social-Media-Nutzung von ihrer jeweiligen Peergroup und zunehmend auch durch Influencer:innen beeinflusst. Zum anderen erfährt die Gen Z die Möglichkeiten eines liberalen Umfelds angesichts der zunehmenden Geschlechtergleichheit und -akzeptanz, die formale und gesellschaftliche Anerkennung

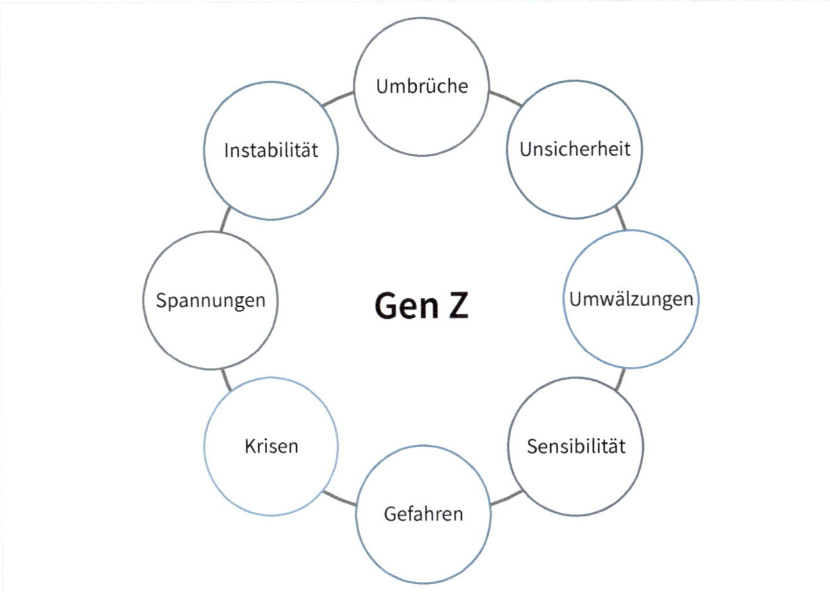

Abb. 4: Unsicherheit als Hintergrund der Gen Z

des sog. dritten Geschlechts sowie der Vielfalt an u. a. Religionen, Ethnien und Lebensformen (Onderka 2021). Und zudem erlebt die Gen Z den demografischen Wandel nicht allein als gesellschaftlichen Wandel, sondern auch als potenzielle Bürde für die eigene Zukunft und die persönliche Sicherheit (Kleinjohann & Reinecke 2020).

Gen Z als Fans von Sicherheit

Die Generation Z fühlt sich zudem kontinuierlich mit Sicherheitsthemen konfrontiert. In den Bereichen Ökologie und Daten werden sie stark von Fragen zu Sicherheit und Stabilität beeinflusst.

Der Klimawandel durch die Erderwärmung ist ein omnipräsentes Thema und verändert die Einstellung und mittlerweile auch das Verhalten großer Teile der Bevölkerung (OC&C 2019). Teile der Generation Z übernehmen dabei eine ausgesprochen engagierte Rolle ein, Initiativen wie »Fridays for Future« oder »Die letzte Generation« treten zunehmend ins Licht der Öffentlichkeit und beschleunigen die Diskussion um die Schonung von Ressourcen sowie insbesondere um die Notwendigkeit von Nachhaltigkeit in Produktion und Konsum, Mobilität und Logistik. Dies prägt nicht nur das Verhalten, sondern vielmehr das gesamte Leben der Generation Z, die sich deutlich bewusster und nachhaltiger als frühere Altersgruppen entwickelt (PwC 2021).

Gleichzeitig erlebt die Generation Z eine Zeit, die geprägt ist durch die Macht von Daten, in welcher Big Data, Datennutzung und Datenschutz sowie Cybercrime und -sicherheit an Bedeutung gewinnen. Der Wert persönlicher Daten beeinflusst das gesamte Lebens- und Arbeitsumfeld dieser Generation junger Konsument:innen, die sich der Herausforderung gegenübersehen, eine Entscheidung zu treffen, ob sie dazu bereit sind, (gegen einen für sie sinnvollen Mehrwert) die eigenen, persönlichen Daten weiterzugeben, oder aber darauf bedacht sind, die eigene, individuelle Datenintegrität zu schützen (Kleinjohann & Reinecke 2020).

Gen Z als besorgte Pragmatiker

Als überaus pragmatische und zugleich stets besorgte Generation geht die Gen Z beim Entwerfen und Umsetzen ihrer Lebensplanung sowohl zurückhaltend-besorgt als auch »hands-on«-pragmatisch vor. Im Gegensatz zu den vorherigen Generationen der Babyboomer sowie der Generationen X und auch Y legen sie besonderen Wert auf Abläufe, Ordnung und Stabilität. Das »Alles muss seine Richtigkeit und Reihenfolge haben« hat für sie häufig Priorität (siehe Abb. 5).

Im Rahmen dieses Strebens nach Stabilität und Sicherheit setzen sie die Themen Gesellschaft, Politik sowie Klima- und Umweltschutz auf die Agenda, da sie um ihre Zukunft (und die ihrer Kinder) besorgt sind. Sie sind aufgewachsen mit teils drastischen Entwicklungen in diesen Bereichen, leben mit diesen und sind sich der Tatsache bewusst, dass hier auch weiterhin keine Ruhe einkehren, geschweige denn sich ein »Happy End« finden wird (PwC 2021). Obwohl diese Generation engagiert sowie aktiv ist und sich auch so präsentiert, erzeugen die aktuellen Ereignisse bei der Gen Z zugleich ein Ohnmachtsgefühl, ein Gefühl des »Ausgeliefertseins«, demzufolge sie sich in ihrer individuellen Entwicklung und in ihren persönlichen Wirkungsmöglichkeiten eingeschränkt und begrenzt sehen (W&V 2019).

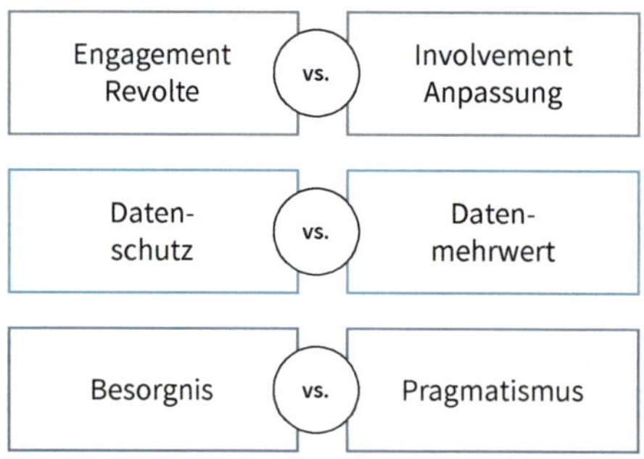

Abb. 5: Sicherheit als Sehnsuchtsthema der Gen Z

Gleichzeitig zeichnet sie gerade daher ein Streben nach materiellem Besitz aus – wenn die Zukunft der Welt schon nicht rosig aussieht, dann sollte zumindest das direkte eigene Umfeld bestmöglich ausgestattet sein. Daher sind der Gen Z gesellschaftliche Anerkennung und auch ihr Status als »Role Model« wichtig, die Vertreter:innen streben z. B. danach, in der Gesellschaft und insbesondere in ihrer Peergroup (soziale Orientierungs- und Einflussgruppe) als »Innovatoren« oder »Early Adopters« anerkannt und bezeichnet zu werden, wenn es um Trends, Dienstleistungen, Produkte und Marken geht (OC&C 2019).

Verschiedene Facetten von Erfolg sind dieser Generation daher nicht nur bekannt, die Vertreter:innen legen vielmehr sogar explizit Wert darauf, denn sie verstehen diese als einen Ausdruck ihrer individuellen Persönlichkeit und ihres persönlichen Erfolgs. Eine Grundlage der angestrebten (sozialen) Anerkennung für die Gen Z ist ein (soziales) Netzwerk, das sie mit relevanten Akteur:innen und mit ihrer Peergroup zusammenführt und zusammenhält. Das »Immer-und-überall-vernetzt-Sein«, um sich mit ihren sog. Peers auszutauschen und sich ihnen gegenüber zu positionieren, ist essenziell. Der Austausch mit diesen Gleichgesinnten und Gleichaltrigen dient dabei auch der persönlichen Orientierung, um die eigene Person in Relation zu setzen (Mediaplus 2022). Durch die pausenlose Interaktion und die digitale Kommunikation eröffnen sich der Generation Z jedoch nicht nur ständig Vergleichsmöglichkeiten, aus demselben Grund bieten sich ihnen in Form von »Influencer:innen« auch neue Maßstäbe und Einflüsse, die sowohl inspirierend als auch (ab)wertend wirken können. Die Beeinflussung von außen durch derartige Protagonist:innen kann einerseits kreativen Elan und produktiven Wettbewerb erzeugen, andererseits jedoch auch Zweifel hervorbringen, ob man mithalten kann und gut genug ist (Kleinjohann & Reinecke 2020).

Hier zeigt sich eine durchaus vielfältige und zugleich volatile Ausgangslage, um mit der Generation Z ins Gespräch zu kommen. Welche Themen bei der Ansprache der Gen Z ganz besonders zu beachten sind, wird im Folgenden besprochen.

Gen Z als potente Omnipräsente

Die Medien- und Kommunikationswelt der Generation Z ist vollkommen digitalisiert. Sie beherrscht die Regeln der digitalen Kommunikation von Kindesbeinen an. Marketers haben es mit einer Generation zu tun, die über alle Maßen durch Technik und Digitalisierung beeinflusst wird, ständig erreichbar und kommunikationsbereit ist. Die Gen Z stellt die erste Altersgruppe dar, die von Geburt an mit digitaler Technik, digitalen Medien und den sozialen Medien aufgewachsen und sozialisiert ist (Marconomy 2019). Telefonie- und Daten-Flatrates, WLAN und 5 G-Netz sowie ein mobil und stationär jederzeit und überall verfügbares und nutzbares Kommunikationsnetz sind für sie Standard. Smartphones, Smart Speaker und Tablets gehören als permanente Kommunikationsinstrumente zu ihrem Alltag, digitale Film- und Audio-Streaming-Dienste (Amazon Prime, Disney+ und Netflix) sowie Buchungs-, Payment- und auch Matching-Dienstleistungen und -Dienstleister (z. B. Paypal, Tinder und Tripadvisor) sorgen jederzeit für 24/7-Konsumoptionen. Den größten Einfluss aber haben Social-Media- und Kommunikationsdienstleister (u. a. Facebook, Instagram und WhatsApp) sowie Blog- und Publishing-Plattformen (wie Twitter und YouTube), die der Generation Z eine vollkommen neuartige Welt der Kommunikation eröffnet haben und für diese längst selbstverständlich sind (siehe Abb. 6). Die Entwicklung digitaler Techniken wie künstliche Intelligenz, Augmented Reality und Virtual Reality wird das Leben der Generation Z weiter und stark beeinflussen (OC&C 2019).

Abb. 6: Kommunikationskosmos der Gen Z

Zoomer als selektive 24/7-Kommunikatoren

Die Generation Z ist unter dem Einfluss völlig neuer kommunikativer, gesellschaftlicher, ökologischer, politischer und digitaler Faktoren aufgewachsen, sozialisiert und geprägt. Ihre psychografischen Kennzeichen, ethisch-moralischen Werte sowie ihr Kommunikations- und auch Konsumverhalten unterscheiden sich grundlegend von denen vorheriger Generationen. Es ist eine Generation, die zwar ständig empfangs- und sendebereit ist, sich in ihrem Kommunikationsverhalten jedoch gleichzeitig äußerst selektiv zeigt. Die Gen Z will und kann zwar jederzeit kommunizieren, was sie jedoch kommunikativ an sich heranlässt, ist strikten Selektionskriterien unterworfen. Digitale Medien erreichen die Gen Z z. B. leichter als analoge, Content mit Mehrwert hat es bei der Gen Z leichter als plumpe Werbung. Das bedeutet für Marketers u. a., die Gen Z als Fans, Kenner und Könner einer multioptionalen digitalen Technik, mobiler Smartphones und interaktiver Touchscreens zu betrachten, mit denen sie aufgewachsen und sozialisiert sind (Tarkowski 2020).

Für diese Digital Natives bilden die stationären und mobilen, analogen und digitalen Welten eine Einheit und ihre Lebenswelt. Dabei kommt vor allem dem Smartphone eine Hauptrolle zu. Für die Digital Natives gilt das Motto »Mobile First« bzw. »Mobile Only«. Das Smartphone ist zum ständigen Begleiter avanciert, ein mit der Generation Z nahezu körperlich verbundenes Kommunikations-, Recherche-, Interaktions- und Transaktionsmedium. Instrumente wie der stationäre Desktop-PC oder mobile Laptops und Notebooks verlieren für sie immer mehr an Bedeutung (OC&C 2019). Dadurch ist die Generation Z zwar 24/7 und überall erreichbar, gleichzeitig erreichen und erkennen sie ihre Grenzen hinsichtlich ihrer kognitiven Kapazitäten, sodass sie Kommunikation und Informationen effizient im Hinblick auf deren Relevanz und Mehrwert selektieren. Sie richten ihre Aufmerksamkeit daher gezielt ausschließlich auf für sie bedeutsame Themen.

Zoomer als Individualitätsfetischisten

Trotz des Wunsches nach allgemeiner Anerkennung und Akzeptanz sowie dem entsprechend konformen Verhalten strebt die Generation Z überdurchschnittlich nach einer persönlichen Individualität, die ganz bewusst nach außen getragen wird und von Außenstehenden anerkannt werden will. Die Gen Z möchte in ihrem Auftreten, in ihrer Wahrnehmung sowie in der Nutzung von Marken möglichst einzigartig sein (siehe Abb. 7) – »Mainstream« und Mittelmaß, Durchschnitt und Standard sind in ihrer Generation verpönt (Trend Report 2022).

Um sich entsprechend kommunikativ darzustellen und zu positionieren, verfolgen sie das Bespielen der sozialen Medien und Netzwerke mit eigenen Inhalten (Content). Diese persönlichen Inhalte stellen ihren ganz eigenen Kommunikations- und Lebensstil zur Schau und spiegeln ihre individuellen Anschauungen und Interessen wider. Dies führt im Rahmen der Marketingkommunikation dazu, dass Entscheidungen zu Produkten oder Dienstleistungen immer deutlicher durch eine personalisierte werbliche Ansprache oder auch durch individualisierte Angebote geprägt sind, die die Generation Z bevorzugt (Kleinjohann & Reinecke 2020).

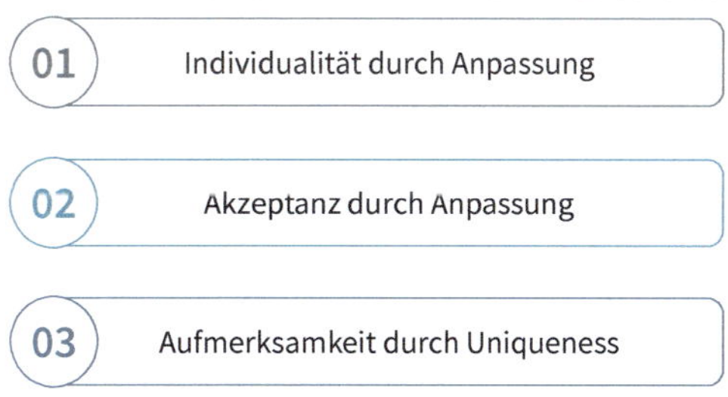

Abb. 7: Die Gen Z im Spannungsfeld von Aufmerksamkeit bis Anerkennung

Zoomer als Authentizitätsgierige

Für die Generation Z ebenfalls bedeutend sind die ethischen und moralischen Werte Authentizität und Ehrlichkeit. Dabei belassen sie es nicht allein beim vordergründigen Darstellen dieser Werte, sie hinterfragen stets auch deren Ernsthaftigkeit und Glaubwürdigkeit. Sowohl von Unternehmen und Marken als auch in ihrem persönlichen Umfeld erwarten sie einen moralischen Kompass, den sie insbesondere mittels digitaler Kanäle kontinuierlich kritisch prüfen und infrage stellen. In diesem Zusammenhang ist auch die Bedeutung der Themen Diversität, Geschlechtergleichheit und -gleichstellung zu betrachten (Onderka 2021). Das Anerkennen und Wertschätzen vielfältiger Lebensformen stellt für große Teile dieser Generation einen essenziellen gesellschaftlichen Wert dar, der aus ihrer Perspektive von Unternehmen und Marken glaubwürdig und nachvollziehbar gelebt werden sollte. Da sich die Gen Z gesellschaftlich engagiert zeigt und da sie für ihr wichtige Werte eintritt, erwartet sie eine entsprechende Grundhaltung ebenfalls von Unternehmen, für deren Marken sie sich entscheiden soll. Da sie sich ihrer sozialen Verantwortung bewusst ist, setzt die Gen Z gesellschaftliche Megatrends wie nachhaltigen Konsum weit oben auf die Agenda und engagiert sich zunehmend und ernsthaft in Bereichen wie Klima-, Natur- und Tierschutz, Gleichberechtigung und Gleichstellung, Meinungs- und Menschenrechte (OC&C 2019).

Die Generation Z ist grundsätzlich geprägt durch eine internationale Ausrichtung, da sie mit Globalisierung und dem damit verbundenen internationalen Austausch im Hinblick auf Kultur und Gesellschaft sowie auf Politik und Wirtschaft aufgewachsen ist. Sie sieht sich nahezu und teils im wahrsten Sinne des Wortes grenzenlosen Möglichkeiten gegenüberstehen, die einerseits vielversprechend, andererseits jedoch auch genauso überfordernd bis beängstigend sein können. Gleichzeitig verschmelzen regionale, nationale und internationale Anschauungen dieser Generation, da aufgrund der globalen Digitalisierung und Kommunikation der Austausch der Mitglieder der Generation Z zu Anschauungen und Erwartungen nicht nur jederzeit möglich ist, sondern auch aktiv vorangetrieben wird. Die Generation Z ist daher gekennzeichnet durch den Zugriff auf und den Austausch mittels identischer Medien, was wiederum zu einer ländergrenzen- und zeitzonenüberschreitenden Vereinheitlichung eben dieser Anschauungen führt. Gleichzeitig agiert sie als eine treibende Kraft hinter Themen und Trends, die sie kontinuierlich kritisch hinterfragt und zu denen sie ggf. ihre Familie und Freund:innen berät (Kleinjohann & Reinecke 2020).

Die Gen Z schätzt es, eine authentische und direkte Verbindung zu den von ihnen präferierten Marken zu haben. Viele Vertreter:innen der Gen Z fühlen sich Marken persönlich verbunden, wenn diese Inhalte posten, die ihnen den Eindruck vermitteln, Teil der Marken-Community zu sein. Gen-Z-Vertreter:innen verbinden sich aufgrund gemeinsamer Interessen in Form von Gemeinschaften zu Marken, denen sie auf Meta-Plattformen zusammen folgen und über die sie sich austauschen. Der Wunsch der Gen Z nach Gemeinschaft und Zugehörigkeit drückt sich u. a. in dem Wunsch aus, eine engere Verbindung zu Marken herzustellen, die einen Einblick in das jeweilige Unternehmen gewähren. Die Gen Z verlangt von Marken, idealerweise über die entsprechenden Social-Media-Kanäle Fragen direkt und jederzeit an die Marke und an die verantwortlichen Expert:innen hinter der Marke stellen zu können. Für die Gen Z ist das Folgen einer Marke mittels Social Media eine Möglichkeit, sich intensiver mit ihren eigenen Interessen und Vorlieben zu verbinden. Dabei präferiert sie vor allem Geschichten von Marken und Influencer:innen in den sozialen Medien (Hürlimann 2021).

Die Gen Z ist zwar in einer Welt aufgewachsen, die digital, gefiltert und zunehmend unsicher ist, dafür hält sie an einigen Werten fest, die mit den Werten der Babyboomer-Generation übereinstimmen, gleichzeitig aber zeigt sie eine starke Sensibilität. Dementsprechend misst sie dem Wert Authentizität in vielen Lebensbereichen eine überdurchschnittlich hohe Bedeutung bei, sodass dieser Wert auch im Alltag eine bedeutende Rolle spielt (Medienmanager 2022).

Gleichzeitig legt die Gen Z Wert auf Erfolg – jedoch ist die Vorstellung von Erfolg bei ihnen eine andere als bei den früheren Generationen, sie beruht vielmehr auf Emotionalität, im Sinne von Empathie und dem offenen Bekennen zu Gefühlen, und Authentizität, im Sinne von Ehrlichkeit, Originalität, Vertrauen und Qualität. Die Gen Z betrachtet diese Werte als einen wesentlichen Bestandteil ihrer Identität und sucht nach Marken, die dies verkörpern (Medienmanager 2022). Marken, die sich die überaus selbstbewussten und emotional engagierten Gen Z für sich gewinnen wollen, müssen einen authentischen strategischen Ansatz entwickeln, der sowohl die interne Unternehmenskultur als auch die externe Unternehmenskommunikation umfasst. Die Gen Z bevorzugt Marken, die sich authentisch positionieren, und beantwortet das ihrerseits mit Loyalität, Befürwortung und Engagement (Medienmanager 2022).

Obwohl die Gen Z in einer digitalen Welt aufgewachsen ist, sind die Vertreter:innen der Gen Z der Meinung, dass die sozialen Medien Druck erzeugen. Sie sind aufgewachsen mit dem ständigen Druck, sich zu kontinuierlich zu präsentieren, glaubwürdig zu performen und möglichst perfekt zu sein, was es gleichzeitig schwieriger gestaltet, authentisch zu sein. Dementsprechend sind für die Gen Z Medien relevant, die glaubwürdige Quellen, faktengeprüfte Geschichten und Informationsquellen mit einer langen, vertrauenswürdigen Geschichte verbinden (Medienmanager 2022).

Gen Z als multiple Rollenerfüller

Der Generation Z fällt eine multioptionale Rolle als Adressat und Multiplikator von Botschaften sowie als Beeinflusser von Meinungen und als Entscheider zu (Criteo 2018). Die kommunikative Vernetzung, die digitalen Medien, das gesellschaftliche Engagement und die daraus resultierende Beeinflussung ihrer Peergroup bieten der Gen Z einerseits zahlreiche Möglichkeiten, Involvement zu zeigen und sich zu positionieren, andererseits stellen sie die Generation auch vor die Herausforderung, all diese Aufgaben adäquat zu erfüllen (siehe Abb. 8). Im Marketingkontext kommt ihnen eine vergleichbare Bedeutung und Multioptionalität zu, da sie aufgrund der Digitalisierung und der sich daraus ergebenden Transparenz von Marken und Märkten für sich und ihre Peers die besten und individuell passendsten Angebote filtern und finden (W&V 2019). Aber auch als Zielgruppe, als (potenzielle) Konsument:innen und Kund:innen, schenkt die Generation Z vorrangig Marken, Produkten und Dienstleistungen ihre Aufmerksamkeit und ihr Interesse, die ein für sie adäquates und zu den eigenen Werten passendes Image vermitteln und mit denen sie sich identifizieren kann – das Marketing hat es mit einer grundsätzlich besser informierten und auch deutlich anspruchsvolleren Zielgruppe zu tun.

Abb. 8: Multifunktionalität der Gen Z

Gen Z als Datenschatz und Channel Hopper

Aufgewachsen mit der Digitalisierung und um die Bedeutung von Daten wissend, sieht die Generation Z im Preisgeben und Nutzen von Daten ihren Vorteil im Sinne eines »quid pro quo«. Die Vertreter:innen lassen Unternehmen ihre Daten wissen und nutzen, wenn sie dafür einen Mehrwert und Vorteil erhalten – in Form von personalisierter Werbung und individualisierten Angeboten (Criteo 2018). Realistisch und pragmatisch erkennen sie, dass Zeit und Aufmerksamkeit einen Engpass bei ihnen darstellt. Ihre Zeit ist knapp und ihre Aufmerksamkeit ebenfalls eher kurz bemessen sowie äußerst selektiv. Personalisierte Werbung kommt ihnen daher entgegen.

Gleichzeitig ist die Gen Z nicht nur digital-, sondern auch technikaffin, sie kennt, nutzt und besitzt (oft mehrere) Smartphones und Smartwatches, hat keine Scheu vor Augmented oder Virtual Reality und Chatbots und erledigt die meisten Aufgaben im Privat- und Berufsleben digital und mittels Internet. Daher verschmelzen bei Kommunikation und Shopping die Kanäle (siehe Abb. 9), die Vertreter:innen der Gen Z sind typische »Channel Hopper« (W&V 2018): Mal informieren sie sich online und kaufen dann im stationären Handel, mal kaufen sie online und holen die Ware im Geschäft ab oder aber sie testen ein Produkt im stationären Handel und kaufen es später im Online-Shop. So treibt die Generation Z nicht allein den E-Commerce, sondern immer stärker auch den Mobile Commerce an, da sie sich durch eine überdurchschnittlich intensive Nutzung des Smartphones auszeichnen. Die Generation Z belässt es nicht bei einem »Mobile First«, sondern bewegt sich mehr und mehr in die nächste Dimension des »Mobile Only«.

RECHERCHE OFFLINE KAUF ONLINE	Produkt wird in der Filiale recherchiert und anschließend online gekauft.
RECHERCHE ONLINE RECHERCHE OFFLINE	Produkt wird online recherchiert und anschließend in der Filiale gekauft.
KAUF ONLINE LIEFERUNG OFFLINE	Produkt wird online bestellt und in die Filiale geliefert, von dort abgeholt.
RESERVIERUNG ONLINE KAUF OFFLINE	Produkt, das in der Filiale verfügbar ist, wird online reserviert und bei der Abholung bezahlt.
KAUF ONLINE UMTAUSCH/RÜCKGABE OFFLINE	Produkt, das online gekauft wurde, wird in der Filiale zurückgegeben.
AUS DEM OFFLINE-STORE ONLINE BESTELLEN	Produkt, das in der Filiale nicht verfügbar ist, wird durch das Ladenpersonal online bestellt.

Abb. 9: Die Gen Z als Channel Hopper

Gen Z als Omnichannel-Protagonisten

Obwohl »Digital« und »Mobile Only« bei der Gen Z oberste Priorität haben, spielt in ihrem Leben als Konsument:innen und bei ihrem entsprechenden Konsumverhalten auch der stationäre Handel (noch) eine Rolle. Den Vertreter:innen macht Shopping Spaß, für die Gen Z ist Shopping Freizeitaktivität und Hobby, Shoppen ist für sie deutlich mehr als nur das notwendige Besorgen von Waren zum (Über-)Leben. Immer auf der Suche nach neuen Eindrücken und Angeboten ist der stationäre Handel ihre ideale Bühne und Freizeitplattform – und das trotz der großen Bedeutung und intensiven Nutzung von Smartphones und sozialen Netzwerken mit zahlreichen Kontakten und Bekannten. Sie bewegen sich sicher zwischen Store und Smartphone, zwischen analoger und digitaler Welt, sind daher Meister:innen des Konsums und der Kommunikation mittels mehrerer Kanäle.

Sie sind eine bedeutende Zielgruppe und wichtige Akteure im Omnichannel-Marketing. Denn die Gen Z erwartet, dass Marken kontinuierlich über alle Kommunikations- und Vertriebskanäle hinweg agiler und individueller sind (Omnichannel) und ungewöhnliche Markenerlebnisse bieten (Customer Experience). Die Ansprache der Gen Z über analoge und digitale Kanäle sowie ein hierbei konsistentes und einheitliches Markenbild entspricht genau ihren (hohen) Anforderungen an Marken, denen sie ihre Aufmerksamkeit widmen. Sie sind empfänglich für Marken, die ihnen multimedial und mehrkanalig entgegenkommen und ihnen dabei helfen, sich von ihren Kontakten, d. h. ihrer Peergroup, abzuheben.

Ihr Interesse widmet die Gen Z Marken, die nicht jeder hat oder nicht jeder kennt. Erst so haben Marken einen Mehrwert für sie. Von Bedeutung hierbei ist die sog. Mundpropaganda (»Word-of-Mouth«), d. h. die Empfehlung seitens Familie und Freund:innen, gefolgt von Empfehlungen aus dem Internet und den sozialen Medien oder auch direkt am »Point of Sale« (Livadic 2018). Die Generation Z hat jedoch ihre ganz eigenen Ansprüche an den stationären Handel: Sie stöbert gern in Geschäften und lässt sich vor Ort inspirieren. Dabei nutzt sie trotzdem bzw. ergänzend das Smartphone, um sich über den geplanten Kauf von Produkten vorab oder auch zeitgleich im Geschäft zu informieren.

Geschäfte punkten zudem angesichts des Gen-Z-Wunsches, Produkte vor dem Kauf auszuprobieren. Daher liegen die Nutzung und der Besuch des stationären Handels bei der Gen Z (noch) im Trend. Die relevantesten Faktoren, die für einen Besuch im Geschäft sprechen, sind für die Gen Z – neben dem Probier- und vor allem dem Inspirationsfaktor – das »Store Design«, der Eindruck im Ladenlokal sowie die Möglichkeit, »unique« Produkte zu erleben bzw. zu erwerben sowie – insbesondere durch kompetentes Fachpersonal – zusätzliche und wertvolle Informationen vor Ort zu erhalten (Kleinjohann & Reinecke 2020).

Gen Z als »natural born multitasker«

Die Mediennutzung und das Kommunikationsverhalten der Generation Z ist geprägt durch ihren Sinn für Effektivität und Effizienz. Die Gen Z ist im Multitasking-Modus aufgewachsen und zeigt sich äußerst talentiert darin, ihre Aufmerksamkeit ganz gezielt zwischen mehreren Aufgaben aufzuteilen. Das Smartphone erfüllt ihr Bedürfnis nach Pragmatismus, entsprechend intensiv nutzen sie es zum Kommunizieren und Kaufen, Informieren und Interagieren. Ihre Internetnutzung ist überproportional, was sich auch in der mobilen Nutzung deutlich zeigt (IZI 2019). »Unterwegs mal schnell was nachschauen, kaufen oder mitteilen« ist ihre Mission. Der Spitzenreiter der Kommunikationsinstrumente ist dabei WhatsApp als meistgenutzter Messenger-Dienst, der mehrmals am Tag für persönliche Text-Bild-Nachrichten verwendet wird, während als Social-Media-Netzwerke vor allen anderen YouTube und Instagram von Bedeutung sind.

Dabei ist die Gen Z zum einen »always on«, d. h. ständig erreichbar und »alert«, zum anderen als »Generation YouTube« ausgeprägt audiovisuell affin. Das Kommunizieren mittels Fotos und Videos sowie Emojis prägt den Austausch mit ihren Kontakten und Peers. Zudem sind sie typische Nutzer:innen des »Second Screen«, das heißt, sie nutzen zwei bzw. mehrere Bildschirme bzw. technische Geräte parallel nicht nur gern, sondern auch selbstverständlich. Die gleichzeitige Nutzung des Smartphones beim Netflixen stellt ein klassisches Nutzungsverhalten der Gen Z dar. Dafür werden Serien und Spielfilme bzw. Videos intensiv und täglich von der Gen Z konsumiert, wenn auch meistens »nebenbei« im »Second Screen-Modus«.

Medien werden zwar fast ausnahmslos überall und jederzeit von der Gen Z konsumiert – jedoch auf verschiedenen Geräten: Das Fernsehgerät ist prädestiniert für Filme und Serien, kurze Videos werden z. B. auf dem Smartphone geschaut. Was die Gen Z jedoch immer weniger interessiert, sind die sog. klassischen Medien wie TV, Zeitschriften und Zeitungen, die grundsätzlich wenig genutzt werden (Livadic 2018). Lineares, d. h. nichtdigitales Fernsehen ist out. Und auch der lineare Hörfunk (sprich: das Radio) hat ausgedient. Dafür werden (kurzweilige) Online-Videos (die deutlich weniger zeitaufwendig sind) auf YouTube angeschaut und Streaming-Dienste für Filme und Serien (insbesondere Netflix) und Musik (z. B. Spotify) erfreuen sich stetiger und zugleich zunehmender Beliebtheit. Beim Beschaffen von Informationen zum aktuellen Geschehen hinsichtlich Gesellschaft und Politik nutzt die Generation Z Online-Medien. Auch hier haben analoge Medien wie Zeitungen, Zeitschriften und Bücher überwiegend ausgedient (Livadic 2018) (siehe Abb. 10).

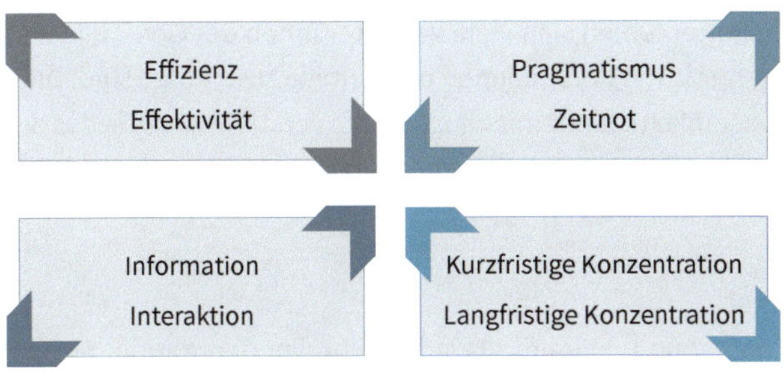

Abb. 10: Kommunikative Eigenarten der Gen Z

3.2 ANSPRUCH und HALTUNG – wie die Generation Z von Marken angesprochen werden will

Die Gen Z ist gegenüber Marken nicht nur anspruchsvoll, sondern auch überaus kritisch. Davon auszugehen, dass sie aufgrund ihrer Jugend leichter zu beeinflussen oder schneller zufriedenzustellen wären, ist ein Trugschluss. Um ihren Ansprüchen zu genügen, sollte das Identifizieren der Stärken und Schwächen dieser Generation das Kommunizieren mit dieser Zielgruppe deutlich erleichtern.

3.2.1 Die STÄRKEN und SCHWÄCHEN der Gen Z

Die Gen Z kennt Digitalisierung und Internet besser als jede Generation vor ihnen, vor allem deshalb sind ihre Erwartungen an das Kommunikations-, Kauf- und Käufererlebnis für traditionell denkende Marketingexpert:innen eher ungewöhnlich. Hier einige der einflussreichsten Faktoren, die das Wesen der Gen Z und ihre Einstellung gegenüber Marken kennzeichnen:

3.2.1.1 Schwächen

Anspannung

Die Gen Z fühlt sich gestresst und steckt in einem Dilemma. Das Engagement, die Aktivitäten und die Mobilisierung seitens der Gen Z sind zwar erst durch das Internet und die damit einhergehende Vernetzung möglich geworden, allerdings hat die Masse an Austauschmöglichkeiten längst überhandgenommen. Angesichts der unbegrenzten Erreichbarkeit und Informationsflut fühlen sich viele Vertreter:innen der Gen Z gestresst oder sogar überfordert, sie empfinden es immer mehr als Belastung, ständig beschäftigt sein zu müssen (Thieme 2021).

Einsamkeit

Im digitalen Zeitalter fühlen sich viele Vertreter:innen der Gen Z allein bzw. einsam – selbst dann, wenn sie mit Freund:innen und Familie zusammen sind. Die Corona-Krise hat dies als »Einsamkeitspandemie« sogar noch verstärkt, da u. a. das ausschließliche Kommunizieren über digitale Kanäle emotionale Verbindungen noch deutlich schwächer werden ließ (Thieme 2021).

Erlebnishunger

Die Gen Z ist digital und digitaler als jede vorherige Generation. Sie verbringt einen Großteil des Tages mit dem Smartphone, den größten Teil der für sie relevanten Informationen erhalten sie über Social-Media-Plattformen. Dabei legen sie sehr viel Wert auf das Kauferlebnis, sodass Marketers sowohl im analogen als auch im digitalen Bereich Themen wie Kundenbetreuung und Sonderangebote als Schwerpunkte setzen sollten. Eine nicht konsistente Markenerfahrung, die analog und digital unterschiedlich und nicht einheitlich ist, führt bei der Gen Z daher zu Unzufriedenheit und zu mangelnder Loyalität. Bei Marken, die z. B. ein ausgesprochen gutes Erlebnis im analogen Store, jedoch eine schlechte Online-Erfahrung bieten, verliert die Gen Z schnell das Interesse (Tyler 2019).

Probleme

Die Gen Z kämpft mit psychischen Problemen, die für sie sogar noch wichtiger bzw. belastender sind als Beziehungsprobleme und Geldsorgen. Doch sie geht damit proaktiv um. Die Gen Z geht gegen ihre psychischen Probleme an, verdrängt diese nicht. Die Gen Z schafft hierbei eine eigene Kultur des individuellen Wohlbefindens und der mentalen Gesundheit (Thieme 2021).

(Un-)Treue

Die Gen Z ist gegenüber Marken durchaus treu, nur eben auf andere, auf ihre Weise. Denn Markentreue hat für die Gen Z eine komplett andere Bedeutung als für frühere Generationen. So wirken Treueprogramme zu nebulös und zu allgemein. Ein Gen-Z-adäquates Marketing muss daher deutlich individueller und persönlicher ausgestaltet sein, um die Gen Z dazu zu bewegen, sich längerfristig oder sogar langfristig an eine Marke zu binden. Der Aufbau von Markenloyalität gelingt u. a. am ehesten durch das Teilen von Werten, die der Gen Z wichtig sind, und indem man sich als Marke auf einer (wahrgenommenen) partnerschaftlichen Ebene mit ihr auseinandersetzt und sich für sie engagiert. Das Ziel von Marken ist das Agieren als lebenslange Botschafter von Werten, indem man Marken schafft, die die Gen Z liebt, und sich gemeinsam mit ihr für ihre Werte engagiert – dann ist es möglich, dass selbst die Gen Z über Jahre ihrer Lieblingsmarke treu bleibt. Voraussetzung hierfür ist, dass ihre Werte mit denen des Unternehmens und der Marke übereinstimmen (Tyler 2019).

3.2.1.2 Stärken

Community

Für die Gen Z sind die Gemeinschaft und ihre Community von außerordentlicher Bedeutung. Sie stehen in der On- und Offline-Welt für die Zugehörigkeit zu Gruppen und bieten der Gen Z im Kontext bestimmter Interessen Orientierung. Marken müssen der Gen Z daher die Möglichkeit geben, sich in Gemeinschaften zusammenzuschließen und sich auch in »Micro-Communities« zu engagieren bzw. solche selbst zu kultivieren (House of Yas/Appinio 2021).

Diversität

Das Einbeziehen vielfältiger und anders- bzw. neuartiger Ideen verschiedenartiger Menschen unterschiedlicher Herkunft, verschiedenen Glaubens und unterschiedlicher Alters- oder Geschlechtergruppen ist für die Gen Z eine Selbstverständlichkeit, wenn es um das Engagement für Themen, die ihnen am Herzen liegen, und um die Entwicklung kreativer Ideen geht. Der beste Weg, um kreative Ideen zu generieren, besteht für die Gen Z darin, Gruppen von Menschen, die unterschiedlich sind und denken, zusammenzubringen (Thieme 2021).

Erwachsensein

Die Gen Z wird erwachsen und bald die Gruppe der Erwachsenen darstellen. Dabei entwickeln die Vertreter:innen ihre persönliche Identität mit Werten wie Gleichberechtigung und Gleichstellung oder Vielfalt und Nachhaltigkeit und unterstützen Marken, die ihren Werte entsprechen. Trotz einer sich stark entwickelnden Kaufkraft sind viele Vertreter:innen der Gen Z finanziell auf ihre Eltern angewiesen. Die Eltern der Gen Z wiederum werden bei ihren Einkäufen von ihren Kindern beeinflusst (Tyler 2019).

Kaufkraft

Die Kaufkraft der Gen Z ist nicht zu unterschätzen und gleichzeitig geben viele Vertreter:innen auch einen guten Teil dessen aus, was sie verdienen und was ihnen zur Verfügung steht. Dabei ist die Gen Z jedoch äußerst kritisch und wählerisch. Sie fragt sich genau, welche Marken sie unterstützt, und hat wenig Interesse an Inhalten, die sie für nicht persönlich relevant halten. Marketinginhalte und -instrumente, die veraltet wirken, oder Werbeaktionen, die ihnen keinen Mehrwert bieten, schrecken die Gen Z ab bzw. langweilen sie – sie wendet sich dann schnell anderen Marken zu (Tyler 2019).

Kommunikation

Die Gen Z erwartet von Marken eine individuelle und authentische One-to-One-Ansprache und -Kommunikation anstelle einer kollektiven Adressierung. Marken müssen mit der Gen Z sprechen, nicht nur diese ansprechen (House of Yas/Appinio 2021). Eine schnörkellose Kommunikation ist für sie am glaubwürdigsten. Jedoch zeigen sich die TikTok-affinen Digital Natives der Gen Z, wenn es um die grundsätzliche Ausrichtung der Unternehmenskommunikation geht, eher konservativ. Zum Beispiel wertet ein großer Teil der Gen Z die Eigenschaft »freundlich« als Haupteigenschaft ihrer Lieblingsmarken, gefolgt von »seriös« und »inspirierend«, während die Gen Z die Markeneigenschaften »überraschend«, »gewagt« und »verrückt« für ihre Lieblingsmarken selten als wichtig erachtet. Sicherheit und Ehrlichkeit erscheinen der Gen Z wichtig, Marken sollen dabei auf negatives Feedback reagieren, zeitnah antworten und Ideen aus der Community berücksichtigen (House of Yas/Appinio 2021).

Meinungsstärke

Die Gen Z ist (entgegen vieler Vorurteile) durchaus meinungsstark und keine Herde von meinungslosen Mitläufern. In vielen Belangen legen die Vertreter:innen Wert auf die Themen

- Authentizität (Menschen und Marken, die echt agieren),
- Innovation (Menschen und Marken, die neue Wege gehen) und
- Kreativität (Menschen und Marken, die sich entwickeln und entfalten)

ebenso wie auf die Freiheit, jedem Menschen zuzugestehen, so zu leben und sich so auszudrücken, wie er oder sie es für richtig hält. Die eigene Meinung zurückzuhalten lehnen sie ab und sich rücksichtsvoll bzw. oder vorsichtig zu äußern, um anderen nicht zu nahe zu treten oder sogar zu verletzen, kommt für sie nicht infrage (Thieme 2021). Die Gen Z fordert daher eine klare Kante von Marken zu gesellschaftspolitischen Themen. Marketing für die Gen Z ist erfolgreich, wenn es nicht direkt als solches wahrgenommen wird. Ohne fest verankerte Werte in der Unternehmens-DNA kann jedoch keine Glaubwürdigkeit erreicht werden (House of Yas/Appinio 2021).

Selbstbewusstsein

Die Gen Z ist überdurchschnittlich selbstbewusst. Große Teile sind der Meinung, dass sie den Einfluss und auch die Macht haben, das Verhalten einer Marke zum Besseren zu verändern. Und dabei zeigen sie sich radikal, gehen z. B. viel schneller auf die Straße und demonstrieren oder teilen sich über die sozialen Medien mit, um sich für ihre Ziele zu engagieren (Thieme 2021).

Vergangenheitsbewältigung

Die Gen Z fordert wie keine andere Generation zuvor, sich den Fehlern der Gegenwart und Vergangenheit nicht nur zu stellen, sondern diese zu beheben, um für sie selbst und auch für zukünftige Generationen die Weichen für eine nachhaltige und auch vielfältigere Zukunft stellen zu können. Dabei fürchten viele Vertreter:innen die Quelle dieser Fehler und vor allem die Fortsetzung des Status quo weitaus mehr als zusätzliche dramatische Veränderungen in der Zukunft. Verkrustete und veraltete Autoritäten, traditionell verankerte Institutionen und klassisch etablierte Plattformen werden von der Gen Z mittlerweile grundsätzlich infrage gestellt (Thieme 2021).

Vorteilsnahme

Viele Vertreter:innen der Gen Z in Deutschland sagen, dass sie sich weder einem bestimmten Land noch einer bestimmten Kultur zugehörig fühlen. Dafür aber denkt und handelt die Gen Z nicht nur umweltbewusst, sondern auch sozial und engagiert sich entsprechend, denn es geht ihr auch darum, Barrieren für jegliche Art von kulturellem Zugang abzubauen und alle Menschen zu fördern, die bislang nur wenige Privilegien genießen (Thieme 2021).

Unternehmen und Markenhersteller sollten sich daher die Kernideale der Generation Z, insbesondere Authentizität, Kreativität und Offenheit, zu eigen machen. Marken, die die Gen Z dabei unterstützen, ihre Vision der Welt voranzutreiben, haben die Chance, sich als Partner der Gen Z zu etablieren. Viele Vertreter:innen der Gen Z sind bereit, mehr für Marken zu zahlen, wenn diese Themen unterstützen, die ihnen am Herzen liegen. Eine derartige Gen-Z-Strategie zahlt sich für Unternehmen aus, da die Gen Z weltweit die größte Alterskohorte darstellt und sowohl ihr Einfluss als auch ihre Kaufkraft weiterhin wachsen. Und: Gegenüber Unternehmen und Marken, die sich im Sinne eines Wertewandels aktiv u. a. für mehr Nachhaltigkeit, Diversität und Umweltschutz einsetzen, verhält sich die Gen Z loyal. Die Zukunft ist durch die Gen Z geprägt, die Wert legt auf eine Kultur mit Offenheit, Kreativität und Authentizität. Die Gen Z will dabei nicht nur neuartige Ideen, sondern auch Probleme proaktiv angehen sowie nachhaltig lösen. Sie sieht die Verantwortung für diesen Wandel bei der gesamten Gesellschaft, so auch bei Wirtschaft, Unternehmen und Marken. Daher haben Marken die Chance, die Gen Z als Partner beim Kampf gegen deren Probleme zu begleiten und zu unterstützen – oder aber sich als Gegner im Kampf um Werte zu positionieren, was von dieser Generation deutlich schwarzweiß gesehen wird und worauf Marken schnell reagieren müssen (Thieme 2021).

3.2.2 Die GOs und NO-GOs der Gen Z

Die Gen Z ist eine Generation mit einer Kaufkraft von weltweit drei Billionen US-Dollar pro Jahr. Längst sind sie selbstbewusste Entscheidungsträger:innen mit einer individualistischen Einstellung. Gleichzeitig verfügen sie über eine äußerst verkürzte Aufmerksamkeitsspanne verglichen mit den Millennials – acht versus zwölf Sekunden. Das macht die Gen Z zu einer Herausforderung für Marken, die nur eine begrenzte Zeit haben, um bei dieser Zielgruppe einen bleibenden Eindruck zu hinterlassen. Daher ist das Verständnis der Prioritäten der Generation Z wichtig, damit eine Marke ihre Kaufkraft nutzen kann. Die bedeutendsten Erkenntnisse zu den Vorlieben und Abneigungen der Gen Z sind daher hier zusammengefasst (Mallon 2021):

Gendern macht an

Die Gen Z legt Wert auf Individualität und versucht, gegen den Strom zu schwimmen – daher ist die traditionell geschlechtsspezifische Sprache mit dem ihrer Meinung nach wenig diversen »Mann/Frau«, die z. B. vom Einzelhandel verwendet wird, veraltet und wird teilweise sogar als beleidigend empfunden (Mallon 2021).

Gleichheit schafft Gerechtigkeit

Neben Nachhaltigkeit spielen die Themen Geschlechtergleichheit und -gerechtigkeit sowie Diversität für die Gen Z eine ebenso große Rolle. Moral und Ethik nehmen einen prädestinierten Platz auf der Agenda der Gen Z ein, die Akzeptanz verschiedenster Menschen- und Rollenbilder stellt für sie einen moralisch essenziellen gesellschaftlichen Wert dar, der auch von Unternehmen und Marken gelebt werden sollte (Leitherer 2022).

Diversität spielt für die Generation Z bei Konsumentscheidungen eine überdurchschnittlich wichtige Rolle. Viele Vertreter:innen der Gen Z würden eher Marken kaufen, die in ihrer Marketingkommunikation die Bedeutung von Diversität thematisieren. Die Gen Z ist dabei äußerst kritisch: Ob eine Marke wirklich für Diversität einsteht, erkennt die Gen Z am ehesten daran, dass die Mitarbeiter:innen des Unternehmens und/oder Marken-Testimonials wirklich divers sind. Entsprechende Kooperationen mit Influencer:innen von z. B. unterschiedlicher Herkunft oder Geschlechteridentität dienen jedoch nur wenigen Vertreter:innen der Gen Z als Beleg für einen glaubwürdigen Einsatz für eine vielfältige Gesellschaft.

Das Gendern ist den weiblichen Vertreter:innen der Gen Z wichtig, viele würden eher Marken kaufen, bei denen eine gendergerechte Sprache genutzt wird. Den männlichen Vertretern ist diese Thematik weniger wichtig. Dabei scheint Gendersensibilität nicht nur eine Frage des Geschlechts, sondern auch eine Frage des Alters zu sein, denn Frauen in der Altersgruppe 24 bis 25 Jahre wünschen weniger deutlich ausgeprägt eine korrekte Ansprache als »Kundinnen« anstatt »Kunde«, während die genderkorrekte Ansprache der Altersgruppe der 16- und 17-Jährigen ausgesprochen wichtig ist (House of Yas/Appinio 2021).

Die Gen Z erwartet von Marken, dass diese sich auf Vielfalt konzentrieren und für soziale Gerechtigkeit eintreten. Denn der Gen Z ist das Eintreten für soziale Gerechtigkeit und Vielfalt überaus wichtig. Für die Gen Z sind jedoch Taten wichtiger als Verlautbarungen von Marken, z. B. die Zusammenarbeit von Marken mit Influencer:innen, die einen unterschiedlichen ethnischen und kulturellen Hintergrund haben. So haben viele Vertreter:innen der Gen Z neue Marken durch Inhalte kennengelernt, die von Influencer:innen mit unterschiedlichem Hintergrund gepostet wurden (Hürlimann 2021).

Moral führt zu Verbundenheit

Der Gen Z ist Nachhaltigkeit sehr wichtig. Daher sind sie an Marken interessiert, die ihr soziales Gewissen ansprechen. Marken, die diese Werte der Gen Z glaubwürdig und nachvollziehbar vertreten, werden mit ihrem (Kauf-)Interesse belohnt (Mallon 2021). Denn die Generation Z gesteht dem Thema Nachhaltigkeit eine überaus große Bedeutung zu. So versucht sie, Plastik zu vermeiden (37 %), und kauft Produkte mit möglichst wenig Verpackungsmaterial (35 %). Dabei darf Nachhaltigkeit für die Gen Z durchaus auch etwas kosten, denn knapp 62 % würden einen höheren Preis für regionale Lebensmittel akzeptieren, 52 % sind bereit, für Bio-Lebensmittel mehr zu bezahlen und 47 % wären bei ökologischen bzw. nachhaltig verpackten Lebensmittel ggf. mit einem höheren Preis einverstanden (PwC 2020). Die Gen Z erwartet dementsprechend von Unternehmen, dass diese authentische Marketing- und Social-Media-Inhalte erstellen, die sich u. a. mit den Themen Umwelt (und soziale Gerechtigkeit) befassen und sich als Unternehmen bzw. als Marke auch für diese einsetzen (Mallon 2021).

Die Generation Z macht sich Sorgen um den Zustand der Welt und die Zukunft des Planeten. Viele von ihnen sind daher bestrebt, die Herausforderungen des Alltags mit ihrem Wunsch nach einem gesellschaftlichen und teils auch politischen Wandel in Einklang zu bringen. Das stellt sich häufig als eine Herausforderung dar, da sie oft mit finanziellen Problemen konfrontiert sind und gleichzeitig versuchen, sich ökologisch und nachhaltige zu verhalten und dementsprechend zu konsumieren. Dafür erheben sie ihre Stimme und verlangen dasselbe von Konzernen und Unternehmen. Dies wiederum bietet Unternehmen und Marken die Chance, den gesellschaftlichen Wertewandel in ihre Unternehmenskultur und -strategie sowie in ihre Marketingkommunikation (konsistent, nachvollziehbar und vor allem glaubwürdig und anstelle von bspw. nur vorgeschobenem Blue-, Green- oder Pink-Washing-Potenzial) zu integrieren (Bocks 2022).

Konsum muss Tiefgang haben

Obgleich die Gen Z die sozialen Medien liebt, was ihnen teils als Oberflächlichkeit ausgelegt wird, ist sie mitnichten einseitig interessiert oder ausgerichtet bzw. oberflächlich. Ganz im Gegenteil: Keine andere Generation vorher hat sich so intensiv und ernsthaft mit den Themen Nachhaltigkeit, Umweltschutz, Vielfalt und soziale Gerechtigkeit auseinandergesetzt – die Gen Z macht diese zudem zu deutlichen Entscheidungskriterien bei Einkauf und Konsum. Gleichzeitig streben die Vertreter:innen nach Ordnung und Stabilität bzw. sehnen sich danach. Die aktuellen Ereignisse und

Entwicklungen in insbesondere Geschichte und Politik schüren bei der Gen Z Sehnsüchte nach einem geregelten und planbaren Leben ohne Dramen und Krisen. In der Realität allerdings fühlen sich die Vertreter:innen häufig machtlos und nahezu ohnmächtig. So suchen sie Antworten und Stellhebel, die sie von der Position des reinen Reagierens und Mit-den-Verhältnissen-Zurechtkommens wieder in eine Position des Entscheidens, Machens und Steuerns befördern. Als eine Möglichkeit, endlich wieder Dinge bewegen und bewusst steuern zu können, bietet sich für die Gen Z der bewusste und nachhaltige Konsum an, mit dem sie einen Gegenpol zur schnelllebigen Konsumgesellschaft zu setzen versuchen (Leitherer 2022).

Eine Marke muss nachhaltig sein

Daher haben Marken, die Nachhaltigkeit nachvollziehbar in ihrer DNA verankert haben und sich glaubwürdig für das Thema sowohl unternehmensintern als auch -extern einsetzen ein überdurchschnittlich ausgeprägtes Erfolgspotenzial bei der Gen Z. Ansätze wie die Sharing Economy, z. B. in Form des Teilens von Autos oder Werkzeug, das Verkaufen und Kaufen von Secondhandkleidung oder anderer Waren, gewinnen an Attraktivität und Relevanz. Die Generation Z lässt sich dabei nicht blenden, sie ist kritisch und durchaus misstrauisch: Unternehmen, die sich mit nachhaltigen Geschäftsmodellen am Markt aufstellen, werden kritisch hinsichtlich ihrer Überzeugung hinterfragt und ob sie aus einer solchen heraus handeln – oder ob hinter dem Engagement für Nachhaltigkeit allein Gewinn- und Profitorientierung stehen. Dank der zahlreichen digitalen Möglichkeiten fällt der Gen Z das Hinterfragen und Überprüfen der Hintergründe und Beweggründe von sich engagierenden Unternehmen jedoch sehr leicht (Leitherer 2022).

Luxus verliert an Attraktivität

Viele Vertreter:innen der Gen Z haben keinen Bezug mehr zu Luxusmarken, allerdings kann sich das mit steigender Kaufkraft noch ändern. Denn immerhin haben z. B. viele von ihnen bereits ein oder zwei Kleidungsstücke der Luxusklasse gekauft (Mallon 2021).

Gut darf günstig sein

Die Gen Z shoppt zwar gern, trennt sich jedoch nur bei Marken und Anlässen von ihrem Geld, wenn diese überzeugend sind. Ebenso ungern zahlt sie den vollen Preis für Marken, Produkte oder Dienstleistungen. Die Mehrheit der Gen Z ist recht hungrig nach Schnäppchen bei Mode, Freizeit, Entertainment und Co., bevorzugt hier Marken, die häufig bzw. regelmäßig Rabatte anbieten, und hält diesen dann auch die Treue (Mallon 2021).

Werbung wählerisch wählen

Die Gen Z ist von Werbung nicht so abgeschreckt wie ältere Generationen, aber nur, solange diese für sie relevant und glaubwürdig ist, und nur, wenn diese nicht während sozialer Unterhaltungen oder Instant Messaging erscheint. Grundsätzlich vertritt die Gen Z die Meinung, dass es daher bei Social-Media-Werbung Beschränkungen geben sollte, sodass es z. B. Influencer:innen gesetzlich verboten sein sollte, retuschierte oder nicht gekennzeichnete Inhalte zu verwenden, da Social-Media-Plattformen u. a. unrealistische Körperbilder fördern (Mallon 2021).

3.2.3 Die »ICH-ICH-ICH«-Sicht der Gen Z

Die Generation Z ist selbstbezogen. Und das missfällt nicht wenigen. Der »Kids-dieser-Tage-Effekt«, der die Gen Z treffend kennzeichnet, ist sogar wissenschaftlich erwiesen und zeigt, dass es normal ist, sich über die mangelhafte Einstellung der Jugend gegenüber u. a. Arbeit und Verantwortung zu beschweren. Das ist einer von vielen Gründen, warum die Gen Z für Unternehmen als Absender von Marken und als Arbeitgeber eine Herausforderung darstellen (Walter 2021). Unternehmen fällt es schwer, das neue und offensichtliche Selbstvertrauen der Gen Z und Millennials zu respektieren oder zu verstehen. Deren eher konfrontativer Stil der Zusammenarbeit und macht deutlich, dass auf die »Ich-Generation« X und Y nunmehr die »Ich-ich-ich-Generation« folgt. Eine Konsequenz daraus ist die Verunsicherung der Gen X und Y gegenüber der Gen Z (Walter 2021).

Die Gen Z ist eine wichtige Zielgruppe und im Visier von Marketers. Aktuell und zukünftig adressieren immer mehr Unternehmen und Marken die Gen Z als Kund:innen, Konsument:innen und auch als Arbeitnehmer:innen. Unternehmen und Marken sind auf das Vertrauen der Mitarbeiter:innen, Kund:innen und Konsument:innen der Gen Z angewiesen – daher müssen sie verstehen, was die Gen Z bewegt, um ihr Vertrauen zu gewinnen (Walter 2021).

Die Gen Z ist eine besorgte Generation. Ihr geht es um ein umfassendes und breites Verständnis von Sicherheit, einen deutlichen Fokus auf die Art und Weise, wie Unternehmen mit Menschen umgehen und diese behandeln, und um den gemeinsamen Kampf für eine bessere Welt. Die Vertreter:innen sind aufgewachsen in Zeiten der Corona- und Klimakrise, mit einem starken Bewusstsein für die Möglichkeiten und gleichzeitig auch für die Probleme der omnipräsenten sozialen Medien und einer zunehmenden gesellschaftlichen Spaltung. Vor diesem Hintergrund ist die Gen Z von vielen Sorgen und Vorbehalten geprägt, wie der Sorge, nicht so sorgenfrei leben zu können wie ihre Eltern, dem sinkenden Respekt vor traditionellen Autoritäten sowie dem Eindruck, nie quantitativ ausreichende und qualitativ hochwertige Informationen zur Verfügung zu haben, um richtige Entscheidungen zu treffen (Walter 2021).

Die Gen Z ist auf der Suche nach Sicherheit und Menschlichkeit. Sie findet daher Sinn im Engagement für ihre Werte. Vor diesem Hintergrund ist es wenig überraschend, dass die Gen Z bei der Suche nach Unternehmen und Marken, denen sie ihr Vertrauen schenken kann und will, besonders auf folgende Faktoren Wert legt (Walter 2021):

- Absicherung und Sicherheit – physisch, finanziell und emotional
- Ehrlichkeit und Fairness – gegenüber Mitmenschen und Mitarbeiter:innen
- Communitys und Netzwerke – für Veränderung

Diese Anforderungen spielen für einen Großteil der Gen Z eine immer wichtigere Rolle bei der Auswahl von Produkten, Dienstleistungen, Marken und auch Arbeitgebern. Zugleich ist die Toleranz der Gen Z gegenüber Unternehmen und Marken im Falle einer Verletzung dieser Anforderungen viel geringer als früher (Walter 2021).

So verschafft die Gen Z dem Begriff und dem Wert von Sicherheit ein Comeback. Denn nach den eher sorglosen Nullerjahren kommt die zunehmende Konzentration auf das Thema Sicherheit wenig überraschend. In dieser Zeit gewann das Internet an Bedeutung, sprengte die Grenzen von Zeit und Raum. Die Gen Z erlebte das Platzen der Immobilienblase, die Präsidentschaft von Donald Trump, den Brexit, den Einfluss von Cybermobbing, die Auswirkungen der Klimakrise und die Corona-Pandemie. All das hat das Vertrauen der Gen Z in die (eigene) Zukunft teils verunsichert, teils zutiefst erschüttert sowie ihnen die Grenzen der Selbstbestimmung hinsichtlich der eigenen physischen und psychischen Gesundheit sowie des wirtschaftlichen Wohlergehens deutlich gemacht.

Daher haben die Werte Schutz und Sicherheit für die Gen Z mittlerweile eine überdurchschnittlich hohe Priorität im Leben. Dazu zählen

- die physische Sicherheit (die Gen Z legt Wert auf Aktivitäten, bei denen ein geringes Risiko besteht, krank zu werden oder sich zu verletzen),
- die finanzielle Sicherheit (eine gute Bezahlung bzw. finanzielle Stabilität als wichtiges Karriereziel),
- die emotionale Sicherheit (Sich-sicher-Fühlen als Priorität) und
- die soziale Sicherheit (Wechseln des sozialen Umfelds, um sich sicherer zu fühlen) (Walter 2021).

Gleichzeitig ist die Internetbegeisterung und -huldigung angesichts der jederzeit zugänglichen Musik- und Videoinhalte sowie der grenzenlosen Interaktions- und Kommunikationsmöglichkeiten über soziale Medien einem zunehmenden Misstrauen gegenüber allen Medien gewichen. Die Überprüfung von Fakten ist für die Gen Z längst zum Hygienefaktor geworden. Sie ist es gewohnt und dabei talentiert, Informationen kontinuierlich zu hinterfragen. Von der Gen Z wird wenig von vornherein als wahr und sachlich richtig angesehen, so steht sie auch gesponserten Inhalten und Markenbotschaften kritisch gegenüber (Walter 2021).

Um ihr Sicherheitsbedürfnis erfüllen zu können, vereint sich die Gen Z im Kampf für eine bessere Welt. Gepaart mit der Skepsis gegenüber traditionellen Institutionen,

Medien und Meinungen ist die Gen Z für Arbeitgeber und Vermarkter eine Herausforderung. Die größte Herausforderung dabei stellen die deutlich gestiegenen Erwartungen der Gen Z an Marken dar, die ihre Reichweite und ihre Größe nutzen, um Veränderungen für eine bessere Umwelt und Gesellschaft zu schaffen. So stehen bei der Gen Z in Deutschland der Kampf gegen den Klimawandel, die Bekämpfung von Armut, die COVID-19-Pandemie sowie die Gleichstellung der Geschlechter sehr weit oben auf der Liste ihrer Prioritäten (Walter 2021).

Zum Schaffen von Vertrauen und Vertrauenswürdigkeit als Marken sollten Unternehmen sich im Hinblick auf eine Gen-Z-adäquate Marketingkommunikation die folgenden Fragen stellen (Walter 2021):

- **Stehen die für die Gen Z wichtigen Themen Schutz und Sicherheit bei allen Markenerlebnissen und aller Markenkommunikation an erster Stelle?**
  Für die Gen Z ist der Schutz ihrer Daten und ihrer Privatsphäre essenziell. Marken, Produkte und Dienstleistungen, die persönliche Sicherheit bieten, haben gute Chancen, sich vom Wettbewerb abzugrenzen und so neue Geschäftsfelder zu erschließen. Das Verletzen von Sicherheitsstandards oder das Verharmlosen von Sicherheitsansprüchen sieht die Gen Z als grobes Vergehen, das nicht verziehen wird (Walter 2021).
- **Sind alle Fakten aus der Perspektive der Gen Z transparent und alle Behauptungen für die Gen Z leicht zu überprüfen?**
  Die Gen Z ist es gewohnt, routinemäßig Fakten zu überprüfen, und folgt Marken nur, wenn deren Behauptungen auch der Wahrheit entsprechen. Sie erwartet, dass werbliche Aussagen und Behauptungen mit validierenden Inhalten oder auch mit Zertifikaten verknüpft sowie anhand sachlicher Hintergrundinformationen untermauert werden (Walter 2021).
- **Welche Menschen oder sozial engagierten Personen gibt es, die werbliche Behauptungen unterstützen oder bei Fragen weiterhelfen können?**
  Familienmitglieder, Freund:innen und Menschen, die Gutes tun, sind die bevorzugten Quellen der Gen Z, wenn es um Glaubwürdigkeit, Information und Inspiration geht. Gleichzeitig vertraut die Gen Z eher altbewährten Institutionen wie Ärzt:innen und Therapeut:innen, Wissenschaftler:innen oder auch Lehrer:innen und Professor:innen. Daher können deren Testimonials in der Marketingkommunikation eine wichtige Rolle spielen oder über Feedback-Optionen, Bewertungen oder Rezensionen in das Markenerlebnis einbezogen werden (Walter 2021).
- **Spiegeln sich die Ansprüche und Werte der Marke im Umgang mit Mitarbeiter:innen, Lieferanten, Partnern und der Gesellschaft wider?**
  Für die Gen Z ist der Umgang eines Unternehmens mit Menschen und Mitarbeiter:innen ein Vertrauenstest und kann insbesondere mittels Social Media und Bewertungsportalen jederzeit überprüft werden. Dabei ist eine Diskrepanz zwischen dem, was ein Unternehmen sagt, und dem, was das Unternehmen tut, ein Vertrauenskiller aus Sicht der Gen Z. Denn für die Gen Z ist das Ich zwar extrem wichtig,

aber immer häufiger zählt auch das Wir, daher ist ein zweifelhafter Umgang mit Menschen und Werten ein potenzieller Wettbewerbsnachteil für Unternehmen und Marken (Walter 2021).

- **Wird in allem, was das Unternehmen sagt und unternimmt, deutlich, dass man sich für bestimmte globale Werte engagiert und für diese auch im Rahmen lokaler Marketingmaßnahmen eintritt?**
  Für die Gen Z haben globale Werte Bedeutung, die von Marken allerdings in lokalen Aktionen gelebt werden sollten. Dementsprechend schätzt die Gen Z alles, was Marken unternehmen, um Menschen im gemeinsamen Kampf für eine bessere und gerechtere Welt zusammenzubringen (Walter 2021).

Marketingverantwortliche sollten den kommunikativen Schwerpunkt ihrer Marke daher von rein unterhaltsamen Markenaussagen verlagern auf den Aufbau eines persönlichen und werteorientierten Austauschs mit der Gen Z, um den Beziehungsaufbau als Priorität deutlich zu kennzeichnen. Ein weiterer Erfolgsfaktor dabei ist, die Gen Z auf den von ihr präferierten und genutzten Plattformen anzusprechen, statt zu versuchen, mit ihnen auf den eigenen oder den Boomer-Plattformen in den Austausch zu treten und ihnen dabei schmeicheln zu wollen oder meinen, sie belehren zu müssen (Walter 2021).

3.2.4 Die MARKETING-VORLIEBEN der Generation Z

Die Generation Z drängt auf den Arbeitsmarkt und entwickelt sich als erwirtschaftende und zahlungskräftige Gruppe zu einer solventen und daher bedeutenden Zielgruppe für Unternehmen und Marken. Daher ist das Interesse für die Vorlieben und Präferenzen der Gen Z seitens Marken- und Marketingexpert:innen verständlich. Dabei beeinflusst die Entwicklung der Gen Z als Digital Natives, die mit dem Smartphone aufgewachsen sind, insbesondere das Medien- und Kommunikationsverhalten dieser Zielgruppe und dementsprechend auch die Art und Weise der für sie optimalen Zielgruppenansprache (Klaus & Günther 2022).

Aber nicht allein das Kommunikationsverhalten der Generation Z in Bezug auf Marken und Markenkommunikation ist vollkommen anders als das der vorherigen Generationen, auch der Konsum der Gen Z ist anders. Denn die Gen Z verweigert häufig den oberflächlichen Konsum, den die Generationen zuvor predigten, sodass das Zeitalter einer Zielgruppe bzw. von Generationen, die Marken gefolgt sind und quasi angebetet haben, vorbei zu sein scheint. Viele Marken haben bei der Gen Z als Zielgruppe wenig bis teils sogar überhaupt keine Relevanz. Dienten Marken zuvor fast selbstverständlich als Indikator für Qualität oder als Statussymbol, haben diese Funktionen der Marke für die Gen Z ausgedient. Kurz gesagt entwickeln Marken sich angesichts der Gen Z daher von Ich-Marken (wobei die Marke im Mittelpunkt steht) zu Wir-Marken (bei denen Konsument:innen im Mittelpunkt stehen) – und die Marken, die das bislang nicht erkannt haben, werden früher oder später erkennen bzw. gezwungen, sich in diese Wir-Richtung zu bewegen (Klaus & Günther 2022).

Die Gen Z wird u. a. teils als narzisstisch und egoistisch wahrgenommen bzw. beschrieben. Egal, ob das zutrifft oder nicht: Das Marketing der Zukunft muss intensiver und individueller um die Gen Z werben. Um die Gen Z mit einer Wir-Marke und Wir-Kommunikation für sich zu gewinnen, sind z. B. der Einsatz involvierender Stories und entsprechende Erlebnisse im Sinne eines Storytellings geeignete Mittel, um sie für Marken zu interessieren. Denn gerade Storytelling unterstützt Marken beim Sich-Nähern an die Gen Z, indem sie Involvement schaffen (Klaus & Günther 2022).

Marketinginstrumente wie das Involvement und Emotionen schaffende Storytelling haben bei der Gen Z eine überdurchschnittliche Bedeutung, da sie (im Gegensatz zur Generation Y, die noch überwiegend analog aufgewachsen ist) mit digitalen Medien und dadurch mit einem gewissen Manko an Nähe und Emotionalität zu Marken aufgewachsen ist. Die analogen, d. h. echten, Berührungspunkte zu Marken standen der Gen Z schlichtweg nicht zur Verfügung. Gleichzeitig erreicht die Gen Z ein neues Level an digitaler Kompetenz und digitalem Know-how. Bei der Gen Z ergänzen sich ihr »reales«, d. h. analoges, und digitales Leben zu einer fast schon natürlichen Symbiose, die sich vor allem in einem selbstverständlichen und ungezwungenen Umgang mit den sozialen Medien und Netzwerken sowie mit den digitalen Medien zeigt.

Diese »digitale« Unbeschwertheit geht allerdings mit hohen Erwartungen seitens der Gen Z einher. Sie erwartet, dass Unternehmen und Marken ihre individuellen Ansprüche kennen und diesen gerecht werden. Dabei ist ein gewisser »digital deal« für die Gen Z zwangsläufig und fair: Ihre Daten gegen ihren persönlichen Nutzen einzutauschen ist aus der Sicht der Gen Z durchaus sinnvoll und angemessen – wenn bspw. Rabatte oder ihren Interessen entsprechend vorgefertigte Angebote locken, geben sie gern ihre Daten preis. Datenschutz hat dann für die Gen Z keine allzu hohe Priorität. Die Gen Z erwartet für ihre Daten immer eine Gegenleistung und verlangt nach digitalen Kommunikationsformen. Oft aber fehlt es Unternehmen an kompetent-professionellen (nativ) digitalen Strategien, für deren sinnvolle Entwicklung die Gen Z involviert sein müsste. Die Gen Z stellt sich vielmehr souverän der Digitalisierung und sucht sich gezielt die für sie nützliche, relevante und interessante Kommunikation aus. Dabei möchte sie direkt und individuell angesprochen werden, nutzt Digitales sehr pragmatisch und will davon mindestens genauso stark profitieren wie die Marke selbst (Klaus & Günther 2022).

3.2.5 Die LIEBLINGSMARKEN der Generation Z

Welche Marken die Gen Z bevorzugt und welche Faktoren ihre Kaufentscheidungen beeinflussen, ist für viele Marketers immer noch eine Art »Blackbox«. Fragen wie, ob traditionelle Marketingstrategien für diese Zielgruppen überhaupt noch funktionieren oder wie sich Marken überzeugend auf Social Media und in Online-Communitys präsentieren können, stellen selbst für Marketingexperten eine Herausforderung dar (Rühle 2021).

Marken aus dem FMCG-Bereich, denen es gelingt, die Gen Z für sich einzunehmen, sind überwiegend etablierte Marken und Markennamen. Im Ranking der Pflege- und Kosmetik-Marken z. B. rangiert Nivea an erster Stelle, gefolgt von Balea, Head & Shoulders, Nivea MEN und Colgate. Bei Marken im Bereich Lebensmittel ist Nutella der Spitzenreiter, gefolgt von Müllermilch, Maggi, Nestlé und Iglo. Bei Süßwaren greift die Gen Z am häufigsten zu Haribo und Milka, gefolgt von Katjes, Pringles und kinder Schokolade (Rühle 2021).

Zwar sind der Gen Z renommierte Markennamen weiterhin wichtig, doch das allein reicht ihr nicht mehr. Grundsätzlich neigt die Gen Z dazu, Marken stark unter ethischen und nachhaltigen Gesichtspunkten zu beurteilen und zu wählen sowie Empfehlungen von z. B. Communitys und Influencer:innen zu folgen (Rühle 2021).

Das ethische Verhalten von Marken stellt für die Gen Z eine immer wichtigere Rolle im Hinblick auf die Markenbeliebtheit dar. Für viele Vertreter:innen der Gen Z sind Vertrauenswürdigkeit, Ehrlichkeit und Authentizität sowie die grundlegenden Prinzipien einer Marke ausschlaggebend. Zudem achtet die Gen Z verstärkt auf das gesellschaftliche Engagement von Marken sowie auf die Herkunft und Zusammensetzung von Produkten (Rühle 2021).

Die Gen Z ist jedoch zugleich deutlich effektiver über Social Media, Influencer- und Plattform-Marketing zu erreichen, im Vergleich bzw. Gegensatz zur Gesamtbevölkerung. Viele der Gen-Z-Verbraucher:innen informieren sich mittels Instagram über Marken und sind überdurchschnittlich empfänglich für Angebote auf Social-Media-Plattformen. Der Grund dafür ist, dass diese Generation online aufgewachsen ist, online kommuniziert und quasi online lebt – sei es hinsichtlich Arbeit, Communitys, sozialer Kontakte etc. Zudem haben sich ihre Einkaufsgewohnheiten ins Digitale verlagert (Rühle 2021).

Um die Gen Z für sich zu gewinnen, haben Unternehmen und Marken als Schwerpunkte die Themen Online-Plattformen und Influencer-Marketing zu setzen. So nutzt z. B. im FMCG-Bereich die Marke Axe ein aktives Influencer-Programm und die Marke Katjes vegane Produktangebote und Klimaneutralität. Online-Plattformen und Online-Communitys können für Marken hilfreich sein, um erfolgreich und nachhaltig mit der Zielgruppe Gen Z zu kommunizieren. Auf Plattformen wie TikTok können Unternehmen neue Trends, Influencer:innen und auch Challenges nutzen, um mit einem zeitgemäßen und vor allem Gen-Z-passenden Marketing bei dieser u. a. Aufmerksamkeit und Glaubwürdigkeit zu erlangen. Beispiele für erfolgreiche Online-Kampagnen sind z. B. unterhaltsame Streitereien zwischen Supermärkten via Twitter, selbstironische Videos des Drogeriemarkts dm oder auch kurzweilige Chips-Tester von Funny Frisch auf TikTok. Dabei geht es stets darum, mit Witz, Selbstironie und Kreativität die Online-Plattformen und Online-Communitys der Gen Z zu nutzen und ihnen auf Augenhöhe zu begegnen (Rühle 2021).

3.3 KOMMUNIKATION und DISKUSSION – wie man mit der Gen Z ins Gespräch kommt

Um mit Zoomern zu kommunizieren und zu diskutieren, sollte man als Marketer digitale Kanäle als Schwerpunkt setzen und zugleich die analogen Kanäle als Ergänzung nicht komplett vergessen. Die wichtigsten Elemente einer erfolgreichen, Gen-Z-ausgerichteten Marketingkommunikation sind

- die Ansprache dieser Zielgruppe auf deren vielfältiger und hybrider Customer Journey mittels analoger und digitaler Medien und Kommunikationskanäle,
- das Identifizieren Gen-Z-relevanter Inhalte,
- die Konzeption personalisierter Angebote sowie
- das Entwickeln eines die Gen Z emotional ansprechenden und individualisierten Kommunikationsstils (Kleinjohann & Reinecke 2020).

Digitale Kommunikation als Regel, analog als Ausnahme

Werbetreibende Unternehmen können die Gen-Z-Konsument:innen über die digitalen Kanäle direkt und individuell adressieren, in den Austausch mit ihnen treten und den Kontakt zu ihnen halten. Zudem sind diese Kommunikationsformen und -kanäle fast die einzige Möglichkeit, um Zugang zur Generation Z zu finden. Digitale und soziale Kanäle sind die einzige wirkungsvolle Art der Marketingkommunikation, um bei der Gen Z Aufmerksamkeit, Interesse und letztliche eine Begehrlichkeit zu bewirken, die zum Kauf von Marken, Produkten und Dienstleistungen führt.

Empathie, Fingerspitzengefühl und Sensibilität

Hierbei ist Fingerspitzengefühl gefragt (siehe Abb. 11): In der Kommunikation mit der Generation Z darf keinesfalls durchscheinen, dass Produkte verkauft oder Dienstleistungen vertrieben werden sollen. Sobald die Gen Z merkt, dass Unternehmen – als Absender von Marketingkommunikation – mit ihrer Kommunikation allein und vor allem offensichtlich den direkten Verkauf von Produkten oder Dienstleistungen zum Ziel haben, verliert man sie. Daher ist das Entwickeln von Kommunikation mit einem Mehrwert für die Generation Z genauso wichtig wie das Kreieren von Botschaften, die eine Atmosphäre schaffen, die nützlich, bereichernd und unterhaltsam für die Gen Z ist.

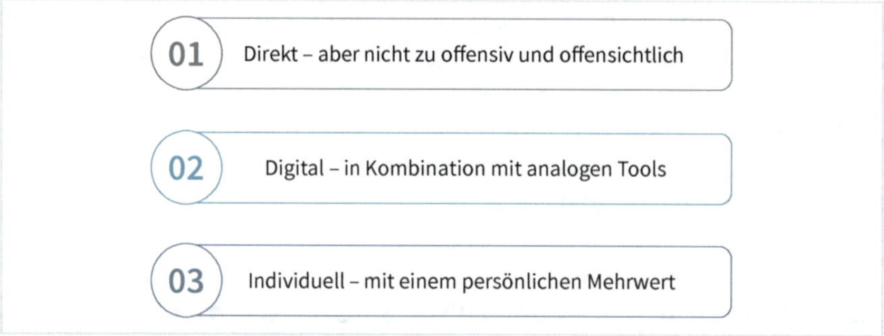

Abb. 11: Ansprache der Gen Z mit Fingerspitzengefühl

Involvement, Interaktion und Motivation

Die Generation Z stellt aber nicht nur eine Herausforderung für Unternehmen und Marketingkommunikation dar: Weil sie extensiv und intensiv, d. h. ständig und tiefgehend digitale Medien konsumiert und – damit einhergehend – digitalen Inhalten (Content) kontinuierlich ausgesetzt ist, kann sich die Gen Z zu Markenbotschaftern entwickeln. Wenn eine Marke überzeugt, nimmt sie gern und von sich aus die Rolle des Beeinflussers von Familie und Freunden zugunsten bevorzugter Marken ein (siehe Abb. 12).

Abb. 12: Rollenvielfalt der Gen Z

Ein erfolgreiches Mittel zum Motivieren der Gen Z ist dabei das Content-Marketing, das die Gen-Z-Konsument:innen mit zielgruppenrelevanten Inhalten anstelle von simplen und direkten Werbebotschaften anspricht und mit diesen in Interaktion treten lässt. Involvement gegenüber Marken schafft außerdem das virale Marketing, bei dem meist durch Word-of-Mouth-Marketing (Mundpropaganda) bzw. durch das Einbeziehen von Influencer:innen Fotos oder Videos »viral« gehen, d.h. einen Kommunikationshype erleben, bei dem das entsprechende Content-Material im Sinne eines Schneeballsystems innerhalb der Zielgruppe(n) weitergetragen wird. Die durch virale Hits gewonnenen Markenfans wiederum können sich bei einem tiefergehenden Involvement zu sog. Superfans und zu glaubwürdigen, da authentischen Multiplikatoren entwickeln – ggf.

unterstützt durch unternehmens-, marken- oder kampagnenspezifische Hashtags zur Steigerung der Reichweite der digitalen Kommunikation.

Als Mittel der Steigerung der Interaktion mit der Generation Z eignen sich Online-Plattformen wie Blogs, über die sich die Gen Z mit der Marke austauschen, Fragen an sie richten und ihre Meinung zu Marken kundtun kann, sodass eine Gemeinschaft (Community) zwischen Unternehmen, Marke und den Konsument:innen der Gen Z entsteht (OC&C 2019). Ein weiterer Erfolgsfaktor im Rahmen einer Gen-Z-ausgerichteten Marketingkommunikation sind die sozialen Medien, durch welche die Generation Z dank ihr Peer-Netzwerke überdurchschnittlich stark beeinflussbar und motivierbar ist. Vor allem Instagram und YouTube eignen sich so als Ideen- und Impulsgeber beim Entdecken und Verstehen von Marken.

Kanalübergreifende Nahtlosigkeit

Die Generation Z erwartet aufgrund ihrer komplett digitalen Sozialisation einen nahtlosen und direkten Kontakt zu Marken mittels einer sowohl on- als auch offline kanalübergreifenden Kommunikation und entsprechender Angebote, d. h. ein nahtloses 24/7-Omnichannel-Marketing, das Online- und Offline-Kanäle integriert, damit für die Genz Z Involvement geschaffen werden kann (siehe Abb. 13). Dabei sollten insbesondere die sozialen Medien ein integraler Bestandteil der Marketingkommunikation mit der Generation Z sein (OC&C 2019). Die digital omnipräsenten Konsument:innen der Gen Z möchten in unkomplizierten und schnellen Prozessen sowie ohne jegliche Medienbrüche exakt an der Stelle der individuellen Customer Journey abgeholt werden, an der sie sich gerade befinden (OC&C 2019).

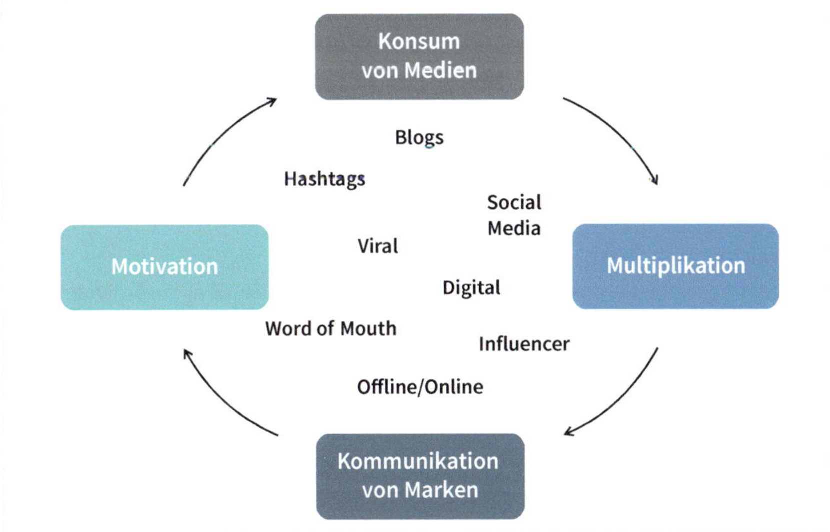

Abb. 13: Involvement-schaffende Instrumente

Peergroups und Meinungsbildner als Benchmark

Erfolgreiche Kommunikation mit der Generation Z hängt zudem von der Wahl des richtigen »Peer-to-Peer«-Modells ab. Hier werden Meinungsführer:innen und -macher:innen, überzeugte Kund:innen oder auch bezahlte Partner:innen (»Affiliates«) eingesetzt, um Marken im Gen-Z-Netzwerk zu platzieren. Dabei stellt das Influencer-Marketing eine Variante einer Gen-Z-adäquaten Marketingkommunikation dar, bei der nach spezifischen Kriterien ausgewählte Social-Media-Influencer:innen genutzt werden, die ihren Einfluss dafür einsetzen, um die Zielgruppe der Generation Z zu erreichen. Ihr Vorteil der hohen Reichweite, exakter Zielgruppenpassung und einem überdurchschnittlichen Vertrauen, das die Konsument:innen der Gen Z »ihren« Influencer:innen entgegenbringen, gereicht den mit ihnen werbenden Marken zum Vorteil. Die Herausforderung für Unternehmen liegt dabei vor allem in der Auswahl von zu ihren Marken passenden Influencer:innen.

Neben dem Einsatz von Influencer:innen bieten auch das Empfehlungsmarketing sowie das Affiliate-Marketing interessante Kommunikationsalternativen, um die Gen Z für sich zu gewinnen. Beim Empfehlungsmarketing werden den Konsument:innen der Gen Z Anreize geboten (z. B. in Form von Rabatten oder Gutscheinen), damit sie wiederum derart vermarktete Marken ihrer eigenen Peergroup weiterempfehlen. Beim Einsatz von Affiliate-Marketing-Maßnahmen nutzen Marken über Erfolgsprovisionen honorierte Partner (sog. Affiliates), die als Blog-, Website- oder Newsletter-Publisher mittels Empfehlungen oder Werbung Marken, Produkte und Dienstleistungen über digitale Plattformen und Social-Media-Kanäle (insbesondere YouTube, Instagram und WhatsApp) unterstützen (elbdudler 2018; OC&C 2019). Die Ansprache der Gen Z sollte mittels Mobile Marketing und daher über das Smartphone erfolgen (elbdudler 2018), authentische Botschaften vermitteln, die für die Generation Z von Bedeutung und zugleich unterhaltsam sind, an denen sie sich inhaltlich orientieren können und die sie dank Inhalten, die »snackable« sind, nicht überfordern (Absatzwirtschaft 2019; W&V 2019). So entwickeln sich von Marken perfekt angesprochene Vertreter:innen der Gen Z von Empfänger:innen der Marketingkommunikation zu von Marken überzeugten Verbreiter:innen der Markenkommunikation. Sie befinden sich im Spannungsfeld von »influenced sein« versus »Influencer sein« – von der Zielgruppe zu Multiplikator:innen.

Persönlicher Mehrwert

Neben der Auswahl der passenden Medienkanäle, um die Gen Z anzusprechen, stellt der für die Gen Z passende Content ein wichtiges Kommunikationselement dar. Das Schaffen von Relevanz der Marken bei der Generation Z durch Content bedeutet, dass Marken in der Kommunikation mit der Gen Z Themen identifizieren müssen, die für die Gen Z interessant und relevant sind, und ihnen einen persönlichen Mehrwert bieten, sodass sie bei diesen Involvement zeigen. Daher kommt dem emotionalen Zusatznutzen und auch dem Erlebnischarakter von Marken eine wichtige Rolle zu. Werden diese sowohl pointiert als auch authentisch kommuniziert, kann im Vergleich zu Wettbewerbsmarken die Uniqueness der beworbenen Marke ausgebaut werden (OC&C 2019).

Die Generation Z reagiert auf Markenkommunikation in Form traditioneller bzw. klassischer Werbung eher mit Reaktanz: Nur 5 % der Gen Z schenken TV-Werbung ihre Aufmerksamkeit, dafür jedoch beschäftigen sich 49 % parallel mit ihrem Smartphone. Beim Ausspielen von Markenkommunikation über Social-Media-Kanäle hingegen rezipieren 23 % der Generation Z Werbung, wenn die Inhalte für sie relevant und interessant sind, 32 % jedoch klicken diese weg und 30 % fühlen sich sogar von ihr eher gestört.

Um die Gen Z zu erreichen, sollten daher Content und Angebote für die Gen-Z-Zielgruppe aus deren Perspektive heraus gestaltet werden, sodass diese für die Gen Z interessant, attraktiv und relevant sind und von der Gen Z nicht nur wahrgenommen, sondern auch rezipiert werden.

Aus Sicht der Gen Z relevante Werbung, die für sie einen Mehrwert schafft, sind

- Humor (50 % der Gen Z finden Werbung gut, wenn sie humorvoll ist),
- individuelle Bedeutung (37 % wollen für sie thematisch relevante und interessante Inhalte),
- Angebote (31 % der Gen Z verlangen interessante Angebote hinsichtlich Preis, Qualität und/oder Menge zu Produkten oder Dienstleistungen, denen gegenüber sie grundsätzlich und ohnehin ein Kaufinteresse entgegenbringen),
- Kurzweiligkeit (27 % der Gen Z möchten durch Markenkommunikation unterhalten werden),
- Identifikation (22 % bevorzugen werbliche Inhalte und Botschaften, mit denen sie sich identifizieren und in denen sie sich wiederfinden können) und
- gesellschaftliche Relevanz (22 % verlangen Werbeinhalte, die Themen u. a. von Gesellschaft und Politik aufgreifen) (Criteo 2018; elbdudler 2018) (siehe Abb. 14 und 15).

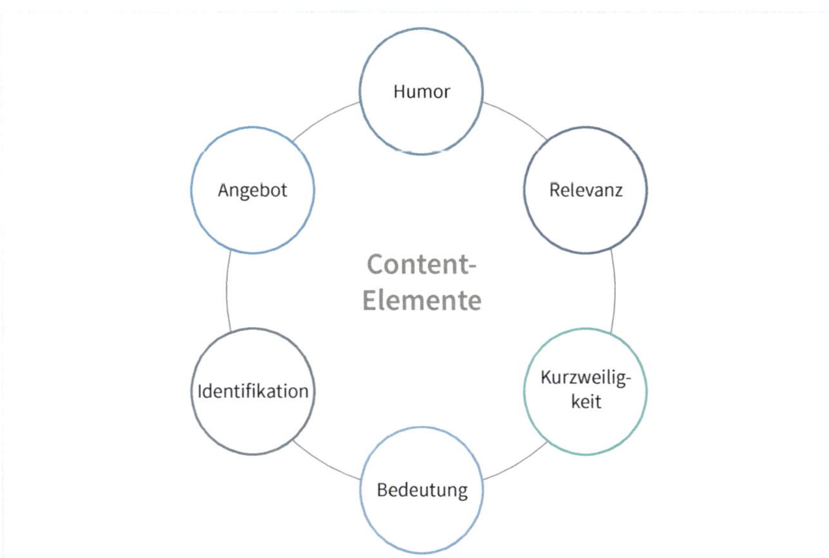

Abb. 14: Context-Elemente für die Gen Z

Abb. 15: Inhalte mit Bedeutung für die Gen Z

Da mehr als 50 % der Generation Z bis zu fünf Marken auf Social-Media-Kanälen folgen, ist genau dort die Positionierung von Marken durch unterhaltsamen, humorvollen und informativen Content ein Faktor, der Wettbewerbsvorteile im Kampf um die Aufmerksamkeit der Gen Z schafft. Der häufigste Grund, Marken in den sozialen Medien zu folgen, ist

- zu 70 % das Interesse an Neuigkeiten,
- zu 42 % ein Interesse an Angeboten sowie
- zu 36 % die Verbundenheit mit einer Marke (elbdudler 2018).

Dabei sorgt der richtige Content für Relevanz bei der Gen Z. Gleichzeitig haben 44 % der Gen Z Marken gekauft, weil ihnen ein entsprechender Social-Media-Beitrag entsprochen und gefallen hat, und selbst 23 % haben zwar nicht gekauft, sich jedoch zusätzlich mittels Social Media über eine Marke und deren Angebote informiert.

Die Verknüpfung von

- Content (Schaffen von Inhalten für die Gen Z),
- Targeting (Identifizierung und Ansprache der Gen Z) und
- Commerce (Kaufabschluss seitens Gen Z forcieren)

ist eine der Erfolgsformeln, um die Gen Z für sich zu gewinnen (elbdudler 2018). Aufgrund des überwiegend digitalen Shopping-Interesses und -Verhaltens ist es für Marken wichtig, individualisierte Inhalte zu kreieren, die Gen-Z-adäquaten Botschaften und Kanäle zu identifizieren und personalisierte Shopping-Erlebnisse für die Gen Z im

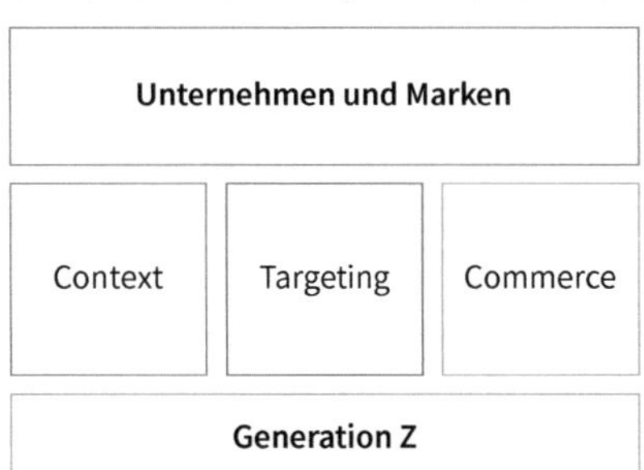

Abb. 16: Gen-Z-Marketing mit Context, Targeting und Commerce

Netz zu schaffen, z. B. durch Produktkollektionen in limitierten Auflagen, Service-Upgrades oder exklusive Produkte bzw. Dienstleistungsangebote. Dabei aktivieren Maßnahmen wie dynamische Web-Inhalte, 360-Grad-Abbildungen von Produkten, Videos oder Rezensionen der Peergroup zu Produkten sowie personalisierte Werbung die Zielgruppe der Generation Z (Criteo 2018) (siehe Abb. 16).

Glaubwürdiges Ethik-Engagement

Die Gen Z stellt sich dar als eine Gruppe überdurchschnittlich engagierter Konsument:innen, die sich mit dem eigenen Konsumverhalten sowie mit dem Konsumverhalten der Gesellschaft bewusst auseinandersetzt. Sie erwartet von Marken und Unternehmen ein moralisch, ethisch und sozial verantwortliches Agieren am Markt und auch in der Kommunikation, der Produktion und der Vermarktung von Marken. Da die Generation Z aufgrund ihrer digitalen Vernetzung und ihres digitalen Kommunikationsverhaltens immer informiert sein kann und will, ist sie durchaus in der Lage, Unternehmen hinsichtlich ihres Agierens und Kommunizierens am Markt und gegenüber Zielgruppen kritisch zu hinterfragen und ggf. auch als unauthentisch, unglaubwürdig bzw. sogar unethisch zu enttarnen (OC&C 2019) (siehe Abb. 17).

Abb. 17: Kommunikationswerte der Gen Z

Um die ethische Positionierung eines Unternehmens oder einer Marke authentisch darstellen zu können und die Generation Z so zu überzeugen, sollten die in der Marken-DNA verankerten Werte bei der Ausrichtung der Marketingstrategie auf die Zielgruppe Gen Z hinsichtlich der gesamten Wertschöpfungskette überprüft werden, um den ausgeprägt hohen ethischen Ansprüchen der Gen Z entsprechen zu können – eine darauf ausgerichtete Unternehmens- und Markenkommunikation sollte gegenüber der Generation Z identitätsbasiert, transparent, direkt und proaktiv ausgestaltet sein (OC&C 2019).

Dabei ist ein immenser Gewinn an Authentizität durch das Einbinden sog. Brand Ambassadors (ausgewählte und sendungsbereite Mitarbeiter:innen des Unternehmens) als Multiplikator:innen und Influencer:innen erfolgversprechend, da diese erfahrungsgemäß die Werte von Unternehmen, Marken, Produkten oder Dienstleistungen nach innen und außen glaubwürdig und authentisch vermitteln und vertreten. Ähnlich verhält es sich mit dem Vermitteln eines Social Purpose im Rahmen der Marketingkommunikation, d.h. dem Kommunizieren und Betonen der ethischen Werte in sowohl unternehmensexternen als auch -internen Mitteilungen (OC&C 2019).

Ein weiterer Erfolgsfaktor ist die konsistente und kongruente Kommunikation und Darstellung dieser Werte und Inhalte nach innen und nach außen sowie über alle Kanäle, d. h. das Entwickeln und Kommunizieren einer Gen-Z-relevanten Corporate Identity, die das Markenerlebnis an jedem Touchpoint mit der Generation Z einheitlich und somit glaubwürdig vermittelt, um so letztlich ein authentisches und identitätsbasiertes Markenimage für die Gen Z zu schaffen (OC&C 2019).

Austauschbarkeit und Einzigartigkeit

Ein für die Gen Z erstrebenswertes Ziel ist ihr fortwährendes Streben und Gieren nach Einzigartigkeit. Die Darstellung der eigenen (und möglichst einzigartigen) Persönlichkeit und Individualität in und gegenüber der Peergroup ist ein entscheidender Faktor bei der Entscheidung für oder gegen Marken, Produkte und Dienstleistungen. Daher sprechen vor allem als ungewöhnlich oder einzigartig empfundene Angebote die Gen Z an. Da die Mitglieder der Generation Z sowohl innerhalb als auch generell außerhalb ihrer Peergroup hervor- und herausstechen möchten, ist die Personalisierung und Individualisierung von werblicher Kommunikation und Markenangeboten ein Schlüssel zu dieser Zielgruppe.

Gleichzeitig sehnen sich die Vertreter:innen der Gen Z fast ebenso stark nach Stabilität und Ordnung (OC&C 2019), sodass Unternehmen und Marken vor diesem Hintergrund ihre digitale Präsenz u. a. in Online-Shops durch gezielt personalisierte Angebote strategisch auf die individuellen Bedürfnisse der Gen Z ausrichten sollten, sodass die Zielgruppe hier einen Orientierungsrahmen findet.

Um den Kaufprozess für die digital sozialisierte Gen Z zu vereinfachen, müssen sowohl eine ausreichende Produktvielzahl als auch Produktvielfalt sowie anschauliche Produktanwendungen mit qualitativ hochwertigen Bildern bzw. Videos zur Verfügung gestellt werden. Durch die Nutzung personalisierter Daten sollten sämtliche Inhalte und Angebote an die individuellen Ansprüche der Gen-Z-Zielgruppe angepasst und so ein personalisiertes Einkaufserlebnis ermöglicht werden, das auch an diesem Touchpoint die Einzigartigkeit der Gen-Z-Kundschaft unterstreicht.

Des Weiteren sollten Gen-Z-adäquate Webshops die seitens der Generation Z bevorzugten Bezahlmethoden One Click und PayPal (elbdudler 2018) sowie die Optimierung für mobile Endgeräten mittels Responsive Design und eine (seitens der Gen Z als selbstverständlich empfundene) kostenlose Rücksendemöglichkeit inkludieren (Criteo 2018).

Um den Individualisierungs- und Personalisierungsansprüchen der Gen Z zu genügen, sollten Unternehmen im Sinne einer sog. Uniqueness-Strategie ihre Angebote für die

Gen Z entsprechend den im Folgenden aufgeführten Facetten von Einzigartigkeit aufbauen (siehe Abb. 18 und 19), auf welche die Generation Z besonders stark reagiert (OC&C 2019):

- **Facette »Einmaligkeit«**, bei welcher personalisierte und somit einzigartige Produkte bzw. Dienstleistungen im Vordergrund stehen, bei deren Kauf bzw. Nutzung den Gen-Z-Konsument:innen ein Gefühl der individuellen Besonderheit vermittelt wird.
- **Facette »Personalisierung«**, bei welcher die Gen-Z-Konsument:innen in die (Weiter-)Entwicklung von Produkten oder Dienstleistungen einbezogen werden (»Co-Creation«) und sich so der entsprechenden Marke zunehmend nah und verbunden fühlen.
- **Facette »Limitierung«**, bei welcher selbst Mainstream-Marken mittels Kooperationen mit Designern (z. B. H&M und Lagerfeld oder Versace) oder limitierten Auflagen (z. B. die Moonswatch von SWATCH oder Jeff Koons-Accessoires von H&M) der Gen-Z-Zielgruppe das begehrte Gefühl von Einzigartigkeit vermitteln, ohne jedoch ihr Geschäftsmodell ändern zu müssen.

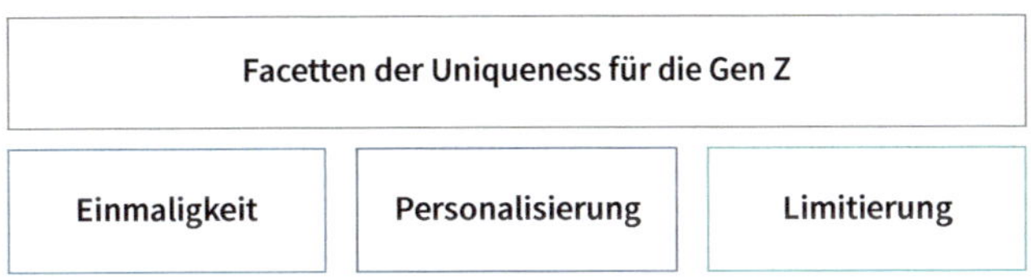

Abb. 18: Facetten der Uniqueness aus der Gen Z-Perspektive

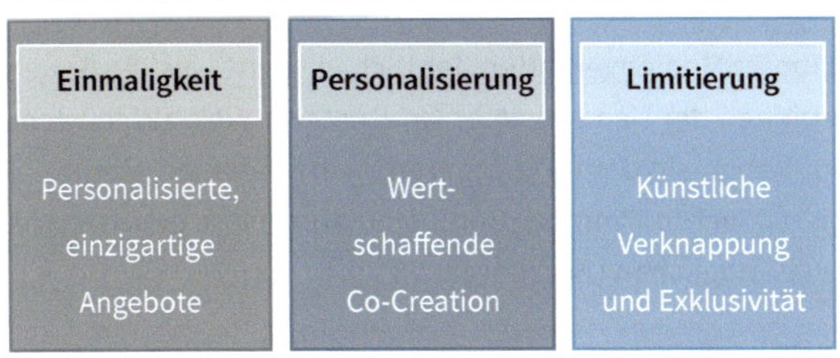

Abb. 19: Uniqueness als Zugang zur Gen Z

Emotionen und Sinne

Der Wunsch der Gen Z nach echten Emotionen und unvergleichlichen Erlebnissen ist gerade wegen ihres ausgeprägten digitalen Kommunikations- und Konsumverhaltens eine weitere Bühne der Inszenierung von Marken. Der stationäre Handel bietet darauf in Form von z. B. Flagship-Stores oder auch Pop-up-Stores eine Antwort auf dieses ausgeprägte Verlangen nach Einkaufserlebnis, Emotion und Abwechslung. Denn hier können Marken sich in 3D und somit echt, emotional und multisensuell präsentieren, können sich erlebbar machen und sind dadurch – im Falle von Pop-up-Stores durch eine zeitliche Limitierung – umso verführerischer und begehrenswerter.

Gerade hier kann die bereits ausgesprochen reizvolle Wirkung der Store- und Shop-Konzepte u. a. durch Live-Inszenierungen von Produkten und Dienstleistungen zusammen mit der Einbindung von Influencer:innen und der Kommunikation dieser Inszenierung mittels Social Media begleitet und bezüglich der Wirkung noch deutlich intensiviert werden (OC&C 2019). Im Shop und beim Einkauf selbst kann »Immersive Marketing« mithilfe von Augmented Reality und Virtual Reality aufgrund der digitalen Prägung der Gen Z das emotionale Erleben von Marken betonen und unterstützen. Das emotional aufgeladene Erleben von Produkten und Marken in einer erweiterten bzw. künstlich erzeugten Realität garantiert ein uniques Markenerlebnis (OC&C 2019).

Ansprache und Werbung

Die Gen Z fordert Marken heraus, sie ist offen gegenüber neuen Werbeformaten und zugleich eine Herausforderung für Marketer. Die Studie »AdReaction: Engaging Gen X, Y and Z« zeigt, dass die Gen Z eine äußerst spezifische Einstellung gegenüber Werbung hat und anders als die Generationen zuvor auf Werbung reagiert (Herzberger 2017).

Um die Generation Z auf Produkte und Services aufmerksam zu machen, sind innovative Werbeformen notwendig. Den größten Einfluss auf Kaufentscheidungen der Gen Z zeigen gesponserte Online-Werbeanzeigen und Empfehlungen über soziale Medien. 31 % der Gen-Z-Vertreter:innen geben an, dass sie bereits einmal ein Produkt gekauft haben, nachdem sie positive Bewertungen gelesen oder in den sozialen Medien nach Inspiration für Einkäufe recherchiert haben (PwC 2020).

Die Gen Z ist in ihrem Medienverhalten deutlich extremer als die Generationen zuvor. Da die Vertreter:innen der Gen Z in einer On-Demand-Welt aufgewachsen und digital sozialisiert sind, haben sie deutlich andere Erwartungen an Marken und Marketingkommunikation. So werden von der Gen Z Medienformate geschätzt, die ein proaktives Mitgestalten ermöglichen (Herzberger 2017).

Die Gen Z ist zwar mit mobilen Endgeräten groß geworden und die Generation des »Mobile First«, doch auch traditionelle Medien sind für sie relevant. Die Mehrheit der Gen Z surft täglich mehr als eine Stunde mit dem Smartphone oder Tablet. Der TV-Konsum fällt bei der Gen Z zwar entsprechend deutlich geringer aus, aber sie beurteilt klassische Werbeformate wie Outdoor- oder Printanzeigen sowie TV- und Radio-Spots positiver als digitale Alternativen – obwohl der Medienkonsum der Gen Z von digitalen Kanälen dominiert wird (Herzberger 2017).

Die Generation Z hat digitale Technologien deutlich mehr verinnerlicht als vorher die Millennials. Sie ist deshalb schneller, und das auch bei Entscheidungen. Sie fällt deshalb auch schneller ein Urteil, ob ihr Werbung gefällt oder eben nicht. Die Konsument:innen der Gen Z, die digitale Werbeformate überspringen, tun dies schneller als z. B. Vertreter:innen der Generation X (Herzberger 2017). Dennoch ist Vorsicht geboten bei Werbeformaten, die von der Gen Z als aufdringlich wahrgenommen werden: Nicht überspringbare Pre-Rolls oder Pop-ups werden als unangenehm empfunden. Mobile Rewards Videos (z. B. Belohnungen im Rahmen eines Online-Games) und überspringbaren Pre-Rolls gegenüber ist die Gen Z jedoch aufgeschlossen (Herzberger 2017).

Die Generation Z nutzt soziale Medien und ist mit ihnen aufgewachsen, insbesondere mit Blick auf die investierte Zeit. Insbesondere die Vorliebe für Musik und Filme ist bei der Generation Z überdurchschnittlich stark ausgeprägt. Viele der Gen Z geben an, dass die vornehmlich emotional geprägten Eindrücke von Musik und Filmen ihre Wahrnehmung von Werbung positiv beeinflussen, und zeigen dabei insbesondere Zuspruch bei Videos von unter zehn Sekunden Länge (Herzberger 2017).

Um die Aufmerksamkeit und Akzeptanz der Gen Z zu gewinnen, ist der kreative Ansatz entscheidend. Denn gerade Musik, Humor und auch öffentlichkeitswirksame bzw. prominente Testimonials steigern die Empfänglichkeit der Gen Z für Werbung. Auch die Möglichkeit, bei der Entwicklung der werblichen Inhalte und bei der Gestaltung aktiv mitzuwirken, ist ein erfolgversprechendes Mittel, um die Gen Z für sich zu gewinnen. Trotzdem ist die Gen Z überdurchschnittlich designbewusst, ihre Vertreter:innen kennen die ästhetischen Qualitäten und Eigenheiten der unterschiedlichen Werbeformate sowie die entsprechenden Vorteile des Einsatzes moderner Technologien (z. B. Augmented Reality und Virtual Reality). Vor allem aber innovative Werbeformate wie Native Advertising, Sponsored Lenses und Sponsored Filters haben eine starke Wirkung auf die Gen Z (Herzberger 2017).

Obwohl sich die Gen Z kosmopolitisch gibt und versucht, global zu denken bzw. zu handeln, funktioniert Werbung für sie nicht global, denn aufgrund der Heterogenität der Gen Z sind weltweit einheitliche Kampagnen wenig erfolgversprechend. Werbung, die die Gen Z anspricht, sollte vielmehr stärker auf lokale und regionale Besonderheiten eingehen. Die Einstellungen der Gen Z stellen Marketingexpert:innen vor Herausforderungen. Erfolgreich werden genau die Marken sein, die sich auf die kritisch-reflektierende und zudem schnell wachsende Zielgruppe interessiert einlassen und sie nicht nur verstehen, sondern sich auch mit ihr auseinandersetzen (Herzberger 2017).

3.4 DIGITALISIERUNG und TECHNIK – wie die Generation Z mit innovativen Medien umgeht

Trotz vieler Themen auf der Agenda der Gen Z spielt das Thema Technik für die Gen Z eine zentrale Rolle. Denn Technik unterstützt das Ausleben und den Ausdruck ihrer Emotionen, Technik ist der Treiber in ihrem Leben und bedient via Social Media alle

Facetten ihres Alltags, sei es beim Einkaufen, bei der Kommunikation mit ihrem Netzwerk, bei der Freizeitgestaltung oder Informationssuche. Da sich die Plattform Instagram mittlerweile als Hauptquelle für Kommunikation, Entertainment und Nachrichten etabliert hat, sind Insights erforderlich, wie man sich auf den sozialen Medien und insbesondere Instagram sowie TikTok als Unternehmen und Marke gegenüber der Gen Z idealerweise präsentiert (Leitherer 2022).

Social Media schaffen »Nähe auf Abstand«

Ein Erfolgsfaktor, um die Gen Z zu erreichen und ihr nahe zu kommen, ist demzufolge das Entwickeln von Strategien für Social-Media-Formate, die die Gen Z als ihre Zielgruppe definieren. Die Aufgabe des Kreierens digitaler Formate für die Gruppe der Digital Natives umfasst dabei die Entwicklung, Umsetzung und das Management innovativer Ansätze, um die Gen Z immer wieder zu interessieren und zu faszinieren. Wie Management, Entwicklung und Content derartig innovativer Formate für die Gen Z gestaltet werden müssen, um die Digital Natives langfristig auf Social-Media-Plattformen zu erreichen, hängt dabei vor allem vom kontinuierlichen Einbeziehen der Zielgruppencharakteristika ab. Nur so kann sich ein stetiger Zyklus der innovativen Entwicklung von Formaten etablieren, der sich auf unternehmensinterne Prozesse, eine agile Unternehmensstruktur und -organisation, Vielfalt bei der Formatentwicklung sowie das Einbeziehen der Lebensrealitäten der Gen Z konzentriert (Leitherer 2022). Gerade Social-Media-Kanäle und -Plattformen bedienen die Lust der Gen Z, Kontakte zu knüpfen und diese dabei gleichzeitig auf Distanz zu halten.

Authentizität schafft Vertrauen

Im Zentrum einer an der Gen Z ausgerichteten Marketingstrategie sollte angesichts der digitalen Orientierung der Generation Z die digitale Identität von Marken und deren entsprechende digitale Zielgruppenansprache stehen. Hierzu ist die Analyse aller relevanten Touchpoints von Bedeutung, an welchen Unternehmen bzw. Marken und die Gen Z als Zielgruppe digital aufeinandertreffen.

Trotz der digitalen Kommunikation und des auch zunehmend digitalen Lebens setzt die Gen Z zugleich zwar einen Schwerpunkt auf eher traditionelle Werte wie Authentizität (Markenartikel 2022). Derartige Werte können jedoch auch digital und im Rahmen einer digitalen Markenidentität aufgenommen und im Sinne der Marke genutzt werden. Zum Beispiel kann die Historie von Marken stark zum Wiederspiegeln einer Markenidentität beitragen und auch im digitalen Raum kommuniziert werden – in Form von Fakten und Geschichten zur Marke. Das Betonen der historischen Wurzeln einer Marke (die sog. Heritage) fördert Elemente wie Authentizität, Glaubwürdigkeit und Vertrauenswürdigkeit. Aber auch junge Marken, die nicht auf ihre Historie und Heritage verweisen können, da sie erst vor Kurzem in den Markt eingetreten sind, können und sollten ihre ganz eigene Gründungs- und Gründergeschichte erzählen, da dies das Vertrauen in und das Zutrauen zu ihrer Marke und ihrem Unternehmen stärkt. Denn Marken mit Werten verbinden zu können spielt, unabhängig vom Alter der Marke, für die Gen Z eine bedeutende Rolle (Thieme 2021). Im Rahmen des Aufbaus einer (digitalen) Markenkompetenz sollten zudem die ebenfalls für die Gen Z bedeutenden Werte wie Innovation und Einzigartigkeit, Zuverlässigkeit und Ehrlichkeit sowie Schnelligkeit beachtet und integriert werden (Kleinjohann & Reinecke 2020).

Die Gen Z will und akzeptiert kein »Bullshit«-Marketing. Eine Vielzahl der Vertreter:innen der Generation Z würde wahrscheinlicher Produkte von Marken kaufen, die sich zu gesellschaftspolitischen bzw. -relevanten Themen positionieren (House of Yas/Appinio), insbesondere zu den Themen Rassismus, Tierschutz und Klimawandel. Grundsätzlich ist den weiblichen Vertreterinnen der Gen Z die Haltung von Unternehmen wichtiger als den männlichen Gen-Z-Vertretern, und auch die Positionierung zum Thema Sexismus ist den Frauen deutlich wichtiger als den Männern der Gen Z (House of Yas/Appinio 2021).

Eine glaubhafte Positionierung von Unternehmen und Marken gelingt im Sinne der Authentizität am ehesten, wenn Marken mit gemeinnützigen Unternehmen kooperieren, Zertifikate auf ihren Produkten als Zeugnisse einer bestimmten Haltung zeigen und regelmäßigen Content zu Haltungsfragen veröffentlichen (House of Yas/Appinio 2021).

Identifikation schafft Engagement

Marken gewinnen die Gen Z umso leichter für sich, wenn sie sich für ein in dieser Generation bedeutsames Thema einsetzen, z. B. den Klimawandel, Toleranz gegenüber Minderheiten oder die Gleichstellung und -behandlung der Geschlechter. Wenn derartige Themen von Marken unterstützt und die entsprechenden Werte nach außen getragen werden, sollten die dahinterstehenden Unternehmen dies sowohl

- konsequent (d. h. ohne jegliches Abweichen von den definierten Werten) als auch
- kontinuierlich (d. h. regelmäßig im Rahmen der gesamten Ein-Jahres-Kommunikationsplanung)

über alle Unternehmensbereiche und alle Kommunikationskanäle hinweg verkörpern und kommunizieren. Nur so gelingt der Aufbau einer Bindung zur Generation Z und das Identifizieren der Gen Z mit der entsprechenden Marke.

Gerade weil im digitalen Raum alles an Kommunikation zu verfolgen und zu überprüfen ist, ist es den Vertreter:innen der Gen Z jederzeit möglich, den von Unternehmen kommunizierten Wertekodex zu hinterfragen und ggf. Abweichungen von diesem Kodex nicht nur auszumachen, sondern umgehend bekannt zu machen und zu kritisieren (Grünwald 2021). Jegliche Formen von Nicht-Authentizität (Adams 2022) (d. h. Werte nicht glaubwürdig oder nicht überzeugt bzw. überzeugend vertreten) oder von diversen »Washing«-Varianten (wenn sich Unternehmen nur aus PR-Zwecken z. B. für Diversität oder Inklusion einsetzen) werden von der Gen Z schnell identifiziert und angeprangert. Der damit verbundene Verlust an Glaubwürdigkeit schadet nicht nur kurz-, sondern auch langfristig dem Ruf der betreffenden Marke (Kleinjohann & Reinecke 2020).

Augenhöhe schafft Respekt

Die einzig geeignete Art von Kommunikation, um die Gen Z zu erreichen und um bei ihr nicht nur Gehör, sondern auch Akzeptanz zu finden, ist die Kommunikation auf Augenhöhe (Absatzwirtschaft 2019). Hier jedoch sind Einfühlungsvermögen und Fingerspitzengefühl gefragt, denn es ist ein äußerst schmaler Grat zwischen einer adäquaten Sprache gegenüber der Gen Z versus einer sich einschmeichelnden Sprache, mit der Marken versuchen, sich bei der Gen Z anzubiedern. Die Devise lautet daher »Austausch auf Augenhöhe statt Buhlen und Anbiedern«. Um gerade in der digitalen Kommunikation und der daraus folgenden digitalen Entfernung eine quasi-emotionale Nähe aufzubauen, ist daher das Verstehen der Charakteristika der Gen-Z-typischen Sprache von Bedeutung sowie das richtige Umgehen mit ihr (Kleinjohann & Reinecke 2020).

Eine Sprache, die durch Facetten von Humor, Zuverlässigkeit und vor allem Wertetreue überzeugt und dabei die Persönlichkeit der Marke wiedergibt, hat es leichter, eine digitale Beziehung zwischen Konsument:innen, Marken und Unternehmen aufzubauen sowie langfristig Orientierung und Vertrauen zu schaffen. Dabei sollte dieses digitale Markenbild möglichst mit vielfältigen multisensorischen Komponenten die Markenpersönlichkeit nahebringen, da die Gen Z allein über Text und Bild (Fotos) nicht zu erreichen ist (Kleinjohann & Reinecke 2020), sondern stärker nach ausgeprägten Eindrücken von Marken verlangt, z. B. mittels Bewegtbild, Erklärvideos oder Tutorials (Markenartikel 2019).

YouTube als kurzweiliges Sprach- und Hörrohr

Aufgrund des zwar hybriden, jedoch vorrangig digitalen Kommunikations- und Kaufverhaltens der Gen Z beim Informieren über und beim Austausch mit Marken sowie beim Shopping ist diese Zielgruppe über andere Touchpoints als die Generation Y anzusprechen und anzutreffen. Ihre Customer Journey verläuft deutlich unterschiedlich im Vergleich zur Journey vorheriger Generationen. Charakteristisch für die Customer Journey der Gen Z ist der mobile und digitale Schwerpunkt, sodass im Rahmen der Marketingkommunikation von Marken an den Touchpoints der Fokus auf mobile Devices wie Smartphone und auch Tablets sowie auf digitale Plattformen wie Social Media gesetzt wird (Planung&Analyse 2018).

Um eine zielgruppengerechte Ausspielung des textlichen oder multimedialen Contents zu gewährleisten, muss dieser responsiv an die jeweiligen Bildschirme von Desktop, Laptop, Tablet und Smartphone angepasst sein sowie adäquat mobil publiziert und rezipiert werden können (elbdudler 2018). Dabei ist einer der beliebtesten und von der Generation Z am häufigsten genutzten Kanäle die Video-Plattform YouTube, auf der Unternehmen sowohl eigene Marken- (Marketingkommunikation) und auch Unternehmenskanäle (Employer-Branding-Kommunikation) betreiben als auch markenspezifische Werbung zur Ansprache der Gen Z schalten können (Kleinjohann & Reinecke 2020).

Alternativ bieten sich YouTube-Anzeigen an, die zielgruppenadäquat auf dieser Bewegtbild-Plattform ausgespielt werden (Cooper 2021). Die folgenden Anzeigenformate auf YouTube bieten sich aufgrund ihrer zeitlich kurzen sowie inhaltlich unterhaltsamen und interagierenden Formate zur Ansprache der Generation Z an: »TrueView Video Ads« können bereits nach fünf Sekunden von YouTube-Nutzer:innen übersprungen werden und verursachen beim Überspringen keine Kosten beim werbetreibenden Unternehmen, während »Bumper Ads« bei einer Länge von sechs Sekunden von User:innen nicht übersprungen werden können. Beide Varianten entsprechend zwar den Bedürfnissen der Gen Z nach kurz(weilig)er Werbung, »TrueView Video Ads« jedoch ermöglichen Interaktion, die wiederum zu einer längeren Rezeption des jeweiligen Werbespots führt (Kleinjohann & Reinecke 2020).

Auch der Einsatz von Influencer:innen bietet die Möglichkeit, die Gen-Z-Zielgruppe mittels Bewegtbild zu erreichen und zu involvieren. Die mittlerweile beliebten und erfolgreichen Video-Formate »Haul«, »Unboxing«, »Produktanwendungen«, »Produktplatzierungen«, »Gewinnspiele« oder »Gutscheine« schaffen nicht nur Aufmerksamkeit, sondern vor allem Involvement und Interaktion, da sie das Bedürfnis der Gen Z nach Unterhaltung, Interaktion und auch Partnerschaft erfüllen (Kleinjohann & Reinecke 2020).

Ein weiterer für Bewegtbild prädestinierter Kanal, um als Marke und Unternehmen eine Beziehung zur Generation Z aufzubauen, ist die Plattform Instagram mit den »Instagram Stories« (Jechorek 2022). Hier veröffentlichen Unternehmen Neuigkeiten und Informationen zu ihren Marken, initiieren Abstimmungen (Votings) oder Aufforderungen zu Direktnachrichten in Form von Fragestickern, die Interaktionen mit der Marke und ein Engagement seitens der Zielgruppe zum Ziel haben. Auch Posts der Unternehmen, »Product Reveals« oder kurzzeitig limitierte Angebote führen zu mehr Followern bzw. erhöhen sowohl die Reichweite als auch die Chancen auf ein Involvement der Gen Z auf Instagram. Ähnlich wie bei YouTube sind auch bei Instagram Kollaborationen mit Influencer:innen zu empfehlen, bei denen dieselben Video-Formate für Instagram-Stories und Instagram-Videos und zusätzlich Fotoposts mit Verlinkung genutzt werden (Kleinjohann & Reinecke 2020).

Marken sollten daher vor allem auf dem Bewegtbild-Touchpoint YouTube ausschließlich Content veröffentlichen und einsetzen, der der Generation Z in kurzen Zeitfenstern unterhaltsam, emotional ansprechend und aufmerksamkeitsstark die (Werbe-) Botschaft ohne Umschweife direkt vermittelt. Dabei ist aufgrund einer wünschenswerten Barrierefreiheit bzw. -armut sowie aufgrund der ausgeprägten Mobilität und des entsprechend häufig mobil erfolgenden Streamings der Generation Z zu beachten, Videos idealerweise mit Untertiteln zu produzieren und zu veröffentlichen, sodass die Markenbotschaft auch ohne Ton vermittelt und verstanden werden kann (Kleinjohann & Reinecke 2020).

Hashtags und Cookies als digitale Brandzeichen

Um die für die jeweilige Marken relevanten Vertreter:innen der Generation Z zu identifizieren und kommunikativ begleiten zu können, ist der Einsatz kampagnenspezifischer Hashtags unerlässlich. Mittels dieser Hashtags können Gen-Z-User:innen ihren Content auf YouTube, Instagram und Co. verlinken und sorgen so für Aufmerksamkeit, Reichweite sowie Multiplikation der eigenen Beiträge (Posts).

Zur Personalisierung von Content können und sollten an allen Touchpoints mittels u. a. Cookies die digitalen Nutzerdaten in Echtzeit gesammelt und kontinuierlich analysiert werden, um zum richtigen Zeitpunkt den richtigen Inhalt den richtigen Nutzer:innen der Generation Z entlang ihrer individuellen Customer Journey anzubieten. Auf der Grundlage des durch Big Data (Gesamtheit aller Daten, die über Nutzer:innen bzw. Kund:innen vorliegen) vorhandenen Wissens um das User:innen-Verhalten ist im Anschluss mittels Marketing-Automation-Instrumenten und -Anwendungen die persönliche Ansprache der Gen Z über individualisierte Botschaften und Angebote möglich (Terstiege 2022). Aufgrund der Nutzungsverhaltensanalyse der Generation Z und der Analyse ihrer geografischen und soziodemografischen Nutzungsdaten wird eine zielgenaue und anonymisierte Personalisierung von Angeboten und eine Individualisierung von Marketingkommunikation ermöglicht und erleichtert.

Dabei stellen personalisierte Ads im Retargeting sowie Website-Bausteine in Form von personalisierten Content-Überschriften, individualisierte Calls-to-Action sowie Offerten und auch die Bildsprache, die an die Vorlieben der Nutzer:innen angepasst werden, nur die gängigsten Instrumente dar. Um der Reaktanz bzw. Ablehnung bezüglich der Nutzung persönlicher Daten seitens der Gen Z etwas entgegenzusetzen, sollten Marken die Vorteile der Personalisierung für die Generation Z nachvollziehbar, detailliert und transparent kommunizieren (Kleinjohann & Reinecke 2020).

WhatsApp als untrennbare Nabelschnur

Kommunikation mit der Generation Z ist nur möglich, wenn man WhatsApp nicht außer Acht lässt. Die von der Gen Z (meist)genutzte digitale Messenger-Plattform bedient deren Bedürfnis nach

- **Direktheit** (durch die Möglichkeit der unmittelbaren Kommunikation mit Kontakten und Netzwerkpartnern) und
- **Personalisierung** (durch den Aufbau von Beziehungen auf der Grundlage von WhatsApp-Gruppen und durch das Pausenlos-in-Verbindung-Bleiben mittels eines persönlichen Kommunikationsstreams zwischen einzelnen Akteuren).

Die Ansprache der Generation Z über WhatsApp bietet sich entlang der gesamten Customer Journey an, vor allem aber im After-Sales-Bereich eignet sich dieser Kommunikationskanal aufgrund der Möglichkeit des direkten Dialogs zwischen Konsument:innen und Unternehmen mittels der überall und jederzeit verfügbaren und genutzten Smartphones (Mittelstand Heute 2020). So können Kund:innen der Gen Z nach dem Kauf einer Marke kontinuierlich über die Entwicklung der Marke auf dem Laufenden gehalten bzw. regelmäßig zum Austausch mit der Marke animiert werden und es kann im Sinne der Kundenbindung eine Beziehung zu ihnen aufgebaut werden.

Hierbei steigern intelligente Instrumente der Marketingautomatisierung und der künstlichen Intelligenz die Effizienz. So vereinfachen z. B. Chatbots den Aufbau und die kontinuierliche Umsetzung der persönlichen Ansprache und der individualisierten Kommunikation mit der Gen Z. Sie sind durch den direkten Kontakt zur Zielgruppe und die automatisierten Personalisierungsmöglichkeiten von Nachrichten in der Lage, eine parasoziale Beziehung zur Generation Z aufzubauen, sie erkennen eingeloggte Nutzer:innen sofort wieder und erleichtern so komfortablere digitale Kommunikations- und Bestellprozesse (Kleinjohann & Reinecke 2020).

Vorlieben und Abneigungen

Die Generation Z lässt sich in ihren Vorlieben und Abneigungen zusammenfassend entsprechend der folgenden Charakteristika im mehr und mehr digitalen Konsum- und Kommunikationskosmos beschreiben (Kleinjohann & Reinecke 2020) (siehe Abb. 20):

- non-linear und vernetzt – die Gen Z agiert von agil und flexibel bis flatterhaft und unvorhersehbar;
- direkt und schnelllebig – die Gen Z will keine Zeit vertun beim Informieren und Kommunizieren;
- omnitemporär und crossmedial – die Gen Z nutzt alle Kanäle ständig und gleichzeitig;
- technisch zentriert und fokussiert – die Gen Z liebt Smartphone und Bewegtbild;
- digital und ubiquitär – die Gen Z kommuniziert und lebt digital.

Abb. 20: Charakteristika von Gen-Z-Konsum und -Kommunikation

Darüber hinaus ist die Generation Z in ihrer Kommunikation dadurch gekennzeichnet (siehe Abb. 21), dass sie

- länderübergreifend denkt und fühlt – die Gen Z ist kosmopolitisch in ihren Werten und Einstellungen;
- für Toleranz eintritt – die Gen Z ist offen gegenüber einer heterogenen und vielfältigen Gesellschaft;
- 100 % digital sozialisiert ist – die Gen Z hat vor allem virtuelle Freund:innen und digitale Kontakte;
- bewusst konsumiert – die Gen Z denkt darüber nach, bevor sie kauft und konsumiert;
- sich an Vorbildern orientiert – die Gen Z sieht die eigene Peergroup als Benchmark;
- einzigartig sein möchte – der Gen Z geht die persönliche Individualität über alles;
- Authentizität liebt – die Gen Z verlangt nach glaubwürdigen Markenerlebnissen;
- als Multiplikator agiert – die Gen Z setzt sich für Marken ein, die sie überzeugen;
- nach Inspiration sucht – die Gen Z liebt vielfältige mediale Inspirationsquellen;
- verantwortungsvoll agiert – die Gen Z reflektiert ständig ihr Handeln.

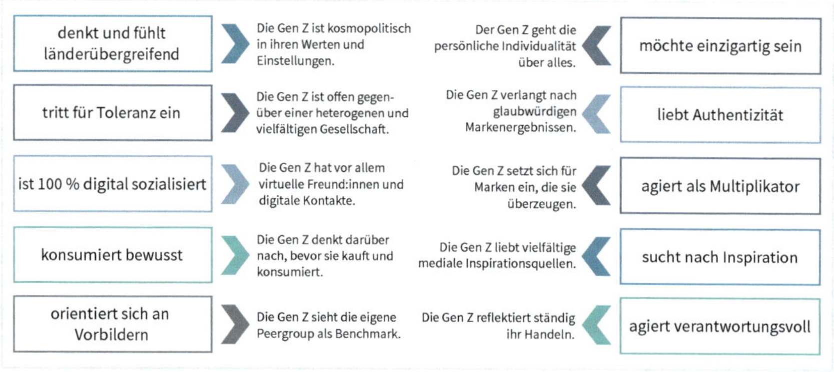

Abb. 21: Kommunikationskennzeichen der Gen Z

Checkliste

Die folgenden Präferenzen der Generation Z können hinsichtlich einer digitalen Marken- und Marketingkommunikation identifiziert werden (Kleinjohann & Reinecke 2020) (siehe Abb. 22):

- **Be authentic:** Soziale, ethische und Nachhaltigkeitswerte überdurchschnittlich vertreten, dabei authentisch agieren sowie transparent kommunizieren.
- **Be hybrid:** Marken analog und digital erleben lassen, sie der Gen Z über alle Kanäle linear und non-linear nahebringen.
- **Be influenceable:** Mit der Gen Z auf Augenhöhe kommunizieren, dabei Reviews und Rezensionen zugunsten der Marke nutzen.
- **Be inspiring:** Angebote entwickeln, welche die Gen Z als Multiplikatoren an Freunde und Familie weiterempfehlen möchte.
- **Be live:** Die Customer Journey zum überraschenden Erlebnis werden lassen, Marken u. a. mittels Fotos und Videos erleben lassen.
- **Be mobile:** Angebote mobil machen, d. h. auf Smartphones kauf-, konsumier- und kommunizierbar darstellen – und dabei die teils extrem unterschiedlichen Situationen antizipieren und beachten, in denen Marketingkommunikation stattfindet.
- **Be relevant:** Entwickeln authentischen Contents und Gen-Z-relevanter Stories rund um die Marke.
- **Be seamless:** Marken ganzheitlich im Mehrkanalkontext anbieten, mit nahtlosen Übergängen zwischen den Kanälen und ohne Brüche beim Kommunikations- oder Kaufprozess.
- **Be social:** Einbinden der Gen Z in Kommunikation und Vermarktung durch das Nutzen der netzwerkökonomischen Affiliates, Peer-to-Peer-Empfehler:innen und Influencer:innen.
- **Be unique:** Die Einzigartigkeit der Marke betonen, persönliche Ansprachen und individuelle Angebote für die Gen Z schaffen.

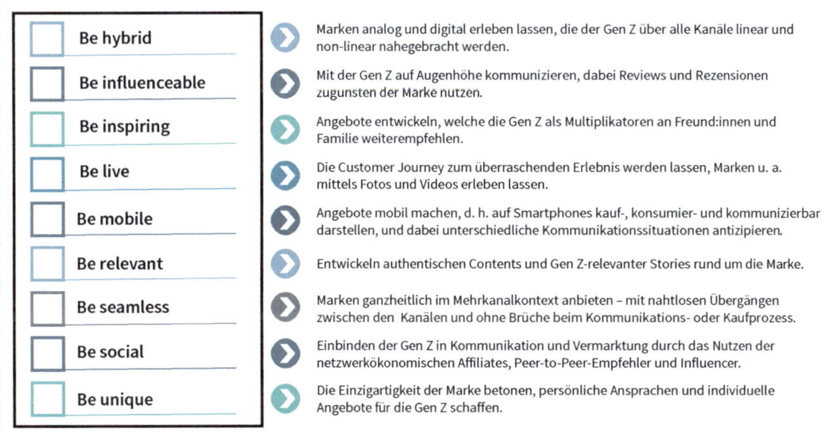

Abb. 22: Gen-Z-Unternehmensagenda

Chance und Herausforderung

Die Gen Z ist für Marken und Unternehmen Chance und Herausforderung zugleich. Die sich aktuell entwickelnde Plattformökonomie schafft allerdings eine wachsende Distanz zwischen Marken und den Konsument:innen der Generation Z. Unternehmen verfügen daher über immer weiter sinkende Einflussmöglichkeiten bei der Markenführung. Gleichzeitig aber haben physische Marken in der sich zukünftig zunehmend digitalisierenden Welt mit multisensuellen Kontakten sowie Einkaufserlebnissen für die Gen Z auch weiterhin Bedeutung (Kleinjohann & Reinecke 2020). Die Generation Z sollte dabei als zugleich attraktive, anspruchsvolle und global homogene Zielgruppe mit einem spezifischen und vor allem digitalen Informations-, Kommunikations-, Such- und Kaufverhalten betrachtet werden.

Die Marketingkommunikation mit der Generation Z sollte daher mobil und auf die Smartphone-Nutzung ausgerichtet, viral, vernetzt und kanalübergreifend mit Fotos und Videos konzipiert und umgesetzt werden. Die werbenden Unternehmen selbst sollten sich zum Ziel setzen, ethisch korrekte, nachhaltige und authentische Werte zu vertreten sowie mittels Marketingkommunikation die Gen-Z-Zielgruppe zu inspirieren und mit uniquen, persönlich relevanten und unterhaltsamen Botschaften anzusprechen.

3.5 SOCIAL-MEDIA-MARKETING – warum die sozialen Medien für die Gen Z Zuckerbrot und Peitsche zugleich sind

Die Nutzung der sozialen Medien ist für die Gen Z alltäglich und selbstverständlich. Um ihren Interessen, Freund:innen, Stars und auch präferierten Marken folgen zu können, sind sie für die Gen Z jedoch mehr als eine Selbstverständlichkeit, sondern vielmehr der Zugang zu ihrer Lebenswelt. Um sowohl die Ansprüche und Erwartungen als auch die Interessen und Präferenzen der Digital Natives beantworten zu können, sollten Unternehmen und Marken mit der Gen Z mittels Social Media eine tiefere und auch persönlichere Verbindung aufbauen (insbesondere mittels Instagram). Für Nutzer:innen der Gen Z sind die sozialen Medien und Plattformen nicht nur ein Instrument, durch das sie mit Freund:innen und Familie in Kontakt bleiben, sondern auch ein Ort, an dem sie überdurchschnittlich viel Zeit verbringen, um ihren Interessen nachzugehen und mehr über Marken zu erfahren (Hürlimann 2021).

Social Media als das effektivste Werbeformat und der Schlüssel zur Generation Z

Die Gen Z ist nicht nur digital und Social-Media-affin, sondern auch anspruchsvoll. Branchenübergreifend versuchen Unternehmen daher, Insights zu gewinnen, um insbesondere Social-Media-Strategien zu entwickeln, mit denen sie die Aufmerksamkeit und Anerkennung der Gen Z für ihre Marken, Produkte und Dienstleistungen gewinnen können (Bocks 2022).

Social Media als Königsweg zu Königskindern

Studien zeigen, dass Werbeanzeigen in den sozialen Netzwerken zur Ansprache der Generation Z durchaus geeignet sind, um diese nicht nur auf sich aufmerksam zu machen, sondern auch, um als Marke längerfristig mit der Gen Z in Kontakt zu treten. Da die sozialen Medien im Leben und Alltag der Generation Z die tragende Rolle spielen, kommen Unternehmen und Marken nicht darum herum diese Medien zu nutzen, um mit der Gen Z zu kommunizieren, sie zu unterhalten, zu involvieren und letztlich zum Kauf zu motivieren. Tatsächlich sind Social Media das effektivste Werbeformat, um die Generation Z zu erreichen (Bocks 2022).

Social Media spielen die Hauptrolle im Medien-Mix

Gleichzeitig ist das alleinige Konzentrieren auf Social Media zur Ansprache und Bindung der Gen Z weder zielführend noch ausreichend. Auch bei der Kommunikation mit der Gen Z und der Kommunikation für die Gen Z zeigt sich die Bedeutung eines Medienmix als erfolgversprechendste Kommunikationsstrategie, da die Gen Z eine steigende Vorliebe zum Channel Hopping zeigt – d. h. sie informiert sich zwar überwiegend digital, kauft aber trotzdem immer häufiger auch offline ein, sodass z. B. Out-of-Home-Werbung eine sinnvolle Medien-Ergänzung darstellt (Bocks 2022).

Social Media wird zu Social Shopping

Die Gen Z ist www-gewappnet und -gewandt. Sie findet sich jederzeit, selbstverständlich und problemlos im World Wide Web zurecht. Dennoch ist sie zugleich in Teilen recht bequem und vermeidet gelegentlich einen Medienwechsel bzw. -bruch, wenn es z. B. ums Shoppen geht.

So wurde aus dem reinen Nutzen von Social Media ein Social Shopping, d. h. dass die Gen Z Einkäufe direkt über soziale Plattformen tätigt, vorrangig über Instagram. Die Mehrheit der Vertreter:innen der Gen Z präferiert dabei die Weiterleitung zu Marken, Produkten und Dienstleistungen, die ihren persönlichen Interessen entsprechen, während die Möglichkeit, direkt über den individuellen Feed, d. h. über die Startseite mit aktuellen Beiträgen, zu shoppen, weniger attraktiv erscheint. Dabei sind sich die Vertreter:innen der Gen Z grundsätzlich bewusst, wie die Social-Media-Plattformen funktionieren – insbesondere dass diese sich über Werbung finanzieren und alle Daten der Nutzer:innen abschöpfen (Leitherer 2022).

Influencer:innen als Mittler:innen zur Marke

Sog. Content Creators und Influencer:innen sind im Social-Media-Kontext der Schlüssel zu einer tieferen Beziehung zwischen Marken und der Gen Z. Von Creators geschaffene Inhalte verleiten überdurchschnittlich viele Vertreter:innen der Gen Z zu einem Einkauf bzw. zu einer Markenentscheidung, da sie sich den Marken, Produkte bzw. Dienstleistungen, die sie durch Influencer:innen kennengelernt haben, verbundener fühlen, mit ihnen zufrieden(er) und diesen gegenüber auch loyal(er) sind. Zudem ist die Gen Z für Marken, Produkte oder Dienstleistungen empfänglich, die ihnen durch die Inhalte von Creators bzw. Influencer:innen weiterempfohlen wurden (Hürlimann 2021).

Ob auf TikTok oder Instagram, die Bedeutung des Einflusses von Influencer:innen hat bislang nicht abgenommen. Influencer:innen spielen für die Gen Z eine deutlich größere Rolle bei der Entstehung von Trends als Marken oder Celebrities. Die für die Gen Z relevantesten Eigenschaften von Influencer:innen sind deren Glaubwürdigkeit bzw. Ehrlichkeit und Vertrauenswürdigkeit, der Unterhaltungsfaktor und die Entertainer-Qualitäten sowie die Sympathie. Allerdings haben sich die Spielarten des Influencer-Marketings geändert, sodass es manchmal sinnvoll ist, auf Mega- oder Makro-Influencer:innen zu verzichten und stattdessen den Schwerpunkt auf Mikro-Influencer:innen zu legen, da diese seitens der Gen Z oftmals als deutlich glaubwürdiger und sympathischer wahrgenommen und eingeschätzt werden (Bocks 2022).

Die Gen Z agiert oft selbst in der Rolle der Influencer. Dabei ist sie sich durchaus bewusst, dass ein Leben entsprechend der ihr am Herzen liegenden Werte nur mit einer gewissen monetären Ausstattung möglich ist, und legt einen überaus großen Wert u. a. auf angemessene Gehälter oder auch materielle Besitztümer. Anerkennung und Wertschätzung sind ihr wichtig, vor allem wenn es um die ihnen teils zugeteilte, teils hart erarbeitete Rolle als Influencer-Innovator:innen oder Early Adopters von Marken, Produkten, Dienstleistungen oder der Entwicklung von Trends geht. Die Gen Z sieht den von ihnen erarbeiteten Status als Innovator, Trendsetter und Meinungsbildner als Ausdruck des persönlichen Erfolgs, der ebenfalls zu den angestrebten Werten der Vertreter:innen der Generation Z gehört. Denn als Meinungsbildner:innen anderen vorzugeben, welche Marken im Trend liegen, ist eine für die Gen Z ausgesprochen attraktive Rolle. Die Einflussmöglichkeiten der Vertreter:innen der Gen Z beschränken sich aber nicht allein auf die eigene Altersgruppe. Als vor allem digitale Meinungsbildner und -führer inspirieren und prägen sie häufig durchaus auch ihre Eltern und Großeltern und beeinflussen so deren Kaufentscheidungen (Leitherer 2022).

3.6 TIKTOK-MARKETING – warum die Gen Z einen Kinderkanal weiter nutzt und anders prägt

TikTok ist der Shooting Star der Generation Z und eine der aktuellen Erfolgsgeschichten der sozialen Medien. Als derzeit am stärksten wachsende Social-Media-Plattform mit Gen-Z-Relevanz ist TikTok *der* Kanal der Generation(en) Z (und Alpha) (Lewanczik 2022). TikTok hat sich zu einem der wichtigsten Social-Media-Kanäle der jungen Generationen entwickelt und als solcher auch bei der Gen Z etabliert. Zur Ansprache junger Erwachsener und als Marketinginstrument hat sich die chinesische App längst unentbehrlich gemacht (Bocks 2022). Um die Generation Z mit Botschaften über und

Kommunikation zu Marken zu erreichen, ist diese Plattform unverzichtbar. Hier liegt der Schwerpunkt auf extrem kurzen Videos. Es werden nicht nur Inhalte von Profilen angezeigt, denen man folgt, vielmehr bekommt die Userschaft auch Content angezeigt, den der TikTok-Algorithmus für die Nutzer:innen ausgewählt hat (Kleinjohann & Reinecke 2020).

So können Marken User:innen der Generation Z auch erreichen, wenn diese ihnen nicht folgen. Auf TikTok ist der Grad an Involvement und an Interaktivität der Nutzer:innen überdurchschnittlich hoch, sodass Marken über »Hashtag-Challenges« (Sbai 20202) ihre aktuellen Kampagnen mit passenden Hashtags verlinken und die Userschaft zur Teilnahme und Interaktion animieren. Bei einer großen Reichweite oder durch eine monetäre Unterstützung mittels entsprechenden Marketingbudgets erscheinen diese Challenges im sog. Entdecken-Bereich der TikTok-Plattform. Den Nutzer:innen wiederum ist bewusst, dass sie durch die Teilnahme an solchen viralen Hashtag-Challenges mit ihren eigenen Video-TikTok-Beiträgen ebenfalls die Chance haben, im Entdecken-Bereich zu erscheinen und dadurch wiederum die eigene Reichweite zu steigern. »In-Feed Video Ads« bieten zudem die Möglichkeit, Werbung zwischen organischen Videos von TikTok-Nutzer:innen anzuzeigen (Kleinjohann & Reinecke 2020).

3.6.1 TikTok als ungewohnter Zugang zur Gen Z

Mit TikTok erstrahlt einer der hellsten Sterne am Social-Media-Himmel, wenn es um die Generationen Z und auch Alpha geht. Als eine Mischung u. a. aus Instagram und Snapchat mit mehreren uniquen Features und einem nahezu perfekten Algorithmus erfreut sich TikTok unter Jugendlichen einer extremen Beliebtheit. TikTok ist in den letzten Jahren überdurchschnittlich gewachsen. Die Nutzerzahlen und -struktur der App zeigen diese als die am schnellsten wachsende Social-Media-Anwendung der letzten Jahre. TikTok hat es als einzige Nicht-US-Plattform geschafft, sich in der westlichen (Medien-)Welt eine bedeutende Rolle zu verschaffen, was u. a. der zeitlichen Nutzungsintensität der App geschuldet ist, denn hier bewegt sich TikTok auf einem vergleichbaren Level wie Facebook oder WhatsApp (Beilharz 2022).

Neben der Nutzungsintensität und Partizipation zeichnet auch die Struktur der Nutzer TikTok aus. Die TikTok-Nutzer:innen sind jünger als bei allen anderen Social-Media-Kanälen. Damit ist TikTok (neben Snapchat und Instagram) die wichtigste App und der bedeutendste Social-Media-Kanal der Generation Z. Dabei startet die Nutzung von TikTok häufig bereits im Kindes- bzw. Grundschulalter und vor allem junge Mädchen und Frauen nutzen die App. Dieser Boom nahm gerade im Rahmen und als Folge der Corona-Krise weiter an Fahrt auf, und auch in den Massenmedien (TV) findet TikTok immer mehr Erwähnung und Beachtung. Vor allem die sog. Challenges und Trends von TikTok sind regelmäßig Thema in den Medien (Beilharz 2022).

3.6.2 TikTok – Aufbau und Funktionen

TikTok hat Ähnlichkeiten mit Instagram oder Snapchat. Im Vordergrund steht das Erstellen von Kurz-Videos von bis zu 60 Sekunden Länge. Dafür stellt die App u. a. zahlreiche Filter und spezielle Funktionen zur Verfügung, die im Folgenden vorgestellt und erläutert werden (Beilharz 2022):

- TikTok stellt Content bereit, bevor man dem ersten Account folgt, wodurch die Einstiegshürde äußerst gering und die Nutzer:innen sofort in der Lage sind zu starten, was wiederum die »Stickyness« der TikTok-App deutlich erhöht.
- TikTok nutzt künstliche Intelligenz. Der Algorithmus ist stark AI-geprägt und generiert dadurch deutlich bessere und relevantere Content-Vorschläge als andere Social-Media-Kanäle. Dadurch erhöhen sich die Schnelligkeit und die Intensität der Stickyness. Die Nutzer:innen von TikTok werden von der App schnell in ihren Bann gezogen.
- TikTok bietet »Duett«- und »Reagieren«-Funktionen, womit die Nutzer:innen eigene Videos zu bereits bestehenden Videos erstellen und beide gemeinsam neu hochladen können.
- Bei TikTok können Videos per Direktnachricht oder in anderen Social-Media-Kanälen wie Instagram oder WhatsApp geteilt werden.

3.6.3 TikTok – Reichweitenformel

TikTok ist ein Meister der Reichweite, vor allem bedingt durch die drei folgenden Funktionen Newsfeed, Creative Content und Reels (Beilharz 2022):

Newsfeed

Im Newsfeed werden Videos abonnierter Kanäle angezeigt, aber einen wesentlich relevanteren Teil stellt der »Für dich«-Feed dar, der standardmäßig auf der Startseite der TikTok-App aktiviert ist. TikTok zeigt hier Videos, die den Interessen der App-Nutzer:innen gemäß dem Algorithmus entsprechen, ohne dass die dort vorgeschlagenen Kanäle abonniert werden. So können einzelne Videos von Accounts mit nur wenigen Follower:innen große Reichweite über den »Für dich«-Feed erzeugen. Zudem ist der »Entdecken«-Bereich von Bedeutung: TikTok sammelt hierdurch Hashtags, die derzeit stark genutzt werden. Auch hier können Accounts mit geringer Follower-Zahl Aufrufe für Videos generieren (Beilharz 2022).

Creative Content

Im Mittelpunkt der App stehen die Möglichkeiten zum Erstellen kreativer Videos. Die Oberfläche ist intuitiv bedienbar und alle Funktionen sind selbsterklärend. Zusätzlich zu den normalen Schnittfunktionen und einer umfangreichen Musikdatenbank steht auch eine große Auswahl an Filtern und Effekten zur Verfügung, die sehr kreative und individuelle Videos ermöglichen. Viele Unternehmen nutzen z. B. Funktionen wie den Greenscreen-Effekt oder Abstimmungselemente, um mit Nutzer:innen in den Dialog zu treten (Beilharz 2022).

Reels

Das TikTok-Prinzip der »Reels« war und ist erfolgreich – so erfolgreich, dass Instagram die »Reels« übernommen hat. Allerdings werden Reels bei Instagram oft als Kanal zur Zweitverwertung von TikTok-Videos genutzt, was wiederum dazu führt(e), dass Instagram-Videos, die bereits mit dem Wasserzeichen von TikTok versehen sind, deutlich weniger ausgespielt werden (Beilharz 2022).

3.6.4 TikTok – Marketingmöglichkeiten

TikTok bietet Marketingmöglichkeiten, die es auf keiner vergleichbaren Social-Media-Plattform sonst gibt. Unternehmen können kostenlos einen Business-Account »Pro-Konto« einrichten. Ein Standard-Profil kann zudem relativ einfach in ein Pro-Konto umgewandelt werden. Unternehmen haben dadurch Zugriff auf Statistiken, u. a. zur Entwicklung ihrer Follower-Zahlen, zur Reichweitenentwicklung, zu Interaktionen mit User:innen oder z. B. zu (sozio-)demografischen Informationen der Follower:innen. Unternehmen und Marken können mit einem eigenen Account posten oder aber sich auf Werbemaßnahmen und Content-Aktionen beschränken, bei denen Nutzer:innen selbst Inhalte erstellen. TikTok bietet Unternehmen die folgenden Möglichkeiten zur Nutzung (Beilharz 2022):

Advertising

Nachdem die Werbeanzeigen-Oberfläche von TikTok anfangs nur ausgewählten Test-Nutzer:innen und bestimmten Unternehmen zugänglich war, können ausnahmslos alle Unternehmen seit Anfang 2021 selbstständig Werbung auf TikTok schalten. TikTok bietet hierfür einen eigenen Werbeanzeigenmanager an, wobei die Oberfläche und die Möglichkeiten denen von Facebook und Instagram ähnlich sind (Beilharz 2022).

Challenges

Unternehmen und Marken können eigene TikTok-Challenges initiieren und Nutzer:innen auf diesem Weg zum Erstellen eigener Inhalte aufrufen. TikTok bietet zudem die Möglichkeit, solche Challenges gegen Bezahlung als Kooperation mit der Plattform selbst durchzuführen und dadurch eine deutlich größere Reichweite zu erzielen (Beilharz 2022).

Music

Ausgewählte Marketingmöglichkeiten bietet TikTok Unternehmen aus der Musikbranche: Songs, die über die TikTok-Musikdatenbank verfügbar sind und auch in Videos verwendet werden, können überdurchschnittlich schnell sowohl eine hohe Verbreitung als auch eine große Beliebtheit erzielen, sodass immer mehr Musiker:innen TikTok nutzen, um ihre Musik zu verbreiten und bekannt zu machen (Beilharz 2022).

Content

Das Erstellen eigener Inhalte ist als Marketingmöglichkeit für Unternehmen interessant. Aber: Nur Unternehmen und Marken, die TikTok und die dort vorherrschenden Gegebenheiten wirklich verstehen, können passende Inhalte erstellen, die auf der Plattform funktionieren. Erfolgreiche Markenbeiträge unterscheiden sich in ihrer Machart und ihren Inhalten stark von Inhalten bei Facebook oder Instagram (Beilharz 2022). Unternehmen können selbst Inhalte hochladen, um sich und ihre Marken zu inszenieren und ihre Produkte bzw. Dienstleistungen zu präsentieren. Hierbei sollten sich Unternehmen beim Erstellen jeglichen Contents unbedingt an den Stil der TikTok-Videos anpassen, was vor allem schnelle Schnitte, kurze Szenen, überraschende und witzige Inhalte sowie die kreative Bearbeitung der Videos angeht. Dabei ist das Motto von TikTok »Don't create ads – create TikToks!« zielführend, d. h. sich nahtlos dem »Look and Feel« der Plattform anzupassen und die eigene Zielgruppe ausschließlich durch ein eher subtiles Entertainment zu erreichen (Beilharz 2022).

3.6.5 TikTok – Werbekooperationen

TikTok bietet zwei Möglichkeiten der Werbeschaltung: zum einen über eine Self-Service-Plattform (vergleichbar mit Facebook oder LinkedIn) und zum anderen über ein kostenpflichtiges Werbeprogramm, das direkt über TikTok gebucht werden kann. Hierfür müssen sich Unternehmen über eine entsprechende TikTok-Website anmelden und individuelle Angebote einholen (Beilharz 2022).

Als erfolgreich hat sich das Instrument des Brand Takeover gezeigt, was als Format deutlich aufmerksamkeitsstärker und auffälliger ist als die über den Werbeanzeigenmanager buchbaren Werbeanzeigen. Beim Brand Takeover wird z. B. beim Öffnen der TikTok-App ein Bild oder ein GIF vollflächig ausgespielt. Das Bild kann mit einer Landing-Page verlinkt sein und so Traffic auf einer Website oder auf der Landing-Page generieren. Vergleichbar ist die Funktionsweise des TopView-Formates, bei dem ein Video statt eines statischen Bildes oder animierten GIFs genutzt wird, während In-Feed Ads native Werbevideos im »Für dich«-Feed darstellen, die zwischen den organischen Videos ausgespielt werden (Beilharz 2022).

Die werblichen Kooperationen mit TikTok sind kostspielig und daher eher für größere Unternehmen geeignet, jedoch garantieren sie eine hohe Aufmerksamkeit und eine starke Markenwahrnehmung, da alle TikTok-Nutzer:innen den entsprechenden Banner während des Kampagnen-Zeitraums erhalten, jeweils je nach gebuchter Kampagne in Kombination mit In-Feed-Videos oder einem Takeover-Format (Beilharz 2022).

3.6.5.1 TikTok – Self-Service-Plattform

Aber auch mit einem geringeren Marketing-Budget können Unternehmen mittels der Self-Service-Plattform von TikTok Werbung auf TikTok schalten. Hier wird der Anzeigenkunde Schritt für Schritt durch einen Anzeigenmanager geführt und kann (analog z. B. zu Facebook) wählen zwischen

- Kampagnenziel (App-Downloads oder Landingpage-Aufrufe),
- Kampagnenoptimierung (Conversion, Klicks oder Impressions),
- Zielgruppe,
- Kosten (Cost per Impression oder Cost per Click),
- zeitlicher Ausspielung oder
- Budget,

während als Anzeigenformate Fotos bzw. Standbilder oder (Kurz-)Videos ausgespielt werden (Beilharz 2022).

3.6.5.2 TikTok – Best Practice

Marketingkommunikation funktioniert auch bei der Gen Z vor allem dann, wenn Marken dabei mittels Emotionen positioniert werden – auch wenn sich viele Marken bei dieser Zielgruppe weniger leichttun und weniger erfolgreich sind als bei anderen (älteren) Generationen. Die Online- und Video-Plattform TikTok verfolgt das Prinzip des kurzweiligen Entertainments, um die Gen Z zu erreichen, äußerst erfolgreich, was die folgenden Best Practice-Beispiele zur Unternehmenskooperationen einiger Start-ups zeigen (Lux/Brand 2021):

Aśani Brand

Die Britin Mariam Aśani lud während eines Lockdowns 2020 ihr erstes Video auf ihrem neuen TikTok-Account @asanibrand hoch. In ihrem Clip »Part 1 of starting my small business!« erklärte sie, was sie mit ihrer Skincare-Marke »Aśani Brand« plant und wie sie u. a. die Logo-Gestaltung angeht. Sie nahm ihre zu diesem Zeitpunkt noch kleine Community von Anfang an mit hinter die Kulissen ihrer Geschäftsidee. Der erste Clip hat bis heute knapp 37.000 Aufrufe und 2.700 Likes, der Account allerdings 13,6 Millionen Likes und 528.000 Follower:innen. Einzelne Videos, in denen Aśani in die Produktion ihrer Körpercremes Einblicke gewährt, generierten bis zu 40 Millionen Aufrufe. Wenn sie zeigt, wie ihre Produkte abgefüllt werden, macht sie sich den »ASMR-Effekt« (»Autonomous Sensory Meridian Response« als ein durch akustische und visuelle Sinnesreize ausgelöstes angenehmes Gefühl) zunutze – und sorgt damit für ein erhöhtes Viral-Potenzial (Lux/Brand 2021).

Teachi

Teachi (@teachithebottle) stellte auf TikTok eine Flasche, in der man Tee ziehen lassen kann, in den Vordergrund. Vor allem dank unterhaltsamer, humorvoller, »quick &

dirty« produzierter Videos konnte der Teachi-Account in kurzer Zeit wachsen und eine überdurchschnittliche Reichweite erzielen. Nur wenige Tage nach dem Hochladen des ersten Clips in 2021 beantwortete ein Video von Teachi die Frage nach der Zerbrechlichkeit der Flasche, indem sie auf den Fußboden geworfen wurde und schlichtweg zersprang – mit fast 19 Millionen Views (Lux/Brand 2021).

Starface World

Die Skincare-Marke Starface World wurde 2019 durch die ehemalige ELLE-Redakteurin Julie Schott gegründet. Reinigende und beruhigende Pflaster für Hautunreinheiten und Pickel sollten zum Lifestyle-Produkt werden. Die Pflaster selbst sind bunt, haben Sternform oder sind (aufgrund einer Kooperation) mit dem »Hello Kitty«-Logo gekennzeichnet.

Das erfolgreiche Konzept auffälliger Hautpflege-Accessoires kommt sowohl bei Investoren (Starface konnte bereits insgesamt mehr als drei Millionen US-Dollar an Kapital einsammeln) als auch bei der Zielgruppe der Gen Z gut an. Vor allem auf TikTok sorgt das äußerst verspielte und bunte Auftreten stets für hohe Reichweiten, während unbearbeitete und somit authentische Videos zu Hautunreinheiten und Pickeln (statt perfekter und reiner Haut) für Authentizität und Millionen Aufrufe sorgen (Lux/Brand 2021).

3.6.5.3 TikTok – Erfolgsfaktoren

Bei der Betrachtung der zuvor genannten Best-Practice-Beispiele zeigen sich die folgenden Themen als Erfolgsfaktoren für die Kommunikation mit der Gen Z: Authentizität und Transparenz, Humor und Entertainment sowie Nachhaltigkeit. Zudem relevant sind die Themen: Widerspiegeln des Zeitgeistes, das Beachten und Integrieren der jeweils aktuellen (Pop-)Kultur, der Austausch mit den Communitys sowie das Kommunizieren und die Kommunikation auf Augenhöhe (Lux/Brand 2021).

3.6.5.4 TikTok – Kritik

TikTok steht insbesondere aufgrund von Datenschutzproblemen in der Kritik. Die App gehört zu einem chinesischen Konzern, womit die Daten- und vor allem Datenschutz-Thematik eine ganz andere Dimension und Größenordnung erhält. Zudem scheint TikTok Inhalte in einem deutlich stärkeren Maße zu zensieren, als das von anderen Social-Media-Plattformen bekannt ist. Vor allem politische Inhalte und Content aus dem LGBTQ-Bereich oder über »diverse« Menschen wurden anscheinend in der Reichweite eingegrenzt bzw. beschränkt. Für Unternehmen und Marken ist es daher ratsam, derartige Kritikpunkte zu beobachten, da sie zu einem negativen Spill-over-Effekt auf die dort werbenden Marken führen können (Beilharz 2022).

3.6.5.5 TikTok – Fazit

Kaum eine Plattform eignet sich zur Zeit so sehr, um bei der Gen Z schnell eine große Reichweite aufzubauen. TikTok sollte daher vor allem zum Reichweitenaufbau genutzt werden, um danach von dort auf andere Kanäle wie Instagram oder YouTube zu verweisen (Beilharz 2022).

Werbeanzeigen über die Self-Service-Plattform sind bei TikTok relativ günstig, dabei sollten die Werbevideos allerdings auch TikTok-adäquat aufgebaut werden, d.h. im Hochformat, kurz, bunt, auffällig und vor allem mit einer einzigen und klaren Botschaft an die Gen Z. Die größte Reichweite bei TikTok kommt über den »For You«-Feed, nicht über die Hashtag-Suche, denn Hashtags spielen auf TikTok eine wesentlich kleinere Rolle als z.B. bei Instagram. Vor allem generische Hashtags bringen auf TikTok wenig Reichweite, während Hashtags, die auf der Entdecken-Seite gelistet sind, nützlicher sind, denn Nutzer:innen, die derartige Hashtags für Videos nutzen, können ihre Reichweite deutlich steigern (Beilharz 2022).

Die Kooperation mit Influencer:innen ist auf TikTok wesentlich wichtiger als auf anderen Social-Media-Plattformen. Hilfreich hierbei ist der Creator Marketplace von TikTok, über den nach passenden TikToker:innen gesucht werden kann. Hier lässt sich die Suche u.a. nach Land, Reichweite und Thema filtern und geeignete Influencer:innen können ggf. direkt über die TikTok-Plattform kontaktiert werden (Beilharz 2022).

Der Vorteil von TikTok ist das Potenzial eines starken Engagements über u.a. Formate wie Duett oder Stitch sowie das Kommentieren eigener oder fremder Videos. Das Potenzial, regelmäßig auf Fragen oder Kommentare von Nutzer:innen zu antworten, kann die eigene Community, aber auch die Interaktivität unter den Videos und damit die Reichweite vergrößern (Beilharz 2022).

Die kontinuierliche Analyse der TikTok-Statistiken erlaubt die Auswertung, wann die Follower:innen der Gen Z auf dem Kanal aktiv sind, wie der eigene Kanal wächst oder wie oft das Profil von Vertreter:innen der Gen Z aufgerufen wurde – was wiederum Erkenntnisse für die Optimierung der unternehmenseigenen TikTok-Marketing-Strategie ermöglicht. Um als Marke auf TikTok erfolgreich zu sein, muss man sich als Unternehmen auf TikTok einlassen, d.h. an Challenges teilnehmen bzw. diese initiieren und sich u.a. der TikTok-eigenen Bildsprache anpassen (Beilharz 2022).

TikTok ist nicht nur eine der angesagtesten Social-Media-Plattformen. Vielmehr kann man als Marke und als Unternehmen Jugendliche und junge Erwachsene fast nur noch über TikTok erreichen. Hierfür ist allerdings das Verständnis der Eigenschaften und Eigenheiten der Plattform notwendig. Denn nicht jede Marke ist in der Lage, TikTok-adäquaten Content zu kreieren und zu produzieren. Daher bieten sich hier Influencer-

Kooperationen an, die auch direkt über TikTok gebucht werden können. Werbung auf TikTok ist aktuell noch relativ jung und daher eher kostengünstig, sicherlich aber ein effektiver Weg, um die junge Zielgruppe der Gen Z zu erreichen. Dabei ist es trotzdem nötig, die (rechtlichen) Kritikpunkte an der Plattform sowie die Probleme mit dieser zu beachten und zu lösen, denn die Plattform bietet einen mittlerweile einzigartigen Zugang zur Gen Z (Beilharz 2022).

3.7 BRANCHENMARKETING – wie die Generation Z auf Branchen reagiert

Die Gen Z agiert disruptiv. Fast alle Branchen müssen sich darauf einstellen, dass die Vertreter:innen dieser Generation nichts als gesetzt sehen oder als gegeben akzeptieren. Denn die Gen Z macht alles anders, sie kommuniziert und konsumiert anders als die Generation Y, reist und speist anders als ihre Eltern und vertritt andere Werte als ihre Großeltern.

Im Folgenden werfen wir daher einen Detail-Blick auf drei ausgewählte Branchen (Mode, Mobilität und Finanzen):

3.7.1 MODE – die Gen Z setzt bei Mode auf anonyme Uniqueness

Die Gen Z hat es leicht: Zwar ist in der Welt des Konsums der Aspekt der »Jagd« für sie immer noch da, aber ein Großteil des Kitzels, den man beim Shoppen bzw. bei der Suche nach dem Objekt der Begierde spürt, ist verschwunden. Jeder und jede mit WLAN kann mühelos alles aufspüren, was das Herz begehrt – und auch sofort kaufen (Farra 2021).

Die Gen Z ist gekennzeichnet durch einen Willen zur Leichtigkeit, mit der sie stets und sofort bekommen möchte, was sie sich wünscht. Zu viel Aufwand und Mühe sind nicht ihr Ding. Diese Leichtigkeit und Unkompliziertheit jedoch sind gepaart mit der Überbelichtung, der sie in den sozialen Medien ausgesetzt ist. Denn dort zeigen ihr Algorithmen immer wieder Marken an, die ihr gefallen (könnten). Im Algorithmus-getriebenen Mainstream gehen viele Vertreter:innen der Gen Z aber oft den umgekehrten Weg und suchen bewusst nach Marken bzw. Stücken, die sonst niemand hat und die man nicht einfach via Google finden und kaufen kann. Die Gen Z setzt vermehrt auf Uniqueness und auf Unikate statt auf Marken und »Teile«, die gerade in sind und die jeder hat bzw. haben kann. Denn wenig ist im aktuellen Zeitalter der Überinformation luxuriöser, als etwas zu besitzen, das niemand sonst hat. Der individualistische Geist der Gen Z ist deutlich weniger marken- bzw. logogetrieben, da sie in erster Linie Stücke haben will, die sie ansprechen und die sich einfach gut anfühlen. Der Weg ist das Ziel auch beim

Konsum und bei Marken: Die Suche nach uniquen Dingen, die persönlich Freude bereiten, spielt für die Gen Z eine überaus große Rolle, genauso wie die Liebe zu einem Stück. Dabei ist das Besitzen und Zeigen von Unikaten und Vintage-Funden mit Vergangenheit eine Art Ehrenzeichen. Gleichzeitig sinkt teilweise der Bedarf an aktuellen Marken und Stücken (Farra 2021).

Dieses Verhalten beruht auf einem grundlegenden Wertewandel der Gen Z: Der persönliche Stil und Originalität werden mehr geschätzt als Marken und Artikel, die gerade in sind und dem allgemeinen Zeitgeist bzw. Mainstream entsprechen. Der Hintergrund dieses Wertewandels ist bedingt durch eine Ära des persönlichen Wachstums: Die Gen Z legt vermehrt Wert auf Erlebnisse und darauf, Zeit mit ihren Freunden und der Familie zu verbringen, als dem Konsum hinterherzujagen. Diese Entwicklung wurde durch die Pandemie zusätzlich verstärkt: Die Gen Z hinterfragte in dieser Zeit die Bedeutung des Lebens und bewertete es neu. Außerdem wurden Themen und Inhalte wie Wellbeing, Wellness, Spiritualität, Diversität, Wohltätigkeit und Nachhaltigkeit wichtiger. Beim Kauf von Produkten fragt sich die Gen Z: »Wie fühle ich mich mit diesem Produkt, mit dieser Marke? Welche Werte vertrete ich, wenn ich diese Marke kaufe? Habe ich mit dem Kauf dieser Marke etwas Positives für die Welt und für die Umwelt getan?« Marken und Produkte werden zu Symbolen für soziale Werte und nicht mehr allein zu Symbolen für Macht oder (soziale) Akzeptanz (Farra 2021).

Gleichzeitig sind Unikate ein Zeichen für das grundlegende Bedürfnis der Gen Z nach Kontrolle. Bereits vor der Pandemie wollten viele mehr Kontrolle über das eigene Leben gewinnen – zum Beispiel bei der Preisgabe von Daten oder beim Teilen persönlicher Inhalte in den sozialen Medien. Viele Vertreter:innen der Gen Z haben zwar den Eindruck, Kontrolle über ihre digitale Persönlichkeit zu haben, aber in Wirklichkeit haben sie das meiste davon bereits aufgegeben. Daher ist der Wunsch nach etwas Einzigartigem oder Personalisiertem ebenfalls Ausdruck von Kontrolle. Dieses Gefühl der Kontrolle ist ein Grundbedürfnis und, das durch die Pandemie erschüttert wurde. Durch den Kauf von Marken, Artikeln und Stücken, die sonst niemand hat oder die exklusiv sind, wird subjektiv eine Illusion von Kontrolle und Sicherheit erzeugt (Farra 2021).

Aber nicht nur das Verlangen nach Einzigartigkeit hat zugenommen – auch der Wunsch nach einer »leiseren« Art von Luxus, nach »heimlichem Luxus«, nimmt zu. Marken, die sich auf eine ruhigere und minimalistischere Art darstellen und sich über Nachhaltigkeit, Langlebigkeit und Zeitlosigkeit definieren, haben eine gute Chance bei der Gen Z. Marken werden von der Gen Z nicht mehr aufgrund auffälliger Logos gekauft, da sie als »egozentrisch«, d. h. zu stark in ihrer andere ausgrenzenden Signalwirkung, wahrgenommen werden. Im Gegensatz dazu gewinnen Artikel, die nur Kenner identifizieren können, bei der Gen Z an Bedeutung, da man damit zeigt, dass man wenig(er) darauf bedacht ist, seinen Status offensiv und offensichtlich nach außen zu tragen (Farra 2021).

Für die Gen Z ist sozialer Status nicht mehr so relevant wie für die Generationen vorher. Geld, Ansehen und Renommee sind nicht mehr die ausschlaggebenden Faktoren, wenn es um die Attraktivität von Marken geht – Werte, Nachhaltigkeit und Minimalismus sind mittlerweile ausschlaggebender als allein die Außenwirkung, die eine Marke erzielt (Farra 2021).

3.7.2 MOBILITÄT – die Gen Z stellt das Auto auf den Prüfstand

Die Gen Z verändert die Mobilität: Die Gen Z ist mobil, nur eben anders mobil. Sie hat andere Ansprüche an Mobilität und geht anders mit dem Thema um. Denn Mobilität bedeutet für die Gen Z vor allem Flexibilität, Unabhängigkeit und Freiheit. Zudem sieht sie im Thema Mobilität den Vorteil, mit Freund:innen, Verwandten und Bekannten in Kontakt bleiben und Neues entdecken können (Zukunftsinstitut 2020).

Zwei Drittel der Befragten der Generation Z zeigen sich offen gegenüber Angeboten zum autonomen Fahren. Der größte Vorteil des autonomen Fahrens besteht für die Gen Z darin, dass entsprechende Autos Faktoren wie Müdigkeit und Gesundheitszustand der Fahrer:innen überwachen können, sowie das häufig angebotene Entertainment-Programm (je 30 %) (PwC 2020).

Um die Erwartungen der Gen Z an neue Mobilitätsangebote und -konzepte zu verstehen, ist ein Blick auf die grundsätzlichen Ziele im Leben dieser Generation notwendig (Zukunftsinstitut 2020):

- **Leben**
  - Die Gen Z sucht nach einem Sinn zwischen Spaß, Genuss und Arbeitsleben.
  - Sie verlangt nach Spaß und will das Leben genießen.
  - Sie will ausreichend Zeit für sich selbst und ihre Interessen haben.
  - Sie möchte sich selbst, ihre eigenen Ideen und Vorstellungen vom Leben verwirklichen.
  - Sie verfolgt einen ökologisch nachhaltigen und sozial verantwortungsvollen Lebens- und Konsum-Stil.
  - Sie übernimmt gesellschaftliche Verantwortung, indem sie die Themen Nachhaltigkeit, Verantwortung, Klima- und Ressourcenschutz auf die Agenda setzt und so einen positiven Beitrag für die Gesellschaft leistet.
- **Beruf**
  - Sie erwartet eine vielseitige (Aus-)Bildung und einen sicheren Arbeitsplatz, der sowohl Spaß als auch Erfolg bringt.
  - Sie möchte einen sinnvollen und erfüllenden Beruf, der Spaß macht.
  - Sie will neugierig bleiben und immer weiter dazulernen.
  - Sie wünscht sich eine ausgewogene Balance von Beruf und Freizeit, Familie und Freund:innen.

- **Partnerschaft**
  - Sie braucht eine glückliche Beziehung bzw. Partnerschaft, gute Freund:innen bzw. enge Beziehungen zu anderen Menschen.

Vor diesem Hintergrund zeichnet sich die Gen Z durch die folgenden Ansichten und Anwendungen von Mobilität und Mobilitätsangeboten aus (Zukunftsinstitut 2020):

- Die Mehrheit der Gen Z kann auf ein Auto zurückgreifen.
- Bei der Nutzung halten sich ÖPNV und Auto die Waage.
- Autos sind immer noch relevant, aber ihre Bedeutung ändert sich.
- Automobile sind lediglich eine Alternative an verfügbaren Fortbewegungsmitteln.
- Mobilität ist eine der Voraussetzungen für die Vereinbarkeit von Beruf und Privatleben sowie für eine ausgewogene Work-Life-Balance.

Wenn es um Automobile geht, hat die Gen Z vielfältige Anforderungen – denn Autos soll(t)en

- **Flexibilität** gewährleisten, also
  - eine flexible Nutzung ermöglichen,
  - praktisch und zweckmäßig sein,
  - wandelbar sein.
- **Alltagstauglichkeit** zeigen, also
  - sparsam sein,
  - sozial und praktisch sein und
  - Spaß für gemeinsame Erlebnisse mit Familie und Freund:innen bieten.
- **Attraktivität** ausstrahlen, also
  - ein gutes Design bieten und
  - gut aussehen.

Wenn es um konkrete Angebote im Hinblick auf Mobilität geht, sind die folgenden Themen für die Gen Z von Bedeutung (Zukunftsinstitut 2020):

- preisgünstige Mobilitätsangebote
- mobiles Arbeiten von unterwegs in Automobilen »via voice« und in öffentlichen Verkehrsmitteln
- bedarfsgerechte Mobilität entsprechend einer erhöhten Verkehrssicherheit, High-Speed-Internetzugang und autonome Systeme für mehr Stressfreiheit und Sicherheit
- technische Informationen für das Auto, z. B. automatische Parkplatzsuche, Übermittlung technischer Fahrzeugdaten zur Optimierung der Fahrzeugsicherheit sowie Systeme zur Optimierung der Zielsuche und -erreichung

Gleichzeitig geht die Gen Z zu den folgenden Themen auf Distanz (Zukunftsinstitut 2020):

- **fossile Antriebe** – da diese von der Gen Z als nicht zukunftsweisend sowie Diesel- und Benzinmotoren als Antrieb für die Zukunft abgelehnt werden
- **Autos und Autofahren** – da die Kosten zu hoch erscheinen bzw. tatsächlich sind sowie aus Umweltgründen und weil Autofahren zu stressig ist

Die Mobilitätsprioritäten der Gen Z lassen sich folgendermaßen zusammenfassen:

Agile Mobility

Die Gen Z sieht in Mobilität die Möglichkeit zur optimierten Flexibilität, Unabhängigkeit und Freiheit. Gleichzeitig nutzen viele Vertreter:innen der Gen Z kein Auto, sondern stattdessen den ÖPNV oder das Fahrrad – wichtig dabei ist vor allem, dass Mobilität nur wenig kostet (Zukunftsinstitut 2020).

Connected Mobility

Für ein besseres und individuell(er)es Mobilitätserlebnis zeigt sich die Gen Z – ungeachtet aller bekannten und wahrgenommenen Risiken – offener für digitale Angebote und Lösungen als ältere Generationen: Mehr als die Hälfte der Gen Z sieht in den Errungenschaften moderner Technik Aspekte, die das Leben erleichtern, – durch die Vernetzung der Mobilitätsangebote oder durch die Möglichkeit, autonom fahren zu können. Denn die Vernetzung und die Technologien in Fahrzeugen haben das Potenzial, den Alltag und das Leben zu verbessern (Zukunftsinstitut 2020).

Enabling Mobility

Mobilität soll nicht nur das Pendeln zwischen Städten und dem Umland verbessern, sondern auch das in der Stadt oft hektische und anstrengende Leben erleichtern. Die Gen Z wünscht sich Lösungen, die durch innovative Technik und digitale Vernetzung entlasten, einen reibungslosen Alltag ermöglichen und Aufgaben abnehmen, dabei jedoch den Schutz ihrer Daten und ihrer Privatsphäre gewährleisteten (Zukunftsinstitut 2020).

Seamless Mobility

Die Gen Z verlangt nach vernetzter Mobilität – idealerweise »von Tür zu Tür«, d. h. ein nahtloses Ineinandergreifen unterschiedlicher Fortbewegungsalternativen und einen möglichst reibungslosen Übergang von einem Verkehrsmittel zum anderen sowie die Verbindung von individueller Mobilität mit dem Auto und öffentlichem Verkehr mit dem ÖPNV (Zukunftsinstitut 2020).

Shared Mobility

Das soziale Umfeld der Gen Z stellt überwiegend ein Auto zur Verfügung, man leiht es sich von jemandem aus der Familie bzw. von Freund:innen und Bekannten oder fragt jemanden, der eine Mitfahrgelegenheit bietet. Ähnlich relevant sind aber auch Carsharing-Angebote und Mietwagen oder Transportdienste wie Taxis oder Uber – denn schließlich nutzt die Gen Z ein Auto nur, wenn sie es braucht, und weiß, wo und wann sie an ein Auto herankommt (Zukunftsinstitut 2020).

Sustainable Mobility

Autos müssen sich in einen aktiven und umweltbewussten Lebensstil integrieren. Grüne Mobilität sollte dabei sichergestellt werden. Umweltfreundliche Elektroautos sollten durch Anreize hinsichtlich Produktion, Kauf und Nutzung überzeugen. Zugleich müssen auch Radwege ausgebaut und mehr Stellflächen für Fahrräder geschaffen werden, um den Radverkehr zu stärken. In den Städten sollten autofreie Zonen ausgebaut werden, die Fahrradfahrer:innen und Fußgänger:innen mehr Raum bieten. Grundsätzlich ist das Thema »grüne Mobilität« in der Gen Z stärker verankert als in der Gen Y – ihr ist es wichtig(er), ein umweltfreundliches Auto zu fahren, denn es verleiht ihr ein gutes Gefühl (Zukunftsinstitut 2020).

Mobilitätsfazit

Die häufigsten Gründe, warum die Gen Z kein Auto besitzt bzw. nutzt, liegen in der neuartigen Interpretation von Mobilität und Automobilen: Alternativen zum Auto sowie eine pragmatische Sicht auf Mobilität kennzeichnen die Gen Z, sie nutzt eher bzw. lieber öffentliche Verkehrsmittel oder das Fahrrad oder geht zu Fuß. Ihr sind die Kosten für ein Auto zu hoch. Umweltgründe bzw. die grundsätzliche Überzeugung, auf ein Auto verzichten zu wollen, führen zum Nachlassen der Bedeutung des Automobils (Zukunftsinstitut 2020).

Die Anforderungen und Ansprüche der Gen Z hinsichtlich der Mobilität der Zukunft beinhalten das Schließen von Mobilitätslücken im ländlichen Raum (insbesondere ÖPNV), die Einhaltung hoher Umweltstandards, das Beachten von Ressourcen- und Klimaschutz, ein nahtloses Ineinandergreifen verschiedener Fortbewegungsmittel und -optionen sowie einen möglichst reibungslosen Übergang von einem Verkehrsmittel zum anderen, die Forcierung der Verbindung von individueller Mobilität und öffentlichem Verkehr, die Förderung innovativer digitaler Systeme zur Steigerung der maximalen Sicherheit im Straßenverkehr sowie Mobilitätsservices zur selbstständigen Kombination verschiedener Verkehrsmittel und Mobilitätsoptionen (Zukunftsinstitut 2020).

3.7.3 FINANZEN – die Gen Z geht mit Geld clever um

Aufgrund der Vielzahl neuer Technologien verändert sich auch der Umgang der Gen Z mit Finanzdienstleistungen: Sie nutzt Online-Kanäle für Überweisungen (40 %), für das Bezahlen von Rechnungen (34 %) und zum Beantragen von Kreditkarten (18 %).

Gegenüber neuen Finanzprodukten und Kryptowährungen ist die Gen Z aufgeschlossen: 80 % hat bereits von digitalen Währungen wie Bitcoin gehört und 28 % wäre bereit für eine Investition in eine digitale Währung (PwC 2020).

Die Gen Z stellt die Finanzbranche vor Herausforderungen und auf den Kopf: Das zeigt die Gen-Z-Studie »Welpen der Wallstreet« der Strategieberatung september aus Köln zum Umgang der Generation Z mit den Themen Banken und Finanzen, Geldanlage und Versicherungen. Denn eine Gruppe der Gen Z (und das ist knapp ein Viertel dieser Generation) verfolgt motiviert und zielstrebig sowie monetär recht gut ausgestattet ihre ganz eigene Investmentstrategie. Obwohl vom klassischen Bankenwesen eher enttäuscht, sind sie zugleich fasziniert von der Bankenwelt. Eine Gefahr für genau die Banken und Sparkassen, die (junge) Menschen in Beratungsgesprächen oder auch im Rahmen ihres nicht-Gen-Z-adäquaten Service-Portfolios, nicht ernst zu nehmen scheinen und ihnen nicht unbedingt auf Augenhöhe begegnen (september 2022).

Kurz gesagt klopft die Gen Z (als Zielgruppe der Zukunft) einerseits, in großen Teilen proaktiv und mit vollen Taschen an die Türen der Banken, dreht sich dann aber oft enttäuscht um und sucht nach Alternativen. Andererseits beginnt ein besonders finanzstarker Teil der Generation Z als »Welpen der Wall Street« gerade die Finanzwelt umzukrempeln. Ihr Antrieb ist der Glaube an einen unvermeidbaren bevorstehenden Zusammenbruch der Systeme, wobei die Gen Z meistens nicht exakt beschreiben kann, welches System wann und wie betroffen sein wird. Es handelt sich daher eher um ein diffus-vages Bauchgefühl angesichts der krisengeschüttelten Gegenwart (september 2022).

Das Verhalten der Gen Z ist eine Reaktion auf das drohende Ende von Systemen: Diese Gruppe ist sich sicher, dass es irgendwann bzw. in absolut absehbarer Zukunft knallen wird. Äußerungen wie »Irgendwann kommt der Dämpfer! Wir sind zu gierig. Finanzkrise, Klimakrise, unkontrolliertes Wachstum der Menschheit. Die Erde wird sich erleichtern und lösen aus der mittlerweile erdrückenden Umarmung von (zu vielen, zu machtbesessenen und zu egoistischen) Menschen« stehen exemplarisch für die größtenteils schonungslos realistische Sichtweise der Gen Z auf eine Welt, die sich im Umbruch befindet. Dabei bekommt der für die Gen Z gewählte Name ein »Geschmäckle«, einen fast schon düsteren Sinn, denn nach dem »Z« kommt nun mal nicht mehr viel. Das Z ist das Ende der Geschichte – und kennzeichnet in großen Teilen das Weltbild dieser Generation (september 2022).

Auf diesen (erwarteten) Zusammenbruch der Systeme reagiert die Gen Z unterschiedlich, aber konsequent – mit Schockstarre, Kampfansage oder Fluchtverhalten. Ein Teil dieser Gruppe rettet sich zuerst einmal u. a. in

- Remote-Welten,
- Workations oder
- Sabbaticals,

idealerweise in die Regionen der Welt, die noch heil und in Ordnung zu sein scheinen – vorrangig in Asien oder Skandinavien (september 2022) (siehe Abb. 23).

Ein anderer Teil wiederum setzt alles daran, sich den real aktuellen und zukünftigen Herausforderungen kämpferisch zu stellen – die Bewegungen »Fridays for Future«, »Die letzte Generation« oder »Extinction Rebellion« sind einige der bekanntesten Erscheinungsformen (september 2022).

Abb. 23: Reaktionsmuster der Generation Z

Der für die Bankenwelt interessante Teil der Gen Z ist jedoch nicht unbedingt sichtbar oder auf den ersten Blick erkennbar und eher schwer zu identifizieren. Knapp ein Viertel der Gen Z zwischen 16 und 24 Jahren zieht angesichts des drohenden Systemzusammenbruchs und Weltuntergangs Konsequenzen und sucht ihr Heil auf der Gewinnerseite. Denn wenn es um das eigene Überleben geht, ist dieser Teil der Gen Z recht weit vorn, fast könnte man von einer »Survival-of-the-fittest-Elite« sprechen. Originaltöne wie »Wenn es knallt, will ich wenigstens auf der Gewinnerseite stehen« kennzeichnen das Mindset dieser Elite. Diese Teens und Twens verwenden Trading Apps und investieren schon früh in (september 2022)

- ETFs,
- Fonds,
- Aktien,
- Kryptowährungen und
- in Non-Fungible Tokens (NFTs) (september 2022) (siehe Abb. 24).

Abb. 24: Bevorzugte Anlageformen der Generation Z

Dabei fühlt sich dieser Teil der Gen Z umso sicherer und vor allem für die Zeit nach Systemzusammenbruch und Weltuntergang besser vorbereitet, je größer ihre jeweiligen Gewinne sind (siehe Abb. 25). Eine Generation, die sich (monetär) für eine postapokalyptische Zukunft aufzustellen versucht (september 2022).

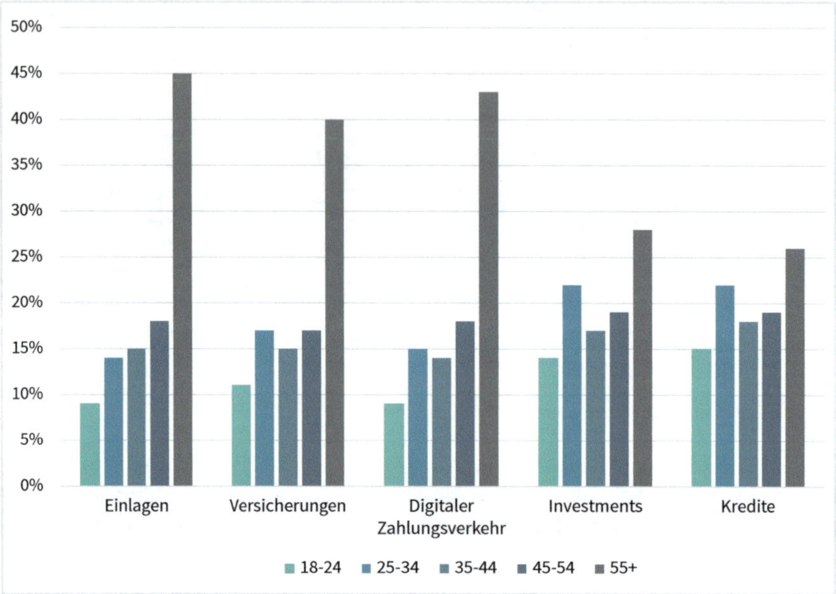

Abb. 25: Finanzprodukt-Favoriten der Gen Z nach Alter der Befragten (in Anlehnung an https://www.ey.com/de_de/banking-capital-markets/die-generation-z-transformiert-das-privatkundengeschaeft)

Die »Welpen der Wallstreet« sind als Finanz-Elite der Generation Z zu verstehen: Knapp sieben von ihnen haben Aktien, mehr als fünf von zehn investieren in ETFs und Fonds und jeder Zweite besitzt Kryptowährungen, während 14 % bzw. 11 % zudem klassische Anlageprodukte wie Rentenfonds oder Immobilienfonds nutzen (siehe Abb. 26). Das starke Interesse an innovativen Anlageformen wie Kryptowährungen oder Non-Fungible Tokens basiert auf dem Mindset der »Welpen«. Denn für sie muss es vor allem und immer schnell gehen und Finanzanlagen, die mehrere Jahrzehnte brauchen, um Resultate zu zeigen bzw. Gewinne zu erzielen, erscheinen angesichts der Erwartungen von Systemzusammenbruch und Weltuntergang für die Gen-Z-Welpen wenig zielführend. Die Finanz-Eliten der Gen Z versuchen sich so für den befürchteten Weltuntergang zu wappnen. Diese Einstellung gegenüber kurzfristig performenden Finanzanlagen wird zudem unterstützt durch die nahezu fatalistische Einstellung, dass, wenn ohnehin nichts mehr sicher ist oder erscheint, es auch recht wenig zu verlieren gibt. So gibt man sich bzw. ist in Geldangelegenheiten extrem experimentierfreudig und stellt weder die Expertise von z. B. Finanz-YouTuber:innen oder den Wert einer gerade erst eingeführten und neuen Kryptowährung infrage (september 2022).

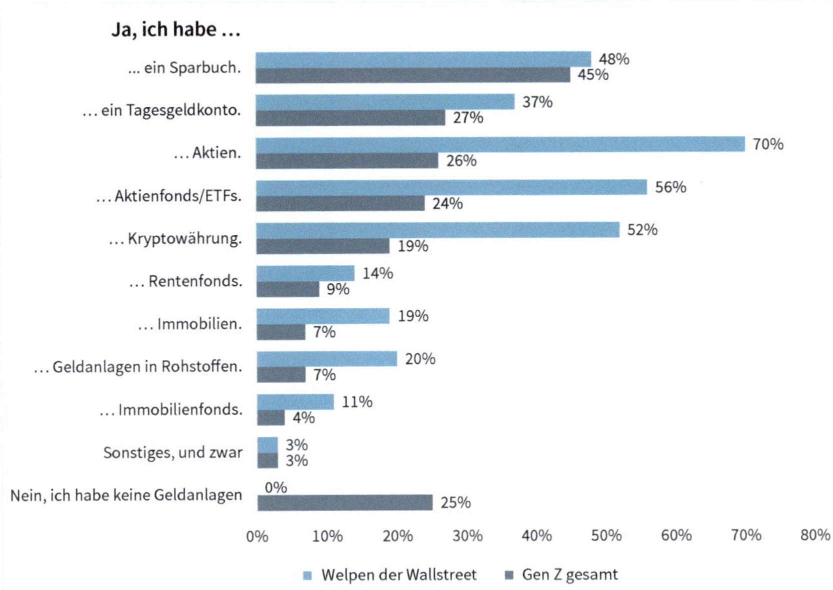

Abb. 26: Anlageform-Favoriten der Gen Z (in Anlehnung an september Strategie & Forschung)

Das bedeutet für Banken, dass die »Welpen der Wall Street« einerseits eine ideale Zielgruppe darstellen, da sie höchst motiviert investieren wollen. Dank ausreichend finanzieller Mittel, die sie durch u. a. Taschengeld, familiäre Zuwendungen und über Gehälter aus Ausbildungen oder Jobs als Werksstudent:innen erwirtschaftet haben, nennen viele von ihnen bereits in jungen Jahren respektable Depots wie ETFs ihr Eigen. Sie nutzen ihr Finanzwissen als Rüstung für den Untergang und als Sicherheitspolster für das Leben davor. Diese Zielgruppe verfügt zwar über ein solides Grundwissen und über ein ausgeprägtes Interesse an Finanzthemen, gleichzeitig sehnt sie sich nach Beratung und Anleitung. Diese von ihnen erwünschte und gesuchte »Guidance« finden die Anlagewilligen bislang allerdings fast ausschließlich im Internet. Dort schenken sie allen möglichen (teils mehr, teils weniger) kompetent-vertrauenswürdigen (Finanz-)Berater:innen auf Instagram, TikTok und YouTube oder in Blogs ihr Vertrauen. Das Internet hat als erste (und einzige) Anlaufstelle bei Finanzfragen die Bank längst abgelöst. FinTech-Anbieter, Trading-Apps und Kryptobörsen statt Deutsche Bank, Commerzbank und Co. (september 2022) (siehe Abb. 27).

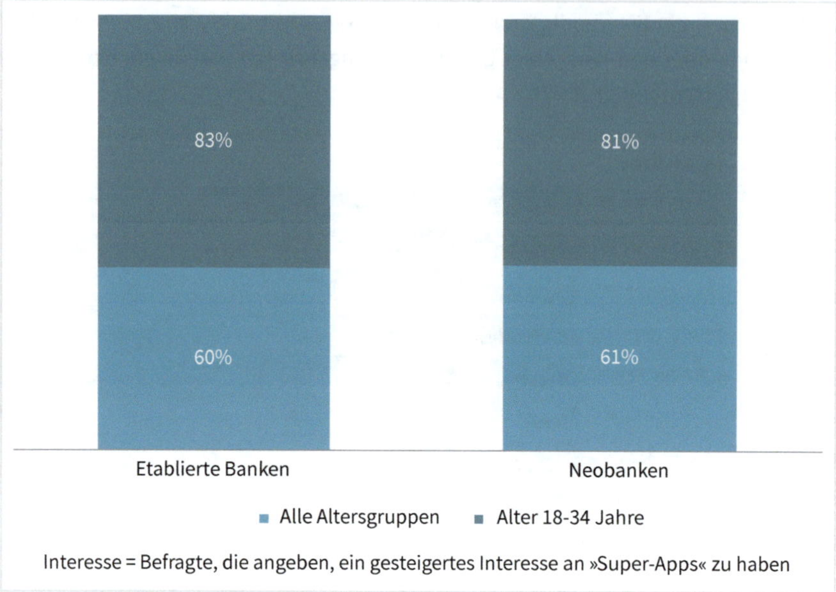

Abb. 27: Interesse an »Super-Apps« seitens Gen Z (in Anlehnung an https://www.ey.com/de_de/banking-capital-markets/die-generation-z-transformiert-das-privatkundengeschaeft)

Die Gen Z ist eine Generation, die sich auf ständiger Chancensuche befindet: Das für die überdurchschnittlich intensive Beschäftigung mit dem Thema Finanzen erforderliche Know-how ziehen sich die sog. Welpen, die stark an Finanzen interessiert sind, vorwiegend aus dem Internet. Blogs, Podcasts und Foren sowie YouTube-Channels und die sozialen Netzwerke sind die Quelle ihres Wissens um alles, was Geld angeht. Ca. 60 % dieser Gruppe beschäftigen sich intensiv, d. h. nicht nur regelmäßig, sondern sogar täglich mit den Themen Finanzen und Investments, die übrigen 40 % setzen diese Themen immerhin noch mehrmals in der Woche auf die Agenda. Zusammengefasst sind somit 100 % dieser finanzinteressierten Gruppe ohne Unterbrechung auf der Suche nach (monetären) Mehrwerten und dementsprechendem (Wissens-)Input. Dabei zeigen sie sich durchaus risikoaffin und meinen dies auch durchaus schlüssig begründen zu können. Prototypische Antworten auf Fragen nach dem Grund ihres Handelns sind z. B. »Ich habe doch keine Zeit – bis 30 muss ich Millionärin sein oder ich schlafe mit 50 unter der Brücke«. Das mag makaber, zynisch oder hysterisch klingen, ist aber ein Zeichen der emotionalen und psychologischen Realität dieser Zielgruppe (september 2022).

Die Gen Z agiert als »Generation Sorgenvoll« und geht dabei voll auf Risiko: Um diese Gruppe als Zielgruppe anzusprechen, muss man sie verstehen – und dazu wissen, dass der größte Unterschied zu den älteren Generationen der Babyboomer und der Generation X vor allem das Krisenbewusstsein sowie das Nicht-Vorhandensein einer leisen und beruhigenden Stimme ist, die versichert: »Mach dir bloß keine allzu großen Sorgen – es sieht zwar gerade etwas düster aus, aber am Ende wird alles schon irgendwie wieder gut«

(siehe Abb. 28). Dieses Urvertrauen, das man von vorherigen Generationen kennt und mit dem eine meist nur subjektiv empfundene, jedoch häufig eher illusorische Sicherheit verbunden war, ist schlichtweg nicht (mehr) vorhanden. Großen Teilen der Gen Z ist dieses (Ur-)Vertrauen in Existenz, Gegenwart und Zukunft schlichtweg verloren gegangen, und es fällt ihr schwer, Vertrauen aufzubauen, wenn es um die Welt und die Gesellschaft geht. Daraus wiederum resultiert zum einen eine generelle Unsicherheit hinsichtlich des eigenen zukünftigen Werdegangs und zum anderen als Kontrapunkt eine überdurchschnittlich ausgeprägte (eher fatalistisch ausgestaltete) Risikobereitschaft und auch ein relativ gering ausgeprägtes Vertrauen in die eigenen Fähigkeiten (september 2022).

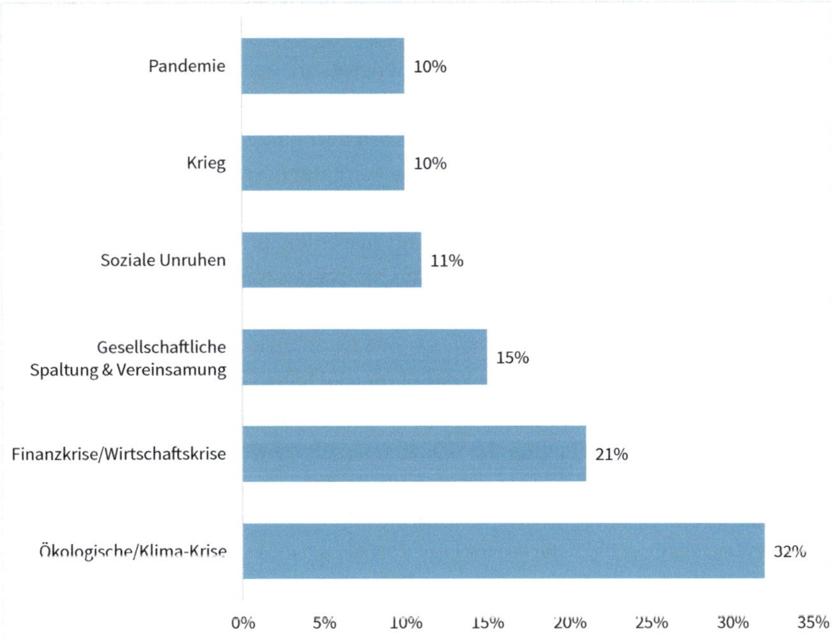

Abb. 28: Krisenbewusstein der Gen Z, Antworten auf die Frage: Zu welcher Art von Krise wird es am ehesten kommen? (in Anlehnung an september Strategie & Forschung)

Für die Gen Z kann Geld Vertrauen und Zuversicht ersetzen: Wo Vertrauen fehlt, gewinnen die Themen Absicherung an Bedeutung. Das heißt, die Zielgruppe konzentriert sich auf monetäre Autonomie, um im Ernstfall auf der Gewinnerseite zu stehen. Sie ist sich sicher, dass dieser Ernstfall eintreten wird, und smart genug, um dafür vorzusorgen. Dazu gehört auch das Identifizieren von Chancen in Krisenzeiten und das Surfen auf der richtigen (Krisen-)Welle. Vor diesem Hintergrund werden tagesaktuelle Entwicklungen mit der steten Hoffnung auf Rendite beobachtet und analysiert. Die Zielgruppe checkt zwischendurch und mal eben in der Pause die Pressemitteilungen – und wenn sich in einer Branche oder einem Unternehmen Chaos oder Katastrophe ankündigt, werden genau dort umgehend Aktien gekauft, mit denen sich dank kurzfristiger Aktiengeschäfte schnell Geld machen lässt (september 2022).

Bei aller Depot-Liebe steht das Thema Eigenheim auch für die Elite der Gen Z noch auf der Agenda. Die Welpen setzen ebenfalls auf Immobilien, nur eben als Investment, weniger als traditionelles Eigenheim mit Garten, wie es der Traum ihrer Eltern war. Sie sehen sich als investierende Vermieter einer Traumimmobilie, die Mieteinnahmen bringt und sie dadurch zusätzlich absichert. Denn Wohnen muss der Mensch immer, und Wohnungen zu besitzen ist ein eindeutiges Zeichen für Gewinner (september 2022).

Für die Gen Z dient Nachhaltigkeit als Zeichen der Zukunftsfähigkeit eines Finanzdienstleisters und als moralisches Sicherheitsnetz von Banken und deren Kund:innen: Während die Attraktivität von Immobilien überrascht, ist der Umgang der Gen-Z-Elite mit dem Thema Nachhaltigkeit durchaus zwiespältig bis irritierend. Nachhaltige und grüne Investitionen sind bei der gesamten Generation Z äußerst beliebt, die Gründe hierfür sind aber unterschiedlich: Für Welpen ist das Retten der Natur und der (Um-) Welt eher zweitrangig, sie investieren zum einen nachhaltig, um moralisch in Balance zu bleiben. Grüne Investments bieten eine Form der psychologischen Entlastung, um ggf. auch in eher »böse« Projekte und Unternehmen investieren zu können – ohne dabei von einem schlechten Gewissen geplagt zu werden. Grüne Investments sind sozusagen der Ablasshandel 4.0, der für ein ausgewogenes Karma sorgt. Zum anderen basiert die Motivation auf nüchternem Kalkül: Unternehmen, die das Thema Nachhaltigkeit nicht aufgreifen, erscheinen den Welpen wenig zukunftsfähig. Hier investiert man sehr ungern, denn (so der O-Ton der Elite) »die haben scheinbar in den letzten zehn Jahren etwas verpasst. Wer den Zug noch nicht hat kommen sehen, auf deren Kurs will ich nicht wetten« (september 2022). Demzufolge wird Unternehmen, die die Bedeutung nachhaltiger Produkte und Dienstleistungen verstanden und auf die eigene Agenda gesetzt haben, deutlich mehr wirtschaftlicher Erfolg zugetraut (september 2022).

Die Gen Z bekennt sich zur Abkehr von der Traditionsbank, aber nicht von Finanzvorbildern. Daraus ließe sich ein komplettes Ablehnen traditioneller Finanzhäuser ableiten, die sich für die Welpen innerhalb der Gen Z mehr und mehr überflüssig zu machen scheinen. Dies ist jedoch ein Trugschluss: Die Welpen lehnen »Old School«-Banken nicht grundsätzlich ab. Denn der Hauptgrund für die schwindende Relevanz der Banken ist eher ambivalent: Einerseits ist eine gewisse Art von Bewunderung für die Führungsetagen und Faszination gegenüber den sog. C-Leveln in der Finanzbranche zu sehen. Die Führungsriege von Kreditinstituten und Investmentfirmen wird in ihrer Rolle und Funktion als expertisenreiche Profis und als die echten Wölfe der Wall Street betrachtet und dabei geradezu mystifiziert und glorifiziert. Dieses Image (als glorreiche Vorbilder) könnte die Bankenwelt zu ihren Gunsten nutzen, um mit den Welpen ins Gespräch zu kommen, allerdings stehen hier reale (und negative) Erfahrungen im Weg, die die Gen Z im Kontakt mit den Finanzinstituten geprägt hat (september 2022).

Diese Erfahrungen sind geprägt durch das Gefühl der Gen-Z-Welpen, für die klassischen Banken zwar eine interessante Zielgruppe zu sein, von ihnen zugleich jedoch nicht ernst genommen zu werden. Zitate wie »Die Bank ist Fluch und Segen zugleich. Die Investmentbanker sind die größten Zocker, die es gibt. Die bestimmen das ganze Game. Aber da komme ich ja gar nicht hin. Ich stehe ganz unten am Schalter und komme safe zu einem Berater, der keine Ahnung hat, (…) hätte er Ahnung, wäre er nicht mehr Berater. Aber selbst der schaut dann auf mich herab, weil ich 21 bin (…) mein Depot von über 20k bezeichnet er dann als Glückstreffer« spiegeln diese Enttäuschung und das Unverständnis der Welpen angesichts der Überheblichkeit wider, die ihnen seitens einiger Vertreter:innen von Banken entgegengebracht wird. Das Gefühl, beim Betreten der lokalen Sparkassen- oder Bankfiliale nicht als Kundschaft mit Zukunftspotenzial gesehen, erkannt und vor allem behandelt zu werden, hat sich zu der Erkenntnis verfestigt, überhaupt nicht ernst genommen zu werden. Spricht ein Welpe über seine bisherigen Anlageerfolge, entsteht bei vielen Bankberater:innen schnell das Bild, man wolle »doch nur spielen« und eben nicht strategisch sowie mit dem nötigen Know-how investieren und vorsorgen. Dabei investiert nur knapp ein Drittel dieser Zielgruppe aus Spaß an der Freude und an Finanzen, die Mehrheit investiert aus dem Verlangen nach Absicherung und letztlich (finanzieller) Sicherheit (september 2022).

In Bankberater:innen sieht die Gen Z Relikte der Vergangenheit, noch dazu überhebliche. Der Weg zu einer guten Beziehung zwischen dieser neuen Finanzzielgruppe und den Finanzhäusern ist beschwerlich, wenn nicht gar unmöglich. Denn in der Regel bieten die Berater:innen weiterhin Standardprodukte an. Das Empfehlen sicherer, weil langfristiger Optionen zum Vermögensaufbau scheint nach wie vor der Standard zu sein. Aus Sicht der Berater:innen sind diese Finanzprodukte immer und für jede Zielgruppe und so auch für die Welpen das einzig Richtige, wobei der krisenbedingte Druck der Welpen weder erkannt noch verstanden wird. Deren Bedürfnis nach schnell arbeitenden und rasch wirkenden Finanzlösungen wird nicht gesehen und kommt so in der Finanzberatung nicht zum Tragen. Der Begriff »Langfristigkeit« schreckt die Zielgruppe ab und stellt ein Reizwort für sie dar, sodass sie sich enttäuscht bis desillusioniert vom traditionellen Finanzhaus und klassischen Finanzanlagen abwenden.

Die Gewinner dieses Missverständnisses zwischen Welpen und Banken sowie des Unverständnisses, das Banken der Generation Z entgegenbringen, sind die (selbsternannten) Berater:innen (a.k.a. Finance Coaches) auf YouTube und Instagram, die der Jugend die Finanzwelt und lukrative Anlagemöglichkeiten erklären. Hier schwingt zwar teils das eine oder andere große Risiko mit, wirkt jedoch meist nicht allzu abschreckend auf die Zielgruppe (september 2022).

Banken müssen daher der Gen Z digital und individuell die Hand reichen. Finanzdienstleistern kann es durchaus gelingen, für die Gen Z und deren Elite wieder attraktiv zu sein – aber nur, wenn sich diese ernst genommen fühlt. Hierfür müssen die klassischen Bankhäuser vor allem die Motive hinter dem hybriden, zwiespältigen und teils schwer berechenbaren Verhalten der jungen Zielgruppe verstehen. Denn Banken haben grundsätzlich das Know-how, das die Welpen brauchen und sich wünschen. Die Finanzinstitute müssen es nur updaten, digitalisieren und es zielgruppenadäquat sowie über die passenden Kanäle kommunizieren. Zwar ist der Kontakt mit Banken aktuell und in der Realität erfahrungsgemäß eher ernüchternd bis enttäuschend und geht meist über Produkte von der Stange nicht hinaus, der Türöffner »Beratung auf Augenhöhe – digital, individuell und flexibel« zur Gen Z steht den traditionellen Banken jedoch nach wie vor zur Verfügung. Bieten Banken nicht nur Beratung, sondern Inspiration und starke Partnerschaften, wie es aktuell vor allem (selbsternannte Finanz-)Gurus, Rich Dads oder Coaches tun, kann sich die Tür zur Generation Z vollständig öffnen (september 2022).

Finanzfazit

Die Bankenwelt muss sich neu ordnen, vor allem aber muss sie verstehen, was Absicherung aktuell und zukünftig für die Gen-Z-Welpen bedeutet. Denn wenn diese potenziellen Kund:innen davon ausgehen, dass die Zeiten eines langfristigen Vermögensaufbaus längst vorbei sind, zählen nicht das jahrzehntelange Einzahlen in tradierte Spartöpfe und der Glaube daran, dass es diese Töpfe auch noch geben wird, wenn man alt oder zumindest älter ist. Die Generation Z und auch die Welpen sind zwar durchaus in der Lage, langfristig zu denken, doch mangelt es ihr mittlerweile an Vertrauen in langfristige Planung und Investition – dafür ist ihr Bild von Institutionen, Unternehmen, Wirtschaft und Politik aufgrund von Erfahrungen und Medienberichten einfach zu negativ gefärbt (september 2022).

Wie also die Generation Z erreichen? Indem ein Umdenken seitens der Banken stattfindet – und zwar ein ganz großes Umdenken. Sowohl Kommunikationskanäle als auch Botschaften und Inhalte, Finanzprodukte und -dienstleistungen, Erreichbarkeit und Zugangswege, Abläufe und Prozesse sowie die grundlegende »Service-Denke« müssen auf den Prüfstand, um die nachkommende Zielgruppe von Banken und durch Banken nicht nur zu erreichen, sondern zurückzugewinnen. Und gleichzeitig bieten sich auch bereits vorhandene offensichtliche Lösungen an wie (september 2022):

- kurzfristige und flexible Investmentoptionen (anstelle langfristig-verbindlicher Anlagemöglichkeiten)
- ebenbürtiger Austausch (anstelle einer überheblichen Beratung von oben herab)
- Kommunikation via soziale Medien (anstelle von Hochglanzbroschüren) und »Finanzfluencern« (anstelle von Bankberater:innen)
- 24/7-Erreichbarkeit (anstelle von Öffnungszeiten inkl. geschlossener Filialen zur Mittagszeit)
- digitale Services (anstelle analoger Kanäle) oder integrative Plattformlösungen (anstelle schier endloser und kleingedruckter Formulare) (siehe Abb. 29)

Das alles sind vielversprechende, reelle und schnell umsetzbare Möglichkeiten und somit Chancen, um diese anspruchsvollen Kund:innen der Zukunft zu erreichen. Ohne sie kann keine Bank in Zukunft existieren (september 2022).

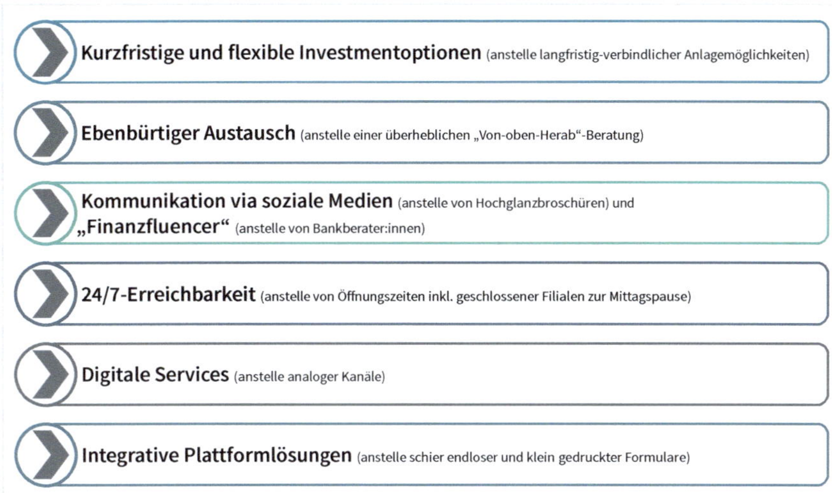

Abb. 29: Gen-Z-adäquate Finanz-Services

Nicht nur für Banken, sondern für alle Unternehmen gilt: Die Gen Z erfolgreich anzusprechen, für sich zu gewinnen und an sich zu binden sichert den (zukünftigen und langfristigen) Erfolg von Marken. Da die Generation Babyboomer als Konsum-, Kunden- und Käuferzielgruppe kurz- bis mittelfristig kleiner und langfristig verschwinden wird, entscheidet bereits heute ein Gen-Z-Know-how über Wohl und Wehe erfolgreicher bzw. erfolgsloser Marken.

Neben Marken von Produkten und Dienstleistungen sind jedoch auch Unternehmens- und Arbeitgebermarken von der Gen Z abhängig. Als Arbeitgeber und Anbieter von Arbeitsplätzen buhlen sie genauso um die Aufmerksamkeit, das Interesse und die Sympathie der Gen Z wie Konsumgüter- oder Dienstleistungsmarken.

Dementsprechend lohnt sich ein Blick auf die Gen Z als Arbeitnehmergruppe vor dem Hintergrund eines zunehmend wachsenden Arbeitnehmermarktes.

4 MITARBEITER:INNEN – wie die Generation Z Arbeit sieht

Unternehmen werden mittel- und langfristig ausschließlich Erfolg haben, wenn sie die Generation Z auch als Arbeitgeber von sich überzeugen können. Wenn sie die Gen Z als Partner:innen verstehen und mit ihnen auf Augenhöhe kommunizieren, schaffen sie die Rahmenbedingungen, um die Talente von heute sowie die Fach- und Führungskräfte von morgen als engagierte und loyale Arbeitnehmer:innen zu gewinnen. Dafür ist das Verändern von Prozessen und Strukturen, um der Gen Z entgegenzukommen, von Bedeutung – zuerst einmal jedoch das Kennen und Verstehen der Erwartungen, die die Gen Z an einen Arbeitgeber und an einen Arbeitsplatz stellen.

4.1 DISRUPTION und AUFBRUCH – warum die Gen Z die Arbeitswelt verändert

Bislang zählen 10 % der deutschen Bevölkerung zur Gen Z (Criteo 2018), aber bereits in einem Jahrzehnt wird sie weltweit ca. ein Drittel aller Arbeitnehmer:innen und Käufer:innen stellen (OC&C Strategy Consultants 2019). Zwar sind die ersten Vertreter:innen der Gen Z bereits auf dem Arbeitsmarkt, aber da sie in den kommenden Jahren eine immer größere Gruppe an Arbeitnehmer:innen sein werden, müssen sich Unternehmen als attraktive Arbeitgeber vorrangig für die Gen Z positionieren und wissen, welche Werte und Bedürfnisse die Gen Z ausmachen und welche besonderen Eigenschaften, aber auch Ansprüche sie an das Berufsleben und an Arbeitgeber stellt (P&C 2021). Die Gen Z steht für einen Umbruch auf dem Arbeitsmarkt und für einen Aufbruch hinsichtlich neuer Werte, die das Verständnis von Arbeit zukünftig prägen werden.

Ängste und Sorgen prägen die Gen Z

Insbesondere die Erfahrungen der Corona-Pandemie haben bei der Gen Z verstärkt Ängste und auch Sorgen erzeugt: Fast vier von zehn Befragten sagen, dass diese Sorgen nun präsenter seien als vor der Krise. Aber auch die beruflichen Wünsche und Bedürfnisse der Gen Z haben sich geändert: Im Vergleich zu vor der Pandemie legt über die Hälfte jetzt mehr Wert auf einen (krisen-)sicheren Arbeitsplatz, da sie erlebt haben, wie ihre Eltern teils in Kurzarbeit gingen bzw. sich um ihre Anstellung sorgen mussten. Dieses Sicherheitsbedürfnis hat weiter zugenommen. Für ca. die Hälfte der Befragten hat Arbeit eine höhere Bedeutung hinsichtlich der sozialen Absicherung und der Deckung der Lebenshaltungskosten erhalten. Für ca. ein Drittel der Befragten steht jetzt aber auch die Sinnhaftigkeit ihrer Arbeit stärker im Vordergrund. Die Corona-Krise scheint aus der Perspektive der Gen Z bzw. für die Vertreter:innen der Gen Z die Solidarität in der Gesellschaft erhöht und so zu mehr Miteinander geführt zu haben. Für 42 % ist es wichtiger denn je, dass ihre Arbeit etwas Gutes für die Gesellschaft bewirkt, 43 % der Befragten schätzen soziale Kontakte jetzt stärker als vor der Krise. Durch die kollektive Erfahrung der Corona-Krise ist demnach nicht nur das Bedürfnis nach Sicherheit, sondern auch der Wunsch nach solidarischen und sinnstiftenden Werten gestiegen. Und gleichzeitig haben Lockdown und Einschränkungen im Alltag auch den Drang nach Freiheit und Unabhängigkeit seitens der Gen Z verstärkt (P&C 2021).

4.2 MACHT und MÄCHTIGE – wie die Gen Z sich als Entscheider im Arbeitnehmermarkt positioniert

Die Gen Z bringt Dynamik in den Arbeitsmarkt, denn sie ist anders, weil sie u. a. mit einer Bundeskanzlerin Angela Merkel in Deutschland und einem US-Präsidenten Barack Obama in den USA aufgewachsen ist. Ihre Jugendjahre wurden begleitet von Mega-Stars wie Selena Gomez, Justin Bieber oder Miley Cyrus, mit insbesondere YouTubern als »diversen« Vorbildern sind sie groß geworden (Bitkom 2019). Soziales Jahr oder Wehrpflicht sind Fremdwörter für sie. Dafür haben sie schon in jungen Jahren große Teile der Welt gesehen, dank Billig-Airlines und Social Media. Das Internet ist für sie Alltag, sie kommunizieren und leben digital (Kewes 2022).

Widerstreitende Welten fordern die Gen Z

Die Gen Z wächst im Zwiespalt auf: Bis zur Corona-Pandemie und zum Ukrainekrieg erlebten und genossen die sog. Jahrtausendkinder eine überaus heile und sorglose Welt (Tholl 2022; M'Barek 2022). Für die Wahrnehmung und die Auseinandersetzung mit den bereits seit Jahren bestehenden Problemen wie bspw. der Finanz- und Flüchtlingskrise waren die Vertreter:innen der Gen Z schlichtweg noch zu jung bzw. sie wurden von ihren Eltern davor abgeschottet. Die Klimabewegung nahm erst kurz vor der Corona-Krise dank u. a. Fridays for Future an Fahrt auf.

Große Teile der Generation Z sind überdurchschnittlich gut ausgebildet und entsprechend selbstbewusst. Eine Jugend, die weiß, was sie will bzw. was nicht und dies auch deutlich zum Ausdruck bringt (Kewes 2022). Eine Generation, die um ihre Macht auf dem Arbeitsmarkt mittlerweile weiß und diese nun mehr und mehr ausspielt.

Arbeitsmarktmacht als Synonym für die Gen Z

Die Jugend und das Stadium des Heranwachsens hinter sich lassend steht die Gen Z ab jetzt und in den nächsten Jahren bereit für den Arbeitsmarkt. Aber das nicht als »gewöhnliche« Arbeitnehmerschaft, sondern vielmehr als anspruchsvoll-fordernde Gruppe, die genau um ihren Wert auf dem Arbeitsmarkt und für Arbeitgeber weiß (Kewes 2022). Diese Arbeitnehmer:innen der Zukunft können sich ihre Arbeitgeber aussuchen. Aufgrund ihrer exzellenten Ausbildung inklusive digitalem Know-how, aufgrund des demografischen Wandels sowie des Fach- und Führungskräftemangels können sie es sich leisten, wählerisch zu sein (Erk & Rövekamp 2021).

Fassungslosigkeit angesichts der Gen Z

Arbeitgeber und Unternehmen, Generation Babyboomer und Generation X stehen der Generation Z daher verständnis- bis fassungslos gegenüber. Sie betrachten die nächste Generation von Arbeitnehmer:innen als Chance und Bürde zugleich. Als Digital Natives und Kosmopolit:innen bieten sie Unternehmen die Möglichkeit, den digitalen Fortschritt für sich zu nutzen und zugleich neue Märkte, Produkte und Dienstleistungen frühzeitig zu identifizieren, als Anspruchsgruppe hingegen verlangen sie Wertschätzung und Mitspracherecht (Kewes 2022).

Marktwert der Gen Z

Die Genz Z kennt ihren Marktwert und fordert diesen überaus selbstbewusst ein. Aus einem Arbeitgebermarkt ist längst ein Arbeitnehmermarkt geworden, was für die Boomer und Buster in den Führungsetagen der Unternehmen verwirrend bis verstörend ist (Kewes 2022). Und daran werden sich die Arbeitgeber (in Deutschland) gewöhnen müssen, denn an dieser (Arbeitsmarkt-)Situation wird sich in Zukunft wenig ändern, da die Gen Z bald die dominierende Arbeits- und auch Kaufkraft darstellen wird. Die Zeit für Veränderungen müssen Unternehmen (als Arbeitgeber) erkennen, denn wenn sie nicht ins Bild der Generation Z passen, wird ihnen das zum Nachteil gereichen (Kewes 2022) (siehe Abb. 30).

Abb. 30: Kontrapunkte zwischen Gen Z und Unternehmen

Die Gen Z stellt sich Herausforderungen

In eher behüteten und daher größtenteils sorglosen und unbeschwerten Verhältnissen aufgewachsen, ist es für die Gen Z zum einen ihr selbstverständlicher Anspruch, ihre eigenen Ideen und Ziele nicht nur zu verfolgen, sondern auch umzusetzen (M'Barek 2021). Gleichzeitig sind die Vertreter:innen der Gen Z getrieben von dem Wunsch und Verlangen, sich zu beweisen und sich Herausforderungen zu stellen. Auch wenn sie sich Herausforderungen überwiegend nicht aus wirtschaftlichen Sorgen und Nöten heraus stellen müssen, sind sie dennoch davon überzeugt bzw. hoffen sie, dass sie etwas erreichen und die Gesellschaft und die Welt zum Besseren verändern können. Denn was die Vertreter:innen der Gen Z ablehnen, ist einerseits das Normale und Unveränderte, das Immer-Gleiche und Repetitive, sie wollen kein »Und täglich grüßt das Murmeltier« in ihrem Leben und Alltag. Und andererseits werden sie von jeglicher Art von Sinnlosigkeit abgeschreckt (siehe Abb. 31).

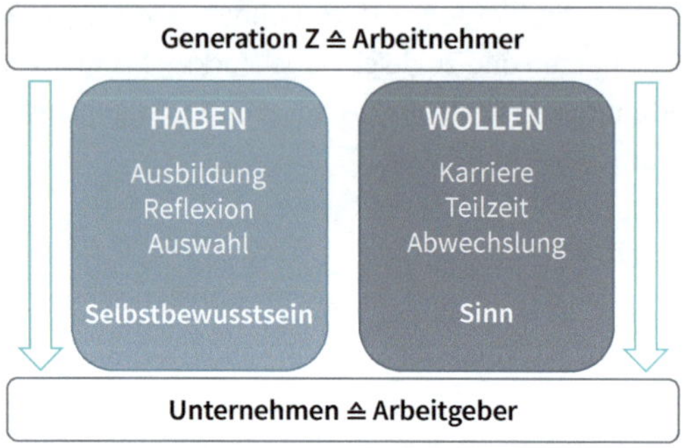

Abb. 31: Konfliktpotenzial zwischen Arbeitnehmer:innen der Zukunft und Arbeitgebern der Gegenwart

Aktionismus ist die Passion der Gen Z

Wenn sie ein Defizit an Sinnhaftigkeit erkennen, nimmt ihre Begeisterung für jegliches Engagement ab – ganz gleich, ob im Job oder in der Freizeit. Mit dieser Mission des Die-Welt-Veränderns wartet die Gen Z auch nicht lange. Sie ist eine Generation, die nicht lange fackelt oder zaudert, dabei hilfreich ist vor allem ihre digitale Expertise. Ihr eher als aktivistisch zu bezeichnender Charakter bringt sie dazu, Themen einfach anzusprechen und Projekte einfach anzufangen. Dinge anzupacken ist ihre Devise, während andere und insbesondere die Generationen davor Probleme nicht angehen, links liegen lassen oder sogar verdrängen (Kewes 2022).

4.3 SINN und SICHERHEIT – was die Gen Z sich von Arbeit verspricht

Die Arbeitswelt befindet sich aufgrund der Gen Z mit ihren veränderten Ansprüchen im Umbruch. Denn die Gen Z zeigt eine im Vergleich zu vorherigen Generationen völlig andere Haltung gegenüber der Arbeit: Sie will Arbeit, die in jeder Hinsicht mobiler, flexibler, vernetzter und vielfältiger ist. Der Beruf wird zu einem bedeutenden Teil einer selbstbestimmten Lebensgestaltung (P&C 2021). Die Faktoren eines Arbeitsplatzes, der den Ansprüchen und Wünschen der Gen Z genügt, sind vielfältig und geprägt durch die Erfahrungen, die sie einerseits bereits in jungen Jahren mit der Arbeitswelt gemacht und andererseits teils bei ihren Eltern beobachtet hat.

4.3.1 Viele Vakanzen, wenig Bewerber:innen

Dabei gibt es zunehmend viele Vakanzen und in absehbarer Zukunft demgegenüber nur wenige Bewerber:innen, denn in den nächsten 15 Jahren gehen in Deutschland ca. zwölf Millionen Erwerbstätige in Rente (destatis 2022). Der daraus resultierende Fachkräftemangel betrifft bereits jetzt fast jeden zweiten Betrieb (Ifo-Institut 2022) und spiegelt sich in offenen Stellen bzw. Stellenausschreibungen wider. Daher ist die Generation Z in der glücklichen Position, in den nächsten Jahren mehr und mehr Einfluss auf den Arbeitsmarkt nehmen und ihn deutlich prägen zu können. Umso wichtiger ist es, Verständnis für die Bedürfnisse der Young Professionals zu entwickeln und zu erkennen, wie diese sich die Arbeitswelt vorstellen. Unternehmen und Arbeitgeber, die dieses Verständnis aufbauen und auch nutzen, sichern sich den Zugang zu den Talenten der Zukunft (Fromm 2022) (siehe Abb. 32). Die folgenden Themen haben für die Vertreter:innen der Gen Z eine überdurchschnittlich ausgeprägte Bedeutung (Academic Work 2022, Fromm 2022):

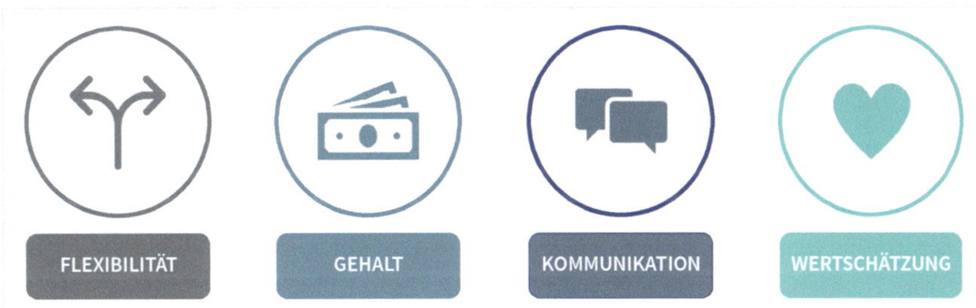

Abb. 32: Schlüsselfaktoren einer erfolgreichen Gen-Z-Ansprache

Sinn

Für die Gen Z sollen Jobs sich nicht nur monetär lohnen, sondern auch langfristig sinnvoll und sinnstiftend sein, das heißt, einen Mehrwert für sie selbst und die Gesellschaft bieten. Den Sinn in ihrer Arbeit sieht die Gen Z dabei nicht nur auf ihre direkten Arbeitsaufgaben bezogen, sie will vielmehr durch ihr Tun unbedingt einen nennenswerten und fassbaren Mehrwert schaffen (P&C2021).

Zugleich möchten 75 % mit ihrer Arbeit »eine gute Sache« konkret und nachweisbar unterstützen und einen Beitrag für die Gesellschaft leisten, für fast die Hälfte der Gen Z (46 %) ist dies sehr bzw. äußerst wichtig. Ein derartiges »Sinn-Angebot« von Unternehmen, die glaubhaft und nachvollziehbar belegen können, dass die Existenz und Arbeit ihres Unternehmens Sinn ergibt, entscheidet zukünftig darüber, ob Mitarbeiter:innen der Gen Z gewonnen und gehalten werden können (P&C 2021).

So spielt auch das Image des Unternehmens und Arbeitgebers für die Gen Z eine Rolle im Berufsleben. Für acht von zehn Befragten ist die Reputation von Arbeitgebern wichtig. Mehr als vier von zehn sagen, dass ihnen das Bild eines Unternehmens nach außen sehr bis äußerst wichtig ist (P&C 2021).

Arbeit soll also Sinn ergeben, sich nicht wie »Maloche« anfühlen. Die Gen Z verlangt nach einer Tätigkeit, die Erfüllung bietet (Hoffower 2022).

Sicherheit

In den Wünschen und Werten der Gen Z in Bezug auf ihren (zukünftigen) Job und Arbeitsplatz zeigt sich ein vielschichtiges Stimmungsbild. Drei Aspekte sind ihr im Job besonders wichtig: Sicherheit, Sinn und Selbstverwirklichung.

Der bei drei Vierteln der Befragten 16- bis 25-jährigen der Studie »New Work« (2021) ausgeprägte Wunsch nach finanzieller Sicherheit lässt sich durch die Erfahrung der Banken-, Flüchtlings-, Klima- und Corona-Krise erklären, die die Gen Z bereits erlebt hat. Jungen Frauen der Gen Z scheint die finanzielle Sicherheit sogar noch wichtiger zu sein als jungen Männern ihrer Generation: Fast acht von zehn weiblichen Befragten betrachten die finanzielle Sicherheit als sehr wichtigen Wert, bei den männlichen Befragten sind es sieben von zehn.

Aber auch ein sicherer Arbeitsplatz ist für zwei Drittel der Gen Z sehr wichtig. Sicherheit ist das Grundbedürfnis einer Generation, die in Zeiten von Krisen und Umbrüchen groß wird. Die Gen Z erlebt das Erwachsenwerden im Krisenmodus, verlässt die Kindheit mit Themen wie Terrorismus, Populismus, Euro-, Flüchtlings- und Klimakrise, dem Auseinanderdriften von Arm und Reich, dem Rückbau sozialer Sicherungssysteme und auch zunehmend prekärer Beschäftigungsverhältnisse. Sie sieht das (sorglose) Leben ihrer Kindertage und den Alltag mittlerweile vollkommen auf den Kopf gestellt und erlebt, wie zuvor vermeintlich stabile Strukturen und Abläufe plötzlich ins Wanken geraten können. Im Gegensatz zu der Generation der Boomer und Buster spürt die Gen Z, wie instabil scheinbar sichere Verhältnisse sein können und wie schnell sich Dinge ändern können. Diese kollektive Krisenerfahrung erzeugt das deutlich gesteigerte Sicherheitsbedürfnis der Gen Z (P&C 2021).

Viele Vertreter:innen der Gen Z sind in ihrem ersten Arbeitsverhältnis oder auf der Suche nach ihrem ersten Job. Bei der Frage nach dem Wunscharbeitgeber zeigt sich, dass 15 % der Befragten gern in einem Unternehmen in der Region oder in der Nähe ihres Wohnortes arbeiten würden. Genauso viele würden am liebsten im öffentlichen Dienst arbeiten. Denn zum einen hat ein Arbeitsplatz in der Region den Vorteil, sich nicht weit vom Freundes- und Familienkreis entfernen zu müssen, zum anderen befriedigt eine Tätigkeit im öffentlichen Dienst das Bedürfnis der Gen Z nach Sicherheit. Der ausgeprägte Fokus auf Sicherheit wird zwar durch die Erfahrungen rund um die Corona-Pandemie verstärkt, die alleinige Ursache für den Wunsch nach Sicherheit ist diese Krise jedoch nicht. Auch die zahlreichen Wahlmöglichkeiten und die Erkenntnis der weiterhin zunehmenden Instabilität der Welt führen dazu, dass Bekanntes und Regionales gegenüber dem eher Fremden bevorzugt wird (P&C 2021).

Die bisherigen und zahlreichen Krisenerfahrungen der Gen Z steigern deren Sicherheitsbedürfnis, die »Generation Corona« ist demzufolge weniger risikobereit und dafür vermehrt auf Sicherheit bedacht. Daher ist (zumindest) das Gefühl, einen möglichst langfristig sicheren Arbeitsplatz zu erlangen, für die Gen Z äußerst attraktiv (P&C 2021).

Selbstbestimmung

Für die Gen Z sind Freiheit und Flexibilität im Sinne eines (möglichst) selbstbestimmten Arbeitslebens neue Grundwerte, die Arbeitgeber erfüllen müssen, um für die Gen Z attraktiv zu sein. Flexibilität und die Möglichkeit, die Tätigkeit mitzugestalten, werden seitens der Gen Z nicht als etwas Außergewöhnliches oder Besonderes gesehen, sondern mittlerweile vorausgesetzt – Freiheit ist ein Must, kein Can. Der ideale Arbeitsplatz der Gen Z muss sich an individuelle Bedürfnisse anpassen (P&C 2021).

Für die Gen Z ist Arbeitszeit gleich Lebenszeit: Zwei Drittel der Befragten verbinden mit Arbeit finanzielle Unabhängigkeit und fast die Hälfte der Befragten ist daran interessiert, die eigenen Talente und Fähigkeiten im Job einzubringen. Für 47 % der Gen Z sind Arbeit und Berufstätigkeit die Voraussetzung für ein als erfolgreich definiertes und wahrgenommenes Leben und für mehr als ein Drittel der Befragten bedeutet Arbeit vorrangig Selbstbestimmung und Selbstverwirklichung. Nur 17 % betrachten Arbeit als notwendiges Übel bzw. als reinen Broterwerb und Mittel zum Zweck (P&C 2021).

Selbstverwirklichung

Dabei wünscht sich die Gen Z, ihre eigenen Potenziale zu entwickeln, Talente zu identifizieren und individuelle Fähigkeiten in der Arbeitswelt einzubringen, da auch das Thema Selbstverwirklichung für die Gen Z von großer Bedeutung ist. Materielle Werte spielen für sie nur noch eine untergeordnete Rolle. Lediglich 27 % der Befragten finden es bspw. wichtig, sich viel leisten zu können. Viel wichtiger und erstrebenswerter sind die Themen Selbstbestimmung, Sinn und Spaß: Für 74 % der Gen Z haben die eigene Unabhängigkeit und Selbstbestimmung eine so hohe Priorität, dass sie das Ziel verfolgen, einen sinnvollen und erfüllenden Beruf auszuüben, der ihnen zugleich bzw. deswegen Spaß macht.

Hier zeichnet sich ein weiterer Wertewandel seitens der Gen Z ab: Das Persönliche wird über das Berufliche gestellt. Beziehungen, Partnerschaft, Freundschaft und Familie sind für die Gen Z wichtiger als Erfolg in Beruf und Karriere. Viele Vertreter:innen der Gen Z können mit den klassischen Statussymbolen der Generation ihrer Eltern wenig anfangen. Teure Autos, Luxusuhren oder auch imposante Jobtitel interessieren sie weniger als das Ziel, ihr Leben nach ihren eigenen Vorstellungen und Werten gestalten und leben zu können (P&C 2021).

Ein nennenswerter Teil der Gen Z priorisiert die beruflichen Themen Selbstverwirklichung und Autonomie. 14 % der Befragten wünschen sich, beruflich selbstständig oder Freiberufler zu sein. 13 % hätten gern einen internationalen (Groß-)Konzern als Arbeitgeber und jede:r zehnte Befragte bevorzugt eine Tätigkeit in Wissenschaft und Forschung, d. h. an einer Universität oder Hochschule, während jede:r zwanzigste Befragte lieber für ein gemeinnütziges Unternehmen oder eine Non-Profit-Organisation (NGO) arbeiten würde. Ebenso viele wünschen sich einen familiengeführten Mittelständler als Arbeitgeber (P&C 2021).

Neben den o. g. Sinn-Themen, die für die Gen Z von hoher Bedeutung bei der Entscheidung für oder gegen einen Arbeitgeber sind, spielen die folgenden Faktoren ebenfalls eine Rolle:

Arbeitswert

Der Stellenwert der Arbeit hat sich bei und durch die Gen Z teils drastisch verändert und verändert sich noch. Arbeit ist nicht mehr Lebensinhalt, Arbeit soll auch Spaß machen, Erfüllung bieten und adäquat bezahlt werden. Sofern genau diese Ansprüche erfüllt sind, ist die Gen Z motiviert, sich zu engagieren. Mehr als die Hälfte der Gen Z möchte Karriere machen, doch nicht die klassische Karriere ihrer Eltern – denn Arbeit mit nach Hause zu nehmen oder ständig erreichbar zu sein ist nur für wenige erstrebenswert. Für die Gen Z ist vielmehr eine ausgewogene Balance zwischen Beruf und Freizeit sehr wichtig – 82 % schätzen diesen Aspekt als (äußerst) wichtig ein, 53 % empfinden eine deutliche Trennung zwischen Beruf und Freizeit als (sehr) wichtig (P&C 2021).

Anerkennung

Die Gen Z weiß, was sie will und dass sie es bekommen kann. Sie erwartet ein Gehalt, das ihrer Qualifikation und Leistung entspricht. Sie ist sich ihres Wertes durchaus bewusst und will dementsprechend behandelt und bezahlt werden. Die Gen Z weiß, dass sie längst in der Position ist, Ansprüche haben und Anforderungen an (potenzielle) Arbeitgeber stellen zu können. Der Arbeitsmarkt verändert sich, Unternehmen müssen sich mehr und mehr um die Bewerber:innen der Gen Z bemühen, da diese zwischen verschiedenen Jobangeboten wählen kann. Trotzdem ist die Gen Z leistungsbereit: 56 % der Befragten sind der Meinung, dass ihnen ein hohes Arbeitspensum bzw. eine hohe Arbeitsbelastung nichts ausmacht, wenn ihnen Anerkennung für ihre Leistung entgegengebracht wird. Ungefähr die Hälfte der Befragten empfindet positiven Stress sogar als zusätzliche Motivation. Die Gen Z kann und will sich (viel) engagieren, will arbeiten. Aber nur wenn ihr der Job Spaß macht und es einen adäquaten Ausgleich dazu gibt, ist sie bereit, viel bzw. alles zu geben (ca. 75 %) (P&C 2021).

Balance

Arbeit ist für die Gen Z zwar ein wichtiger Teil des Lebens, aber nicht wichtiger als Freizeit. Der Gen Z ist bewusst, dass sie eine lange Zeit auf dem Arbeitsmarkt verbringen und sich ihr Rentenalter weiter nach hinten verschieben wird. Daher ist die Bedeutung von Freizeit für die Gen Z kein Zeichen für ein fehlendes Interesse am Arbeitsleben, sondern ist dem Wunsch nach einem Gleichgewicht zwischen Arbeit und Freizeit geschuldet, das langfristig Zufriedenheit bringt und auch psychischer Erschöpfung vorbeugt. Ca. 70 % der Befragten legen Wert darauf, etwas für ihr körperliches und seelisches Wohlbefinden zu tun, wobei vor allem psychischen Belastungen eine große Bedeutung beigemessen wird, denn sie haben die Burn-outs der Eltern miterlebt und wissen, dass eine Karriereleiter oft weniger Leiter als Hamsterrad ist (P&C 2021).

Die Gen Z ist zudem die erste Generation, die psychische Probleme ohne Stigma thematisiert. Sie ist äußerst sensibel für die Folgen von Stress und auch Überforderung. Daher legen sie Wert auf eine ausgewogene Work-Life-Balance: Mehr als acht von zehn wollen möglichst wenig Stress und viel Urlaub (P&C 2021).

Denn Arbeit ist nicht alles im Leben der Gen Z: 82 % der Befragten sind der Ansicht, dass eine ausgewogene Balance zwischen Beruf und Freizeit sehr wichtig ist, während mehr als die Hälfte der Befragten (53 %) eine klare Trennung zwischen Beruf und Freizeit sehr bzw. äußerst wichtig findet. Problematische Themen wie Burn-out oder eine ständige telefonische Erreichbarkeit und Verfügbarkeit als Arbeitnehmer:in, die die Gen Z aus der Generation ihrer Eltern, der Babyboomer und Generation X, kennen, wollen die Mitglieder der Gen Z auf jeden Fall vermeiden (P&C 2021).

Diversität

Zu den Ansprüchen der Gen Z gehört auch der adäquate Umgang mit dem Thema Diversity. Ein Großteil der Befragten (65 %) legt Wert auf ein konstruktives Arbeitsklima und eine entsprechend gute Unternehmenskultur, wozu ihres Erachtens das Beachten und Leben der Themen Vielfalt, Gleichberechtigung und Nachhaltigkeit gehören. Diese drei Aspekte steigern die Zufriedenheit potenzieller Gen-Z-Mitarbeiter:innen, da sie sich vor diesem Hintergrund mit ihrem jeweiligen Arbeitgeber identifizieren können. Nicht zuletzt schaffen Erfolg und Zufriedenheit der Gen Z im Job das dringend notwendige Gefühl von Sicherheit und seelischer Balance.

Die Gen Z ist wie keine andere Generation vor ihnen für die Themen Diversität und Geschlechtergerechtigkeit sensibilisiert. Sie ist aufgewachsen mit MeToo, Gender Pay Gap und Diskriminierungsdebatten, teils ist sie selbst aktiv in den entsprechenden sog. Social Movements. Daher werden Diskriminierung und Ungleichbehandlung von ihnen nicht akzeptiert. Über 70 % reagieren negativ und ohne Verständnis auf einseitig-homogene Führungsebenen (bspw. rein männlich besetzte Führungsteams der

Generationen Babyboomer und X) und verlangen nach Vielfalt in der Belegschaft auf allen Unternehmens- und Führungsebenen (P&C 2021).

Um als Arbeitgeber für die Gen Z attraktiv zu sein, sind die Themen Elternschaft und Elternzeit auf die Agenda zu setzen: Für fast drei Viertel der Befragten ist die unkomplizierte Genehmigung längerer Elternzeiten für beide Geschlechter ein absolutes Muss. 40 % der unter 20-jährigen Befragten finden es wichtig, dass auch Väter problemlos längere Elternzeiten nehmen können, bei den 20- bis 25-Jährigen messen nur 30 % diesem Thema die gleiche Bedeutung bei. Denn 40 % der Befragten können sich vorstellen, im Laufe ihres Lebens länger als vier Monate in Elternzeit zu gehen, wobei sich ein Drittel der männlichen Befragten diese Konstellation vorstellen kann. Arbeitgebende Unternehmen, die familienfreundlich sind und dafür sorgen, dass Elternzeit für Männer und Frauen keine Karrierebremse darstellt, gewinnen für die Gen Z an Relevanz (P&C 2021).

Flexibilität

Die Gen Z schätzt Agilität und Flexibilität (Gründel 2022). Sie stellen die wichtigsten Themen dar, unter denen sie sich ein erfülltes Arbeits- und Berufsleben sowie Familien- und Privatleben vorstellen. Dazu gehören u. a. flexible Arbeitszeiten und Arbeitsorte sowie die Möglichkeit, eigenverantwortlich zu arbeiten und zu entscheiden, Homeoffice zu nutzen und zugleich den jeweiligen Arbeitsort spontan wechseln zu können oder das Angebot von Workations zu nutzen (Fromm 2022).

Gehalt

Die Gen Z schätzt Geld. Das Gehalt und weitere Benefits stellen ein wichtiges Entscheidungskriterium bei der Wahl des Arbeitgebers dar (Haufe 2021). Ein für die Gen Z als adäquat und somit akzeptabel wahrgenommenes Gehalt garantiert ihnen das Umsetzen der angestrebten Work-Life-Balance, mit Brosamen, leeren Versprechungen oder simplen Goodies lassen sie sich nicht abspeisen. Und auch bei den Benefits hat eine Zeitenwende stattgefunden: Kostenfreie Getränke, Obst- oder Frühstückskörbe, der mittlerweile obligatorische Büro-Kicker oder selbst ein vorzeigbarer Dienstwagen spielen in der Welt der Gen Z kaum noch eine Rolle. Denn als Benefits sind für die Gen Z eher die interessant, die nicht als Standard vom Arbeitgeber vorgegeben werden. Interessant sind allein die Benefits (bspw. flexible Arbeitszeitmodelle, Homeoffice, Sabbatical, Worcation, Weiterbildung), die sich die Talente selbst aus vielen Optionen aussuchen können (Fromm 2022).

Kommunikation

Die Gen Z schätzt transparente Kommunikation. Sie selbst kommunizieren und informieren sich vorrangig über LinkedIn, Instagram und TikTok, also sollten auch Unternehmen mittels genau dieser Kanäle versuchen, qualifizierte Arbeitskräfte von morgen zu erreichen (Lewanczik 2022). Als Employer-Branding-Kanäle dienen diese

Plattformen u. a. der Selbstdarstellung von Unternehmen. Gleichzeitig verfügt aber auch Facebook über Potenzial, um Talente auf sich aufmerksam zu machen, denn Facebook erfreut sich weiterhin großer Beliebtheit bei den Älteren, d. h. bei den Eltern der Generation Z. Und eben diese Eltern üben bei den meisten Gen-Z-Vertreter:innen einen starken Einfluss auf die Studien- und Berufswahl ihrer Kinder aus (Fromm 2022).

Wertschätzung

Die Gen Z schätzt Akzeptanz und Wertschätzung. Die Vertreter:innen wollen trotz ihrer Jugend oder vielleicht auch wegen ihrer Jugend ernst genommen werden, schließlich können und wollen sie neue Impulse setzen. Demzufolge erwarten sie, dass man ihnen bereits früh Verantwortung überträgt, ihren Ideen Gehör schenkt und ihrem Agieren Wertschätzung entgegenbringt (Gründel 2022). Viele Vertreter:innen der Gen Z kämpfen mit den Vorurteilen seitens der Babyboomer. Sie haben den Eindruck, im Berufsleben aufgrund ihres Alters diskriminiert zu werden – und eben nicht, weil es ihnen an Know-how mangelt. Dabei könn(t)en sie bereits von Anfang an Verantwortung übernehmen und sich beweisen, indem sie z. B. Meetings oder Teamevents organisieren, kleinere Projekte übernehmen oder Praktikant:innen anleiten (Fromm 2022). Arbeitgeber sollten sich daher kontinuierlich um Talente bemühen. Um diese zu halten, müssen sie sich gut um den Nachwuchs kümmern. Denn die Gen Z ist es schlichtweg gewohnt, dass man sich an sie anpasst (Maas 2019).

4.3.2 Was für die Gen Z im Arbeitsleben zählt

Zusammenfassend kann man sagen: Sinnhaftigkeit, Solidarität, soziale Faktoren und Sicherheit sind einige der für die Gen Z ausgesprochen wichtigen Werte. Beruflich und privat sind die Ansprüche der Gen Z gestiegen. Sicherheit zu bieten reicht allerdings nicht aus, um als Arbeitgeber für die Gen Z attraktiv zu sein. Denn gleichzeitig treibt die Gen Z ein ausgeprägter Drang nach Selbstverwirklichung, Freiheit und Unabhängigkeit an. Die Entscheidung zwischen dem Bedürfnis nach Planbarkeit, Sicherheit und festen Strukturen sowie nach Freiheit und Eigenverantwortung ist eine Herausforderung für Unternehmen bzw. Arbeitgeber (P&C 2021).

Die Gen Z ist anspruchsvoll: Einige Grundwerte müssen durch Arbeitgeber erfüllt werden, um für die Gen Z attraktiv zu sein – z. B. flexible Arbeitsbedingungen, angemessene Gehälter und eine gute Arbeitsatmosphäre. Für die Gen Z ist Arbeit nicht mehr der einzige Lebensinhalt: Sie legen Wert auf eine gute Work-Life-Balance, die es ermöglicht, auf das körperliche und seelische Wohlbefinden zu achten und ausreichend Zeit für Familie, Freunde und Freizeit zu haben. Die Gen Z setzt das Engagement von Unternehmen zu Vielfalt und Gleichbehandlung voraus (P&C 2021).

Als Checkliste zu den priorisierten Ansprüchen der Gen Z an Arbeit, Arbeitsplatz und Arbeitgeber lassen sich die folgenden Faktoren zusammenfassen (P&C 2021):

- angenehme Arbeitsatmosphäre
- gute Zusammenarbeit im Team
- positives Unternehmensimage
- sinnvoller Beruf, der persönlich erfüllend erscheint
- sicherer Arbeitsplatz, der Planbarkeit bietet
- erfüllbare Ziele
- gute Vereinbarkeit von Beruf und Familie
- Möglichkeit, im Homeoffice zu arbeiten
- Teilzeitmodelle sowie flexible Arbeitszeiten

Der Kampf um Talente ist ein Kampf um die Generation Z. Dabei ist die Gen Z dafür bekannt, sich möglichst viele bzw. oft sogar alle Optionen offenzuhalten. FOMO, die »Fear of Missing out« oder das Bloß-nichts-Verpassen ist charakteristisch für sie. Dementsprechend zeigt sie sich auch im Berufsleben äußerst flexibel und sieht mehrere Jobwechsel zum Testen und Finden des richtigen Arbeitgebers als legitim und selbstverständlich an.

Unternehmen müssen darauf reagieren, denn wer als Arbeitgeber auf traditionelle Unternehmenswerte und -kultur setzt und sich nicht den Anforderungen und den Lebenszielen der Talente von morgen stellt, wird (große) Probleme beim Finden und Binden von Nachwuchs-Fach- und -Führungskräften haben (Fromm 2022).

4.4 LEBENSZIELE und LEBENSSTILE – was die Gen Z sich vom Leben verspricht

Um die Anschauungen der Gen Z von Arbeit zu verstehen, ist ein Blick auf das Leben, die Stile und Ziele der Gen Z notwendig. Denn die Gen Z lebt ihr eigenes Leben – und nicht das ihrer Eltern. Sie hat ihre eigenen Werte – und teilt nur bedingt die der älteren Generationen. Die Ziele im Leben der Gen Z sowie die sich daraus ergebenden Lebensstile sind durchaus komplex, zugleich aber als logische Konsequenz ihrer Lebensumstände und (krisenbedingten) Erfahrungen nachvollziehbar.

4.4.1 Welche Lebensziele die Gen Z verfolgt

Zwei Drittel der Gen-Z-Befragten erachten es für wahrscheinlich, dass sie später ein Haus oder eine Wohnung kaufen werden, was sowohl zum Wunsch nach finanzieller Unabhängigkeit und Selbstbestimmung als auch zu dem nach Sicherheit passt. 44 % der Befragten planen einen weiteren Bildungsabschluss. Dabei zeigt sich, dass die

Biografien nicht mehr stringent bzw. geradlinig verlaufen, sondern sich zu einer sog. Multigrafie entwickeln, inkl. (Ab-)Brüchen, Neuanfängen, Umwegen oder Pausen. Die Gen Z legt dabei Wert auf Freizeit, Selbstverwirklichung und Familie. Dementsprechend halten es ca. 40 % der Befragten für wahrscheinlich, dass sie in Teilzeit arbeiten werden, um sich anderen Themen und Aufgaben zuzuwenden, bzw. dass sie längere Zeit in Elternzeit gehen werden oder dass sie ein Sabbatical oder eine Weltreise angehen werden. Weniger wahrscheinlich bzw. erstrebenswert für die Befragten ist es, im Laufe des Lebens ein Unternehmen zu leiten (26 %) oder ein Start-up zu gründen (16 %). Die »steile Karriere« hat als Lebensziel anscheinend ausgedient (P&C 2021).

Althergebrachte Ziele wie »Mein Haus, mein Auto, mein Boot« sind als Definition und Verständnis von Erfolg für die Gen Z nicht mehr entscheidend. Ihr geht es vielmehr um eine Art von Zufriedenheit, die sich erreichen lässt, indem sie bei der Arbeit einer ihres Erachtens sinnvollen Tätigkeit nachgehen können. Sie will hinter ihrer Arbeit stehen können und die gleichen Werte haben, die auch das Unternehmen als Arbeitgeber vertritt. Wenn die Vertreter:innen der Gen Z sich z. B. für Fridays for Future engagieren, sind sie kritisch gegenüber Arbeitgebern, die Greenwashing betreiben oder Klimaziele nicht ernst nehmen. Für drei Viertel der Befragten ist es wichtig, einen sinnvollen und auch erfüllenden Beruf zu haben, der zudem Spaß macht, was als Lebensziel dem Wunsch nach finanzieller Sicherheit und Selbstbestimmung folgt. Die Entwicklung der Neo-Ökologie als Megatrend fördert gleichzeitig die Abkehr von einer Ressourcen ausbeutenden Konsumgesellschaft hin zu einer Gesellschaft, die auf ein umweltbewusstes Verbrauchertum setzt. Die Bedeutung von Nachhaltigkeit und Umweltbewusstsein in der und für die Wirtschaft wird zunehmend größer, die Gen Z treibt diese Themen im Rahmen einer Sinn-Ökonomie voran (P&C 2021).

So werden neue Dimensionen der Wertschöpfung seitens Gen Z priorisiert: Sozialer Mehrwert, Nachhaltigkeit, eine glückliche Mitarbeiterschaft und gesellschaftlicher Fortschritt sind die Themen der Gen Z. Unternehmen müssen diese neuen Wertvorstellungen der Gen Z im Sinne der Sinn-Ökonomie leben und schon jetzt vorantreiben. Unternehmen, die diese Werte vertreten und diese Ziele verfolgen, werden Mitarbeiter:innen der Gen Z für sich gewinnen können. Denn für die Gen Z ist es im Alltag bereits selbstverständlich, auf sinnvolle Tätigkeiten und Gewohnheiten sowie die entsprechenden Werte zu achten. Dementsprechend erwarten sie, dass im Job und am Arbeitsplatz z. B. auf Nachhaltigkeit Wert gelegt wird. Die Gen Z achtet Unternehmen, die im Unternehmensalltag, bei der Produktion oder entlang von Lieferketten Verantwortung übernehmen. Dabei haben das Einhalten von Umweltstandards und der Einsatz für Ressourcen- und Klimaschutz sowie Maßnahmen, um umwelt- und klimaschädliche Emissionen (z. B. in Form von Kompensationszahlungen) zu reduzieren, die durch Geschäftsprozesse verursacht werden, für die jüngeren Vertreter:innen der Gen Z (unter 20 Jahre) einen höheren Stellenwert als für die zwischen 20 und 25 Jahren.

Die Sinn-Ökonomie geht dabei über die ökologische Dimension hinaus, da die inneren und äußeren Werte bei Unternehmen übereinstimmen und authentisch gelebt werden müssen, weibliche und männliche Mitarbeitende gleich und fair bezahlt werden müssen und sich abhängig von ihren Potenzialen entfalten können sollten. Die eigene Potenzialentfaltung ist für die Gen Z von zentraler Bedeutung.

Zusammenfassend lässt sich festhalten, dass die Themen Diversität, Nachhaltigkeit, Rücksichtnahme sowie die Möglichkeit einer Auszeit für die Gen Z als softe Faktoren bedeutende Kriterien darstellen, wenn es um die Entscheidung für oder gegen einen potenziellen Arbeitgeber geht (P&C 2021). Biografien entwickeln sich zur Multigrafie, Lebensläufe sind nicht mehr geradlinig. Unternehmen sollten sich als Partner für die veränderten Wünsche und Phasen im Leben der Gen Z mittels Sabbatical, Teilzeitbeschäftigung oder Neuorientierung in alternativen Abteilungen anbieten. Die Gen Z schätzt die Möglichkeit, sich kurzfristig und kontinuierlich innerhalb von Unternehmen entwickeln und verändern zu können (P&C 2021). Und Sinn-Ökonomie ist aufgrund der Ansprüche der Gen Z das Wirtschaftsmodell der Zukunft, da nur Unternehmen und Arbeitgeber, die Verantwortung für ihr Handeln übernehmen und zudem Nachhaltigkeit leben, wirklich attraktiv für die Gen Z sind. Die Gen Z will am liebsten bei Unternehmen arbeiten, die einen deutlichen Mehrwert für die Gesellschaft schaffen – und den müssen Arbeitgeber ihnen bieten (P&C 2021)

4.4.2 Welche Lebensstile die Gen Z prägen

Bei der Betrachtung der Gen Z stellen sich sieben idealtypische Lebensstile heraus, die durch ein relativ prägnantes Set an Werten sowie Verhaltens- und Konsummustern gekennzeichnet sind (P&C 2021):

Lebensstil »Digital Creatives«

Die Zielgruppe der Digital Creatives nennt die real-digitale Welt ihr Eigen, da digitale Technologien ein selbstverständlicher Zugang zur Welt sind. Durch den proaktiven Umgang mit allen neuen Arten von Technik prägen sie die Gesellschaft nicht nur von heute, sondern auch von morgen. Sie wollen ihre Umwelt frei und eigenständig (mit-)gestalten. Ihr Lebensstil entspricht der digitalisierten Welt. Als Tech-Visionäre versuchen sie das Leben und die Welt mittels Technologie(n) zu verändern. So treiben sie ständig neue technologische Entwicklungen und deren Einsatz voran – und haben an Unternehmen sowie potenzielle Arbeitgeber den Anspruch, dass diese ebenfalls entsprechend digital-affin sind.

In der Internetkultur zu Hause bringen sich die Digital Creatives auf sozialen Netzwerken proaktiv mit eigenem Content ein und laden zum Austausch untereinander ein. Daher sind sie dort auch für Unternehmen am besten zu erreichen. Für 57 % der befragten Gen-Z-Vertreter:innen sind innovative Technik und digitale Vernetzung ein wichtiger Bestandteil ihres Lebens und ihres Alltags.

Gleichzeitig können sie mit steilen Hierarchien und starren Strukturen nichts anfangen, sie bevorzugen ein sog. Work-Life-Blending, arbeiten gern agil und flexibel bzw. remote. Dies prägt auch ihre Erwartungen an eine entsprechend flexible Arbeitskultur, die z. B. Vertrauensarbeitszeit fördert und so auf Eigenverantwortlichkeit setzt, die traditionellen Dienst nach Vorschrift ablehnt und Selbstbestimmung im Job priorisiert – denn nur so ist gewährleistet, dass sie ihren Drang, Neues zu entdecken und auch zu schaffen, ausleben können.

Die Digital Creatives suchen ständig nach inspirierenden Herausforderungen, Langeweile durch Stillstand lehnen sie ab, sie sind neugierig und brauchen Raum für Ideen und Kreativität. Permanentes Lernen ist für diese Gen-Z-Vertreter:innen essenziell. Das Know-how muss im digitalen Zeitalter ständig aktualisiert werden. Daher sind sie nicht nur neugierig und lernfreudig, sondern auch auf der ständigen Suche nach einem Umfeld, in dem Lernen möglich ist und gefördert wird. Sie sind es gewohnt, Informationen und selbst komplexe Zusammenhänge schnell zu begreifen bzw. zu bewerten sowie sich in neuen Umgebungen rasch zurechtzufinden bzw. mit neuen Tools umzugehen.

Sie können sich sehr schnell an neue Bedingungen anpassen und sind durch und durch lösungsorientiert. Ihre Arbeitsweise ist flexibel und eigenständig, trotzdem schätzen sie Teamarbeit, denn sie sind keine typischen Einzelgänger, sondern verfügen über eine hohe Kooperationsbereitschaft. Entscheidungen treffen sie dabei vorrangig auf der Grundlage von Argumenten, die in ihren sozialen Kreisen bekannt und anerkannt sind. Digital Creatives arbeiten gut und gern in Form von Projektarbeit in kleine(re)n Teams und ohne vielschichtige bzw. starre Hierarchieebenen. Sicherheit und Erfolg im Sinne traditioneller Karrierevorstellungen sind für sie weniger wichtig, eine deutlich größere Bedeutung haben für sie Arbeitsprozesse, die gekennzeichnet sind durch Teamarbeit mit Menschen, mit denen sie sich auf Augenhöhe austauschen und sich gemeinsam entwickeln können. Die Digital Creatives sind daher prädestiniert für den Einsatz als eher temporäre Partner:innen im Berufsleben. In dieser Funktion können Unternehmen sie in erster Linie als Treiber:innen von Innovationen nutzen (P&C 2021).

Ansprache der Digital Creatives

Die Digital Creatives erreicht man digital, jedoch nicht mittels Standard-Bannern oder Mainstream-Influencer-Marketing. Denn sie möchten direkt und individuell angesprochen werden mit für sie relevantem Content, dem Angebot zu Partnerschaften mit spezialisierten YouTuber:innen, kompetenten Twitch-Streamern bzw. kreativen Mikro-Community-Membern oder auch Angeboten zu Musik- oder Gaming-Plattformen für Digitalschaffende (P&C 2021).

- **Schlüsselwerte der Digital Creatives:** Selbstverwirklichung, Gesundheit, Wohlstand und gesellschaftliches Ansehen
- **Superskills der Digital Creatives:** Kooperationsbereitschaft, Adaptionsfähigkeit und Unternehmergeist

Lebensstil »Neo-Hippies«

Die Gruppe der Neo-Hippies steht eine neue Art von Bewusstsein für Gemeinschaft als identitätsstiftende Kraft, so treiben sie die Sharing- und Event-Kultur voran. Die Neo-Hippies vertreten die Ansicht, dass Menschen mehr Zeit in der Gemeinschaft verbringen und gemeinsam Spaß haben sollten, da nur so großartige Erinnerungen entstehen, die das Leben erst ausmachen. Neo-Hippies stehen für eine neue Wir-Kultur, Gemeinschaft geht ihnen über alles. Dementsprechend sehen sie ihr gesamtes soziales Umfeld und auch den Arbeitskontext als lebendige Community, nicht als anonyme oder austauschbare Netzwerkpartner:innen bzw. Kolleg:innen. Die klassische Lebensplanung inklusive Familiengründung hat bei ihnen keine Priorität. Dafür suchen sie agile Unternehmen mit möglichst freien Strukturen und kollektiver Führung. Sie möchten sich in derartigen kollaborativen und kooperativen Gemeinschaften einbringen und austauschen sowie etwas bewirken und letztlich kollektives Wissen optimal nutzen.

Die Neo-Hippies sind das Gegenteil eines Einzelgängers, sie sind aufgeschlossen und kommunikativ, kommen schnell in Kontakt mit anderen Menschen. Dabei übernehmen sie gern Führungsrollen und vernetzen ihre Mitmenschen im Sinne von Co-Creating-Prozessen. Gleichzeitig legen sie Wert auf ein Arbeitsumfeld, in dem sie sich selbst entfalten können. Generell sind die Themen Wohlbefinden und Wohlfühlen sowie Genuss, Spaß und Unterhaltung für die Gruppe der Neo-Hippie von Bedeutung. Sie sehen den Sinn des Lebens darin, Spaß zu haben und sich jederzeit leisten zu können, was ihnen gefällt. Routine und Tradition lehnen Neo-Hippies ab. Vielmehr suchen sie nach Erfahrungen und Erlebnissen jenseits von Routinen, Standards und Alltagstrott. So polarisieren sie mit dieser Lebensauffassung häufig, jedoch ist ihre scheinbare Rastlosigkeit eher der Ausdruck des Bedürfnisses, möglichst viele un- und außergewöhnliche Erfahrungen im Leben zu machen. Daher haben sie Talent darin, ihren Alltag möglichst erlebnisreich zu gestalten, und sind für neue Erfahrungen jederzeit empfänglich. Althergebrachten Statussymbolen wie Firmenwagen und Jobtitel bringen sie wenig Interesse entgegen, denn sie leben nach dem Motto »Collect moments, not things«. Dafür aber haben für sie Geld und Gehalt eine große Bedeutung. Ihre finanzielle Ausstattung erlaubt es ihnen, ihre erlebnis- und eventorientierten Interessen auszuleben. Neo-Hippies stehen gern im Mittelpunkt, sie sind gesellig, mögen die Selbstdarstellung (insbesondere mittels Social Media) und wirken so anziehend auf andere. Sie sind geübt und talentiert darin, Aufmerksamkeit zu erregen bzw. auf sich zu lenken und schaffen es mit ihrer unterhaltsamen Art, Menschen zu inspirieren und mitzureißen (P&C 2021).

Ansprache der Neo-Hippies

Neo-Hippies verkörpern häufig mit einer großen Social-Media-Reichweite den Knotenpunkt einer vernetzten Gesellschaft und fallen auf durch ungewöhnliche bzw. humorvolle Inhalte. Daher sind sie mit entsprechendem Content gut zu erreichen. »Wir-fokussierte« Kanäle wie Messenger- und Facebook-Gruppen, Sharing-Apps sowie Mundpropaganda innerhalb der Peergroup oder lokale Veranstaltungen sind erfolgversprechend bei dieser Zielgruppe. Zugleich sind Neo-Hippies regional bzw. lokal treu, man spricht sie am besten in der eigenen Region und im lokalen Kontext an (P&C 2021).

- **Schlüsselwerte der Neo-Hippies:** Gesundheit, Selbstverwirklichung und soziale Bindungen
- **Superskills der Neo-Hippies:** Kooperationsbereitschaft, Kreativität und Adaptionsfähigkeit

Lebensstil »Me-Professionals«

Die Me-Professionals sind Individualist:innen. Als Einzelkämpfer:innen wollen sie finanziell unabhängig sein und legen großen Wert auf gesellschaftliches Ansehen. Die Themen Leistung, Luxus und Lebenslust haben für sie Priorität. Me-Professionals definieren sich über beruflichen Erfolg und materiellen Luxus. Um eine entsprechend anerkannte Stellung in der Gesellschaft jenseits des Mainstreams zu erreichen, zeigen sie sich überdurchschnittlich leistungsbereit und engagiert, denn sie vertreten die Ansicht, dass man im Leben ohne Anstrengung nichts erreichen kann. Um sich ein luxuriöses Leben leisten zu können, muss man dafür vorher etwas leisten. Zum Erreichen ihrer ehrgeizigen Ziele engagieren sie sich im Job professionell und diszipliniert, aber teils auch kompromisslos und egoistisch. Für Me-Professionals sind Außenwirkung und Status das Wichtigste im Job. Dafür gehört auch die Selbstinszenierung zu ihrem Alltag, sie wollen von ihrem sozialen Umfeld gesehen werden und erwarten Wertschätzung sowie Bestätigung für ihre Leistungen. Me-Professionals sind extrinsisch motiviert und materialistisch eingestellt. Ihr Konzentrieren auf die Karriere geht häufig zulasten eines gesellschaftlichen oder politischen Engagements. Me-Professionals sehen und leben eher stereotype Geschlechterrollen und inszenieren sich häufig in den entsprechenden prototypischen Klischees. Im Job sind Zusatzleistungen zusätzlich zum Gehalt wie Firmenhandy, Firmenwagen oder Kinderbetreuung attraktiv und wichtige Aspekte bei der Wahl eines Arbeitsplatzes und Arbeitgebers.

Das eigene Wohlergehen hat für die Me-Professionals als Einzelkämpfer:innen zwar oberste Priorität, trotzdem sind sie keine ausschließlichen Einzelgänger:innen. Als Gruppe von Einzelkämpfer:innen und somit kooperativ zusammenarbeitenden Mitarbeiter:innen funktionieren sie gut im Team, wenn es ihnen auch selbst etwas bringt. Dabei verlangen sie nach klaren Strukturen und der Möglichkeit, sich durch Leistung auf der Karriereleiter nach oben zu arbeiten. Me-Professionals arrangieren sich mit komplexen, starren bzw. steilen Hierarchien, solange man ihnen das Gefühl gibt, dass ihre Leistung entsprechend honoriert wird.

Zugleich lieben sie das Abenteuer, legen wenig Wert auf Sicherheit und suchen nach Spielwiesen, um sich ausprobieren zu können. Me-Professionals sind impulsiv und handeln situativ, sind jedoch auch kompetente Impulsgeber. Sie legen Wert auf Publikum und auf ein aktives soziales Umfeld, das ihnen und ihren Erfolgen als Spiegel dient. Das Bedürfnis zur beruflichen Weiterentwicklung steht häufig im Einklang mit dem Wunsch nach Selbstdarstellung. Daher haben viele Me-Professionals Influencer-Potenzial. Sie verbinden die Ökonomie des Geldes mit der Ökonomie der Aufmerksamkeit, sind gut vernetzt und ziehen Aufmerksamkeit auf sich. Die teils narzisstischen Wesenszüge werden von dieser Gen-Z-Gruppe ausgelebt, jedoch häufig mit einem Augenzwinkern, da sie sich selbst und ihre Rolle nicht immer ernst nimmt (P&C 2021).

Ansprache der Me-Professionals

Die Me-Professionals sind bereit für das Neue, Verbindlichkeit ist weniger wichtig für die. Sie sind empfänglich für originellen Content mit einem hohen Unterhaltungsfaktor und für das Sich-Messen im Rahmen von Wettbewerben, um Aufmerksamkeit zu gewinnen. Materielle Statusobjekte, klare Aufstiegsmöglichkeiten und prestigeträchtige Jobtitel haben für sie eine große Bedeutung. Da sie sich selbst aktiv um ihre Karriere kümmern, sind sie gut über die klassischen beruflichen Netzwerke zu erreichen (P&C 2021).

- **Schlüsselwerte der Me-Professionals:** Wohlstand und gesellschaftliches Ansehen, Selbstverwirklichung, Gesundheit, Erfolg und soziale Bindungen
- **Superskills der Me-Professionals:** Eigenverantwortung, Kooperationsbereitschaft und Unternehmergeist

Lebensstil »Self Balancer«

Für die Gruppe der Self Balancer hat das eigene Wohlergehen oberste Priorität. Dafür legen sie Wert auf ein ausgeglichenes Verhältnis von Berufs- und Privatleben und konzentrieren sich auf die essenziellen Dinge im Leben. Die Self Balancer stehen für die zwei gesellschaftlichen Veränderungen der Entwicklung von Gesundheit zum lebensdominierenden Thema sowie für den Wunsch nach einer Arbeitswelt, in der Leistung nicht als Wert über das Wohlbefinden des Einzelnen gestellt wird. Self Balancer stehen daher für ein neuartiges Work-Life-Konzept, bei dem weniger Arbeit und mehr freie Zeit neue Energien freisetzen. Sie bevorzugen lösungsorientierte Herangehensweisen ohne zeitverschwendendes Multitasking. Aufgrund ihrer inneren Ausgeglichenheit sind sie immer daran interessiert, Prozesse einfach zu halten. Sie üben sich in Gelassenheit, lehnen Hektik und Stress ab.

Viele Self Balancer treffen Entscheidungen lieber nach ihrem Bauchgefühl als mit dem Verstand. Ihr intuitives Gefühl erscheint ihnen häufig besser als aufwendig und mühselig ausdiskutierte Ergebnisse. Sie agieren und entscheiden gern selbstständig und lehnen strikte Vorgaben ab. Beruflicher Erfolg ist ihnen wichtig, aber ihre Komfortzone hat für sie eine noch größere Bedeutung. Um dem sog. Arbeitswahnsinn zu entgehen, wünschen sie sich intelligente Dienstleistungen, die einen möglichst unkomplizierten Alltag garantieren und ihnen Aufwand oder Aufgaben abnehmen.

Sie sind Anhänger:innen und Vertreter:innen einer neuen Wissensökonomie und einer werteorientierten Wirtschaft und bereit, ihr Potenzial für die Gesellschaft und in Unternehmen zu investieren, erwarten dafür im Gegenzug jedoch auch Flexibilität. Sie wollen von zu Hause aus arbeiten, ggf. eine temporäre Auszeit nehmen oder auch ihre Arbeitszeit reduzieren können.

Sie verstehen Arbeitszeit als einen Teil ihrer Lebenszeit. Daher muss der Job für sie einen Mehrwert und mehr als das Monetäre bieten, vor allem in Form von Spaß, Selbstentfaltung und Sinn. Eine sinnstiftende Arbeit, in der sie Selbstwirksamkeit erfahren können, ein sympathisches Team und ein angenehmes Arbeitsklima motivieren sie, sich auch langfristig an ein Unternehmen zu binden.

Für diese Gruppe ist das körperliche und seelische Wohlbefinden wichtig, ein gesunder, ausgeglichener Lebensstil hat für sie oberste Priorität. Dank ihres ganzheitlichen Gesundheitsverständnisses achten sie diesbezüglich auf entsprechende Angebote und Qualitäten am Arbeitsplatz. Sie reagieren z. B. empfindlich auf Lärm, Hektik oder Stress und meiden ein Arbeitsumfeld, in dem unkollegiales Verhalten, Stress oder Selbstausbeutung zum Alltag gehören – selbst ein gutes Gehalt kann ein derartiges Arbeitsumfeld nicht kompensieren (P&C 2021).

Ansprache der Self Balancer

Self Balancer erreicht man digital und online am ehesten mittels Communitys rund um die Themen Gesundheit, Ernährung, Reisen, Mindfulness und Do-it-yourself. Da sie ihrem Privatleben mehr Bedeutung beimessen als der Karriere, sind sie wenig bereit, für einen Job umzuziehen. Daher ist es erfolgversprechend, sie im direkten Umfeld des Unternehmens anzusprechen, z. B. durch regionale bzw. lokale Events, einen Tag der offenen Tür oder durch das Sponsoring regionaler Veranstaltungen (P&C 2021).

- **Schlüsselwerte der Self Balancer:** Gesundheit, Erfolg und Selbstverwirklichung
- **Superskills der Self Balancer:** Kooperationsbereitschaft, Gewissenhaftigkeit und Adaptionsfähigkeit

Lebensstil »Vorwärtsmacher«

Die Gruppe der Vorwärtsmacher:innen gestaltet die Zukunft als Führungspersönlichkeiten von morgen. Sie treiben dank eines überdurchschnittlichen Durchsetzungswillens, sozialer Kompetenz und einer nahezu spielerischen Leichtigkeit den gesellschaftlichen Wandel voran. Vorwärtsmacher:innen sind proaktiv und nehmen die Dinge meistens selbst in die Hand. Beruflichen Erfolg messen sie allein daran, ob und wie ausgeprägt sie langfristig Veränderungen bzw. Verbesserungen erzielen können. Das Erreichen eines gesellschaftlichen Status oder das Ansammeln von Vermögen sind für sie weniger bedeutend. Ihnen geht es vor allem um die Möglichkeit des Schaffens und den Freiraum dafür. Ihr innerer Antrieb ist das Geheimnis ihres Erfolgs: Sie sind hauptsächlich intrinsisch motiviert und leisten Überdurchschnittliches, wenn sie dadurch eine Wirkung erzielen können. Sie möchten unbedingt etwas für die Gesellschaft tun und engagieren sich daher für ökologische, soziale und politische Themen. Sie setzen mit einem entsprechenden Innovations- und Pioniergeist neue Maßstäbe. Wenn Vorwärtsmacher:innen von Unternehmen die Möglichkeit zur Selbstentfaltung geboten bekommen, liefern sie einen überdurchschnittlichen Einsatz sowie produktive Kreativität – andererseits beenden die Vorwärtsmacher:innen jegliche Kooperation schnell, wenn sie keinen derartigen Mehrwert im Job sehen.

Diese Gruppe sieht sich in der Rolle der aktiven Gestalter mit Durchsetzungskraft, Führungskompetenz und Veränderungswillen. Vorwärtsmacher:innen denken gern groß, sind dynamische »Out-of-the-Box«-Denker:innen und streben dementsprechend überwiegend einflussreichen Positionen an. Sie haben eine überdurchschnittlich gute Ausbildung sowie ein entsprechendes breites Allgemeinwissen, verfügen über ausgeprägte soziale Fähigkeiten und sind darauf bedacht, sich ständig weiterzubilden. Dabei ist ihre Ausbildung für sie nicht irgendwann abgeschlossen, sondern vielmehr ein kontinuierlicher Prozess, der das ganze Leben über anhält.

Die Vorwärtsmacher:innen verfolgen meistens ehrgeizige Ziele und wollen weiterkommen, zugleich fällt es ihnen leicht, mehrere Perspektiven gleichzeitig einzunehmen. Vorwärtsmacher:innen haben ein gutes Gefühl für andere, in heiklen Situationen kommt ihnen daher des Öfteren auch eine vermittelnde Mediatorenrolle zu. Auf individuelle Kompetenzen von Mitarbeiter:innen können Vorwärtsmacher:innen leicht eingehen, zugleich sind sie loyal gegenüber Kolleg:innen. So stehen sie auch mal für Fehler ein, selbst wenn sie diese nicht verschuldet haben. Vorwärtsmacher:innen fällt es leicht, ein angenehmes und produktives Arbeitsklima zu schaffen, in dem Arbeiten allen Beteiligten Freude macht, denn sie erlauben Freiräume, um kreative Ideen entstehen zu lassen, und schaffen es mittels Empathie, ihr Umfeld für die eigenen Visionen zu begeistern. Dementsprechend bevorzugen sie eine moderne Arbeitskultur und sind der Überzeugung, dass Unternehmen dank offener Plattformen und Kreativitätslabore Wettbewerbsvorteile haben (P&C 2021).

Ansprache der Vorwärtsmacher

Vorwärtsmacher:innen sind talentierte Netzwerker:innen und gut online anzusprechen, z. B. mittels Freelancing-Plattformen, Start-up- und Crowdsourcing-Netzwerken oder Social-Business-Events und Conventions. Wichtig für sie ist eine Unternehmensmission, mit der sie sich identifizieren können. Unternehmen, die die Werte dieser Gruppe teilen und leben sowie einen klaren Mehrwert für die Gesellschaft erzeugen, sollten diesen deutlich kommunizieren, um die Vorwärtsmacher:innen für sich zu gewinnen (P&C 2021).

- **Schlüsselwerte der Vorwärtsmacher:** Selbstverwirklichung, gesellschaftliches Engagement, Erfolg und Gesundheit
- **Superskills der Vorwärtsmacher:** Kreativität, Eigenverantwortung und Kooperationsbereitschaft

Lebensstil »Moderne Nomaden«

Diese Gruppe lebt im permanenten Unterwegs, fühlt sich überall zu Hause, ist neugierig und zeigt ein offenes Mindset. Die Vertreter:innen gieren nach neuen Erfahrungen, sie definieren sich als ungebunden und vorurteilsfrei. Moderne Nomad:innen kommunizieren, arbeiten und leben gern und überwiegend von unterwegs – so verkörpern sie den mobilen und digitalen Lifestyle des 21. Jahrhunderts. Sie verfolgen ein beständiges Work-Life-Blending, arbeiten remote, d. h. von überall aus und jederzeit, sodass für sie die Trennung von Arbeit und Freizeit bzw. Leben nicht existiert. Arbeitnehmer:innen dieser Gruppe entsprechen dem Typus des eigenverantwortlichen und flexiblen Projektarbeiters mit einer hohen technischen Affinität, viel Wissen und Kreativität. Sie sind neugierig auf neuartige Projekte und Teams und bevorzugen Jobs, für die ein Laptop und eine Internetverbindung ausreichen. Gleichzeitig scheuen sie sich nicht davor, zwischenzeitlich Gelegenheitsjobs anzunehmen, da eine klassische Karriere für sie wenig Bedeutung hat. Einen langjährigen und sich wenig oder sogar nie verändernden Bürojob mit Alltagsroutine und auf dem Land lehnen die Modernen Nomad:innen ab. Sie sind häufig Freelancer, die sich nicht auf Verbindlichkeiten einlassen. Andererseits sind sie daher als feste Mitarbeiter:innen schwer zu halten.

Die Lebensweise der Modernen Nomad:innen ist geprägt von Hedonismus. Sie wollen in erster Linie das Leben genießen und gehen offen an neue Dinge heran. Das eigene Wohlbefinden gehört für sie zur zentralen Lebensaufgabe. Sie wollen sich unabhängig entfalten können und lieben die Abwechslung. Diese Gruppe gehört zu den sog. Early Adopters, agiert als Vordenker:innen, die keine Grenzen im Kopf kennen. Ihr vorurteilsfreies Mindset macht sie zu innovativen Denker:innen. Starre Denkmuster und rückwärtsgewandte Ideologien bzw. Traditionen schrecken die Modernen Nomad:innen ab. Sie sind häufig Autodidakten, die sich Wissen und Können selbstständig erarbeitet haben. Neugier zeichnet sie aus und unterstützt sie dabei, sich pausenlos weiterzubilden. Ihre vorurteilsfreie Weltoffenheit und die Nähe zu Menschen ermöglichen den Modernen Nomad:innen einen globalen Blick auf Fragestellungen, wodurch wertvolle und unübliche Ideen entwickelt werden. Moderne Nomad:innen sind einem stetigen Strom von komplexem Input von außen ausgesetzt, vor allem von großen sozialen Netzwerken (P&C 2021).

Ansprache der Modernen Nomaden

Am besten erreicht man Moderne Nomad:innen digital und mittels einer ausgereiften User Experience. Sie sind in beruflichen Netzwerken und Freelancer-Communitys aktiv, suchen jedoch eher selten von sich aus aktiv nach dem nächsten Projekt, denn sie sind es gewohnt, gefunden bzw. weiterempfohlen zu werden (P&C 2021).

- **Schlüsselwerte der Modernen Nomaden:** Gesundheit, Selbstverwirklichung und soziale Bindungen
- **Superskills der Modernen Nomaden:** Kooperationsbereitschaft, Unternehmergeist und Eigenverantwortung

Lebensstil »Mainstreamer«

Mainstreamer sehnen sich nach sozialer Akzeptanz und führen ein eher unauffälliges sowie angepasstes Leben, das dem Durchschnitt der deutschen Bevölkerung entspricht. Sie halten sich an Erfolgsformeln, d. h. an das, was sich erfolgreich durchgesetzt hat. Sie haben ein ausgeprägtes Bedürnis nach Klarheit, Einfachheit und dem Gefühl, gut aufgehoben zu sein. Sie sehen sich als Mitte der Gesellschaft und definieren sich über die entsprechende kollektive Zugehörigkeit. Sie suchen soziale Anerkennung, Sicherheit und Resonanz im vertrauten Umfeld. Mainstreamer streben wenig nach Individualisierung und Abgrenzung gegenüber anderen, sie wollen Zugehörigkeit und Akzeptanz – dies bekämpft ihre Angst, abgelehnt, ausgegrenzt oder negativ beurteilt zu werden. Sie brauchen ein Umfeld, in dem sie Halt und Wertschätzung finden. Dabei bleiben sie dem Bekannten treu, anstatt sich neuen Perspektiven zu öffnen. Sie pflegen daher selten einen großen Freundes- und Bekanntenkreis und lassen sich ungern mit andersartigen Ansichten konfrontieren.

Mainstreamer versuchen es zu vermeiden, sich mit den falschen Leuten anzufreunden oder etwa in ein soziales Umfeld zu geraten, das sie zu gesellschaftlichen Außenseitern macht. Für viele ist es wichtig, eine anerkannte gesellschaftliche Stellung zu erreichen. Der berufliche Erfolg sowie Führungspositionen mit Verantwortung sind ihnen weniger wichtig, dafür jedoch eine sozial anerkannte Stellung, die mit klassischen Statussymbolen einhergeht.

Mainstreamer sind eher beständige Menschen, sie bevorzugen klare Strukturen und sind oft loyale Arbeitnehmer:innen. Diese Gruppe hört deutlich mehr auf den Kopf als auf den Bauch, sie ist aufgrund ihres ausgeprägten Bedürfnisses nach Sicherheit wenig risikofreudig, Chancen und Herausforderungen meiden sie lieber. Jobs wechseln sie selten spontan. Nicht zu wissen, worauf genau man sich einlässt, macht Mainstreamer nervös. Wandel ist für Mainstreamer eher negativ besetzt. Sie werden daher u. a. als disziplinierte und verlässliche Mitarbeiter:innen geschätzt, die Regeln ernst nehmen (statt etwas falsch zu machen). Mainstreamer sind gegenüber Neuem nicht grundsätzlich verschlossen, sie stoßen zugleich jedoch selten selbst Veränderung an und stehen Neuem zunächst kritisch bzw. abwartend gegenüber. Wenn sich jedoch eine allgemeine soziale Akzeptanz des Neuen einstellt, dann leistet er keinen Widerstand und passt sich gern der Mehrheitsmeinung an (P&C 2021).

Ansprache der Mainstreamer

Mainstreamer sind affin gegenüber klassischen Employer-Branding-Maßnahmen und -Inhalten, Jobmessen sowie Karriereportalen. Attraktiv sind für sie eindeutige Ansagen bezüglich der Arbeitsbedingungen und -platzsicherheit. Gleichzeitig legen sie Wert auf das Image und die Werte des Unternehmens. Mainstreamer achten sehr auf Unternehmensbewertungen auf Plattformen wie Kununu oder Glassdoor, bevor eine Stelle bzw. ein Unternehmen in Betracht gezogen wird (P&C 2021).

- **Schlüsselwerte der Mainstreamer:** Wohlstand und gesellschaftliches Ansehen und Sicherheit
- **Superskills der Mainstreamer:** Gewissenhaftigkeit, Adaptionsfähigkeit und Eigenverantwortung

4.5 MISSVERSTÄNDNISSE und UNVERSTÄNDNIS – wie Fronten zwischen Boomern und Zoomern entstehen

Bei der Betrachtung der Werte, die der Gen Z wichtig sind, und der Anschauungen, die sie vertritt, ist es wenig überraschend, dass Missverständnisse im Recruiting der Gen Z und im Dialog mit ihr fast schon die Regel und (leider) nicht die Ausnahme sind. Wenn Zoomer (Gen Z) als Youngster und Boomer (Babyboomer) als Seniors aufeinandertreffen, kann es knallen, weil teils völlig konträre Ansichten und Anschauungen aufeinandertreffen. Die Generation Z wird nicht verstanden, dafür aber missverstanden. Vor allem der Generation der Babyboomer fällt es schwer, die Perspektive der Generation Z einzunehmen. Die Ansprüche und Erwartungen der jungen Generation sind für sie schwer nachvollziehbar, da sie so überhaupt nicht zu denen der Älteren passen.

Personaler stehen vor einem Gen-Z-Rätsel

Darunter leidet insbesondere die Personalsuche und -rekrutierung. Denn die Generation Z findet viel zu selten Arbeitgeber, die sie verstehen und ihre Werte teilen, während die Generation Babyboomer immer seltener Arbeitnehmer:innen findet, die ihren Wertvorstellungen entsprechen. Wir haben es demnach mit einer Recruiting-Variante der zwei Königskinder zu tun, die nicht zusammenkommen können – die Arbeitgeber- und Personalerwelt sieht sich mit der Rekrutierungsherausforderung Generation Z konfrontiert.

Boomer können oder wollen nicht verstehen

Das Konfliktpotenzial ist jedoch nicht allein aufgrund der unterschiedlichen Ansichten verschiedener Generationen so groß (siehe Abb. 33), sondern auch weil einer der hier beschriebenen Protagonisten die Realität verkennt und die eigene Position schlichtweg falsch einschätzt. Denn die Gruppe der Arbeitgeber, die die Zeichen der

Zeit und vor allem die Zeichen der Generation Z nicht erkannt haben und nicht erkennen, ist groß. Arbeitgeber, die weiterhin mit dem Mindset der 1990er-Jahre auf dem Arbeitsmarkt agieren, werden es nicht nur zukünftig schwer haben, die Generation Z für sich zu gewinnen – sie haben es bereits jetzt schwer. Denn die Generation Z sitzt eindeutig am längeren Hebel, ist anspruchsvoll und lässt sich wenig gefallen – und in Zukunft vermutlich gar nichts mehr gefallen. Sie ist in der Position, Ansprüche zu stellen und erwarten zu können, dass man als Arbeitgeber auf sie zukommt und versucht, sie zu verstehen. Mit ihrer konkreten Vorstellung von Arbeit und Leben können sie sich Arbeitgeber gemäß ihren Werten aussuchen, können auf Arbeitgeber warten, die ihre Vorstellungen von einer Work-Life-Balance teilen oder dieser zumindest entgegenkommen. Der Arbeitnehmermarkt gibt ihnen Recht. Denn eines ist sicher: Die Babyboomer (und auch die Generation X) sind auf die Generation Z angewiesen – und nicht umgekehrt.

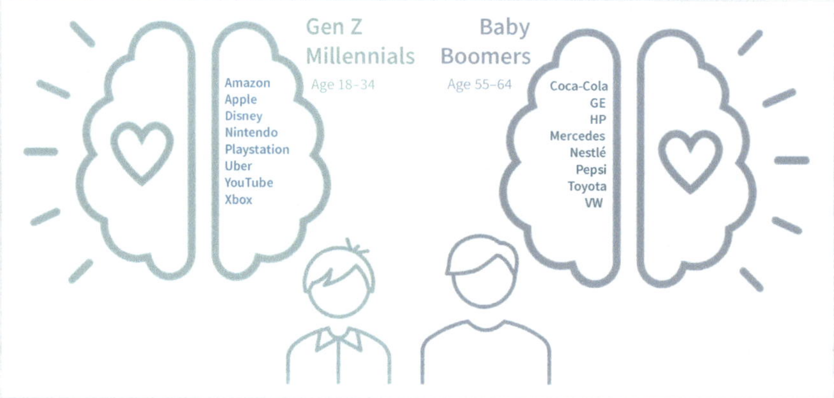

Abb. 33: Vergleich Babyboomer vs. Generation Z sowie Arbeitgebermarkt vs. Arbeitnehmermarkt (in Anlehnung an https://www.visualcapitalist.com/the-most-loved-brands/)

Daher sollte das Missverständnis- und vor allem das daraus resultierende Konfrontationspotenzial, das zwischen den beiden Generationen mittlerweile nicht nur schwelt, sondern in großen Teilen bereits entflammt ist, als Fakt betrachtet werden. Das Schaffen und Fördern von Verständnis für die Generation Z ist demzufolge die notwendige Grundlage für ein produktives und professionelles berufliches Miteinander. Viele Arbeitgeber, Unternehmen und Unternehmer:innen verstehen das, haben das veränderte Machtgefälle zwischen Arbeitgebern und Arbeitnehmer:innen erkannt – einige eher nicht, noch nicht. Das Unverständnis der Generation Boomer gegenüber der Generation Zoomer bedarf einer genaueren Betrachtung.

Unverständnis zwischen Boomern und Zoomern

Die Vorurteile, die die Generationen Babyboomer und X gegenüber der Gen Z hegen (und teils auch pflegen), beruhen letztlich auf einem einfachen Missverständnis. Generationen, die vor allem in den 1970er- bis 1990er-Jahren bis zum Anschlag gearbeitet haben, können (und wollen) nicht verstehen, dass die Gen Z keine 40-Stunden-Woche mehr akzeptieren, geschweige denn leben will. Sie sagen sich und der Gen Z, dass sie selbst viel gearbeitet haben – und dasselbe nun selbstverständlich auch von den nachfolgenden Generationen erwarten. Die Gen Z steht diesen Ansprüchen und Forderungen hingegen kritisch gegenüber und hinterfragt den Sinn dieses Zuviels an Arbeit.

Da viele Vertreter:innen der Generationen Babyboomer und X hart gearbeitet haben, um einen gewissen Lebensstandard und auch eine entsprechende gesellschaftliche Position zu erreichen, schließen sie für sich daraus, dass die Gen Z im Berufsleben und auf dem Arbeitsmarkt mindestens genauso hart arbeiten müsse wie sie selbst in jüngeren Jahren (Hagen 2022). Aus Sicht der Boomer und Buster muss die Gen Z es sich erst einmal hart verdienen, irgendwann ein ebenso gutes Leben zu führen, wie sie es sich zuvor jahrelang verdient haben. Die Älteren geben daher häufig die Schablone einer erstrebenswerten und nicht zu hinterfragenden 40-Stunden-Woche vor, ob aus Gewohnheit, aus Überzeugung oder aus Fantasielosigkeit sei dahingestellt. Von ihnen wird Teilzeit als Faulheit verstanden, das Aufzeigen und Durchsetzen von Grenzen seitens der Gen Z wird als schlechte Arbeitsmoral oder sogar als Schwäche interpretiert. Die Babyboomer und die Generation X verkörpern die Art von Chef:innen, die es für ein Zeichen von Stärke halten, die oder der Letzte im Büro zu sein, Überstunden anzusammeln, am Wochenende zu arbeiten, im Urlaub ständig erreichbar zu sein oder sogar ganz auf Urlaub zu verzichten.

Für die Gen Z aber ist genau das Gegenteil erstrebenswert. Für sie zeugt es von Stärke, »Nein« zu Mehrarbeit, Überstunden und Co. zu sagen. Sie sind Fans der Prophylaxe für die eigene und frühzeitige bzw. rechtzeitige psychische Gesundheit, um einem Burnout entgegenzuwirken. Überstunden, Überlastung, Überforderung und das Arbeiten bis zum Umfallen sind out (Schönborn 2022).

Leben im Hier und Jetzt

Unverständnis führt zu Missverständnis: Die Gen Z will ihr Leben nicht erst für die Zukunft planen, sie will kein Leben, das erst in einigen Jahrzehnten stattfindet. Da sich ihre Zukunft als äußerst fragil, volatil und letztlich wenig planbar bzw. ungewiss anfühlt, will sie ein Leben im Hier und Jetzt – ohne Aufschieben von Wünschen, ohne jahrelange Planung. Ein erheblicher Teil des bisherigen Lebens der Gen Z ist geprägt durch Pandemie, Klimakrise und Krieg, was in großen Teilen ein Verschulden der älteren Generationen zu sein scheint (edit-magazin 2021) und alle bisher als für sicher gehaltenen Gewissheiten mehr als infrage stellt – und auch die Zukunft des Planeten Erde ist nicht gewiss (Schönborn 2022).

Lohnenswertes Leben

Die neuen Werte der Gen Z sorgen für Unruhe: Der Generation Z ist daher schon länger ist klar, dass sie den Lebensstandard ihrer Eltern höchstwahrscheinlich so nicht mehr erreichen wird (Piltz 2020). Damit haben sich die Vertreter:innen zum einen abgefunden, zum anderen aber haben sich ihre Werte daher im Vergleich zu denen der vorherigen Generationen wesentlich verschoben. Die Gen Z nimmt z. B. Abstand von Statussymbolen wie die Vorstadtvilla, die Luxusuhr am Handgelenk oder die Premiumkarosse vor der Tür (NWZ online 2017). Ganz im Gegenteil: Erstrebenswert für sie ist es, weniger zu arbeiten und so deutlich mehr Zeit für sich, ihre Interessen, ihre Familien und Freund:innen zu haben. Ihre Prämisse ist das Leben in der Gegenwart und nicht ein Leben, das durch (zu viel) Liebe zum Job oder gar durch Burn-out gekennzeichnet ist (Schönborn 2022).

Respekt erwarten

Die Gen Z setzt neue Werte auf die Agenda. Den Vertreter:innen der Gen Z ist klar, dass sie durchaus privilegiert sind, vieles infrage zu stellen und neu anzugehen. Sie genießen Privilegien, die auf dem aufbauen, was Boomer und Buster zuvor geschaffen haben. Eines dieser Privilegien ist die Möglichkeit, zu hinterfragen und zu reflektieren, wie viel Arbeit überhaupt gut ist und letztlich guttut. Fragen, mit denen sich die Generationen der Eltern und Großeltern der Gen Z nicht haben auseinandersetzen können und es vielleicht auch nicht wollten. Denn den männlichen Vertretern der Babyboomer hielt die Ehefrau klassischerweise zu Hause den Rücken frei, kümmerte sich um Haushalt und Kinder, während er arbeitete und Karriere machte oder aber schlichtweg bis zur Erschöpfung schuftete (Fasola 2022). Die Generation X versuchte zwar, diese traditionellen Vorstellungen, Aufgaben und eine solche Arbeitsteilung zu hinterfragen und schlussendlich aufzubrechen, wenn aber das erste Kind geboren war, rutschte auch diese Generation zurück in alte (Rollen-)Muster, sodass wieder die Frau zu Hause blieb oder höchsten ein paar Stunden arbeitete und klassischerweise etwas dazuverdiente, der Mann und Vater hingegen wieder Vollzeit inklusive Überstunden arbeitete (Schönborn 2022).

Ausgebranntsein verhindern

Es herrscht das Schreckgespenst Burn-out: Vor dem oben skizzierten eher traditionellen Hintergrund ist nachvollziehbar, warum das Thema Burn-out ein für die Gen Z derart sensibles ist. Die Gen Z hat erlebt, wie sich ihre Eltern krank gearbeitet haben und messen Studien (z. B. der WHO), in denen Burn-out als eine der größten Gefahren des 21. Jahrhunderts bezeichnet wird, eine große Bedeutung bei. Viele Vertreter:innen der Gen Z haben an ihren Eltern und deren Freund:innen sehen müssen, wie zerstörerisch Arbeit und die daraus resultierenden Erkrankungen sein können. Da ist es zutiefst irritierend, dass ihnen als Auszubildende oder Studierende von genau diesen Generationen, die es eigentlich besser wissen müssten, trotzdem genau diese oft zum Burn-out führende Arbeitsmoral vorgelebt und als erstrebenswerte Norm vorgegeben wird (Schönborn 2022).

Die Gen Z sieht sich in der Pole Position: Sichtweisen wie die der arbeitsscheuen Gen Z, die mehr Wert auf Balance als auf Work legt, oder vorwurfsvolle Fragen wie die, wie die Gen Z denn die Schulden der Gegenwart abzahlen wolle, wenn sie bereits beim Einstieg ins Berufsleben am liebsten nur in Teilzeit arbeiten will, sind daher wenig zielführend, wenn man an einer lösungsorientierten Zusammenarbeit der Generationen interessiert ist (Ickert 2022). Denn die Gen Z hat einen Vorsprung: Sie weiß, was sie will und wie sie (nicht) leben will. Sie hat gesehen und sieht, wohin es führt, wenn man sich in Richtung Burn-out arbeitet und nur noch (sehnsüchtig) auf die Rente hinarbeitet. Die Gen Z will daher jetzt und in Zukunft vor allem eines: glücklich sein (Schönborn 2022).

Um Unverständnis abzubauen und Verständnis zwischen Babyboomern und der Generation Z zu schaffen, sollen hier daher einige der größten Missverständnisse hinterfragt werden, denen insbesondere Boomer erliegen, wenn es um Zoomer geht:

4.5.1 Babyboomer-Missverständnis Nr. 1: Commitment ist NICHT gleichbedeutend mit Sich-ausbeuten-Lassen

Teils völlig unterschiedliche Einstellungen zu Arbeitgeber und Arbeitsplatz kennzeichnen häufig das Verhältnis der beiden Generationen. Das Thema Commitment gegenüber dem Arbeitsplatz und Arbeitgeber birgt Konfliktpotenzial, denn es gibt tatsächlich nicht nur das eine Commitment, sondern vielmehr verschiedene Arten von Commitment (siehe Abb. 34): Zum einen gibt es die emotionale Verbundenheit zum Unternehmen, dann eine eher pragmatisch-praktische Einstellung gegenüber der Arbeit bis hin zu einer gewissen Art von Pflichtgefühl gegenüber dem Job.

Und hier scheiden sich oft die Geister: Da die Boomer im Job meist ein außergewöhnlich ausgeprägtes Pflichtgefühl an den Tag legen und viele von ihnen stets zu Überstunden und anderen Einschnitten in ihr (Privat-)Leben bereit sind bzw. waren, erwarten sie genau das jetzt auch von der nächsten Generation. Nicht so die Generation Z – sie muss und will nicht unbedingt durch (physische) Präsenz am Arbeitsplatz glänzen, gleichzeitig ist ihre emotionale Verbindung zur Arbeit stark ausgeprägt. Ihr ist anderes wichtig: Sie will proaktive Interaktion und gleichberechtigte Diskussion, neue Wege gehen und gemeinsam an Lösungen arbeiten.

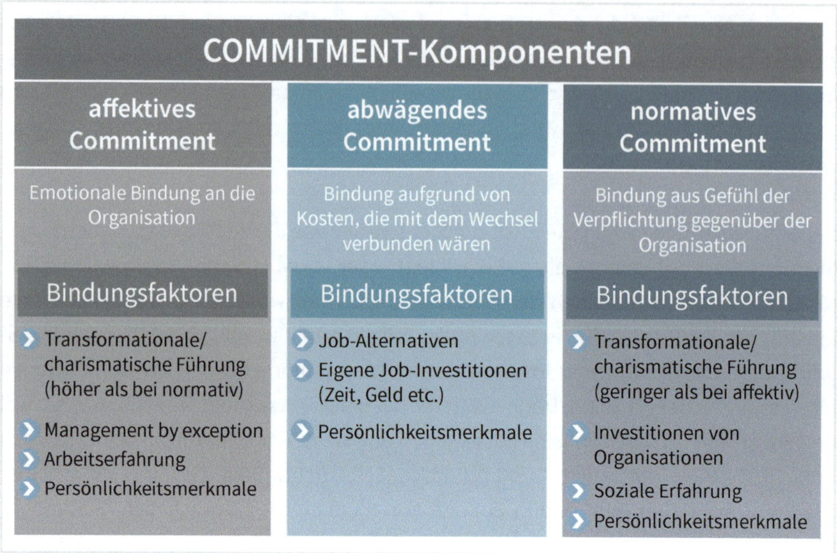

Abb. 34: Berufliches Commitment (in Anlehnung an https://www.iww.de/kp/kanzleifuehrung/mit-wissenschaft-fuehren-motivierte-und-zufriedene-mitarbeiter-sind-moeglich-f121015)

4.5.2 Babyboomer-Missverständnis Nr. 2: Entscheidungen gelten NICHT für immer und ewig

Bei vielen Vertreter:innen der Generation Babyboomer war die Entscheidung für einen Job und einen Arbeitgeber eine Entscheidung für die Ewigkeit. Ihre Verweildauer bei einem Arbeitgeber war und ist überdurchschnittlich, ihre Wechselfreudigkeit bzgl. des Arbeitsplatzes unterdurchschnittlich – vor allem im Vergleich zu den jüngeren Generationen. Die Generation Z hingegen bindet sich nicht fürs Leben, zumindest nicht, was Arbeitgeber betrifft. Sie folgt ihrer Passion und ihren Werten, will Aufgaben im Job auf die Agenda setzen, die sie erfüllen und weiterbringen. Mit welchem Arbeitgeber sie diese Agenda umsetzen, das ist allein ihre Entscheidung – und kann sich jederzeit schnell ändern. Gleichzeitig jedoch wollen Babyboomer weiterhin einen beruflichen Partner, sprich: Arbeitnehmer fürs Leben. Sie wollen »long-time companions« und keine »one night stands«, wenn es um Arbeitnehmer geht.

4.5.3 Babyboomer-Missverständnis Nr. 3: Versprochen ist versprochen – und wird auch NICHT gebrochen

Bewerber:innen erleben gelegentlich Irritierendes bis Verstörendes, wenn Versprechungen aus Stellenausschreibungen und Vorstellungsgesprächen auf die Realität treffen. Denn nicht wenige Personalverantwortliche der Boomer-Generation sind darin geübt, in Stellenbeschreibungen Versprechungen zu machen, die der Realität im Arbeitsalltag nur wenig entsprechen. So erlebt die Gen Z nach vielen Interviews einen Berufseinstieg und Arbeitsalltag, der von der in den Jobinterviews geschilderten und zugesicherten bspw. unhierarchischen, lockeren Unternehmenskultur abweicht, wenn der Firmenalltag durch althergebrachte bis überholte Denk- und Entscheidungsstrukturen geprägt ist (siehe Abb. 35). Ähnlich verhält es sich mit den Themen Homeoffice, flexible Arbeitszeitmodelle, Sabbatical und Remote Work, die in der Arbeitswirklichkeit leider häufig an einem Mangel an Digitalisierung und Agilität oder auch an einem Zuviel an Bürokratie und Kontrollbedürfnis scheitern. Und last, but not least stellt auch das Thema Chancengleichheit eine wahre Herausforderung dar, denn zu einem wahrhaft offenen Austausch zu Gehältern und einer dementsprechend transparenten Gehaltsstruktur scheinen nicht alle Arbeitgeber bereit.

Abb. 35: Versprechen zwischen den Generationen (in Anlehnung an https://karrierebibel.de/leere-versprechunGeneration/ und https://karrierebibel.de/versprechen-halten/)

4.5.4 Babyboomer-Missverständnis Nr. 4: Geld ist nicht alles – aber ohne ein gerechtes Gehalt ist alles NICHTS

Die Generation Z lebt nicht von ihren Werten oder von Luft und Liebe allein. Geld und Gehalt sind für sie durchaus relevante Werte, denn sie erlauben ihnen Unabhängigkeit und Selbstbestimmung. Geld ist für sie kein Instrument, um sich die Status- oder Machtsymbole, die die Generation der Babyboomer auszeichnen, zu beschaffen oder sie zu erhalten. Sie sehen keinerlei Sinn in großen Autos oder Uhren, für die sich die älteren Generationen ins Zeug gelegt haben. Für die Generation Z stellen Gehalt und Geld entsprechend Umfragen Instrumente der Freiheit und Unabhängigkeit sowie für die Umsetzung von Wünschen dar (siehe Abb. 36). Mit und dank Geld kann diese Generation reisen, sich Auszeiten nehmen, sich (weiter-)bilden, den Horizont erweitern, ihren Interessen nachgehen, Wissensdurst und Lebenslust stillen.

Gleichzeitig gewinnt in Zeiten von Inflation und (Wirtschafts-)Krisen das Thema Gehalt mehr und mehr an Bedeutung. Denn diese Generation sehnt sich auch nach Sicherheit und Stabilität, die u. a. durch ein finanzielles Polster gewährleistet wird. Daher will die Generation Z viel und mehr, nicht allein in Form von gerechten und gerechtfertigten, adäquaten und angemessenen Gehältern, sondern zudem in Form von Optionen wie Prämienzahlungen, die vertragliche Erlaubnis für Nebenjobs, nichtmonetäre Zusatzleistungen (abseits vom Obstkorb), Unterstützung bei der Wohnungssuche und/oder Kinderbetreuung u. v. m.

Abb. 36: Gen Z: Geld und Gehalt – Bedeutung finanzieller Unabhängigkeit (in Anlehnung an (Quelle: https://www.wuv.de/Themen/People-Skills/Die-Generation-Z-und-das-liebe-Geld)

4.5.5 Babyboomer-Missverständnis Nr. 5: Leistungsbereitschaft zu zeigen heißt NICHT, auf Mental Health zu verzichten

Von Geld zu Geist: Die Generation Z ist schlichtweg nicht mehr bereit, bis zur kompletten Erschöpfung zu arbeiten und sich für den Job über alle Maßen zulasten der Gesundheit zu verausgaben. Bei allem Involvement und Commitment, das diese Generation gegenüber ihrem Arbeitgeber und im Job auszeichnet, achtet sie auf sich selbst (siehe Abb. 37 und 38). Überstunden, Nacht- oder Wochenendarbeit, verschobene oder gestrichene Urlaube und Co. gehören für sie der Verganheit an und stellen für sie eine Gefahr für das private Glück und die eigene Gesundheit dar. Der unbedingte Ausgleich für ein überdurchschnittliches zeitliches Engagement ist im Sinne der Mental Health von Arbeitnehmer:innen der Generation Z ein »Must« und sichert die Zukunft einer beruflichen Tätigkeit, in der man sich im Job zwar selbstverständlich engagiert, sich zugleich jedoch auch bewusst von ihr abgrenzt.

Abb. 37: Gen Z und Mental-Health-Bewusstsein (in Anlehnung an https://www.verywellmind.com/why-Generation-z-is-more-open-to-talking-about-their-mental-health-5104730)

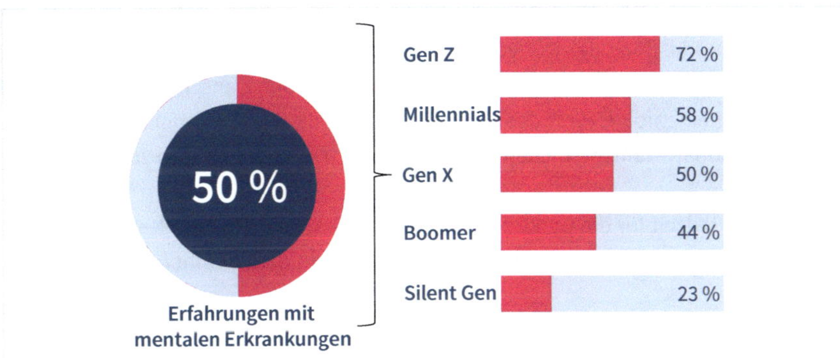

Abb. 38: Gen Z und Mental-Health-Erfahrungen (in Anlehnung an https://www.milkround.com/advice/mental-health-sick-days)

4.5.6 Babyboomer-Missverständnis Nr. 6: Karriere trotz Teilzeit als beruflicher Masterplan

Die Gen Z verweigert sich beruflichen Gepflogenheiten und Standards – und so auch der 40-Stunden-Woche. Viele halten die Gen Z daher für wenig oder gar nicht ambitioniert bis faul, für spaßorientiert oder sogar vergnügungssüchtig und rastlos, für sensibel und nicht belastbar (Hagen 2022). Dabei mangelt es ihnen weder an Leistungsorientierung noch Karriereplänen. Sie widersetzen sich lediglich den ihres Erachtens althergebrachten und längst zu hinterfragenden Normen der Arbeitswelt. Sie wehren sich gegen eine Arbeitsmoral, die ihre Eltern und Großeltern krank gemacht hat (Schönborn 2022).

Beim Streben nach Erfüllung kommt zwar das Streben nach Erfolg nicht zu kurz – nur eben nicht im Rahmen von Vollzeit und Überstunden. Daher lautet eine Devise der Generation Z, dass Karriere selbstverständlich auch mit einer Teilzeittätigkeit vereinbar sein sollte. Für Boomer und Buster sind diese beiden Faktoren unvereinbar – und sie begegnen dieser Einstellung der Gen Z häufig mit Unverständnis (Vogt 2022).

Die Gen Z mag Teilzeit und will Teilzeit. Dabei muss sie sich gegen Vorurteile wehren. Da Teilzeit in Deutschland generell keinen guten Leumund und erst Recht kein gutes Image hat, hat es die Gen Z mit ihrem Anliegen umso schwerer (Vogt 2022). Teilzeit und Menschen, die in Teilzeit arbeiten, werden oft assoziiert mit u. a. (zu) wenig Arbeitseinsatz und Leistung, wenig Willen und Durchsetzungskraft. Ein typisches Vorurteil, mit dem die Gen Z aufgrund ihres Teilzeit-Faibles zu kämpfen hat, ist, dass ihr Ziel und ihr Bild von Arbeit ist, nur bis mittags zu arbeiten, um danach den ersten Aperol Spritz zu genießen – ganz nach dem Motto des Entertainers Harald Juhnke, der seine Vorstellung von Glück so formulierte: »Keine Termine und leicht einen sitzen.« So stellen sich nicht wenige Personalverantwortliche die Arbeitseinstellung der Generation Z vor. Die Generation Z muss sich diesen und vergleichbaren Vorurteilen stellen, eilt ihnen auf dem Arbeitsmarkt doch der Ruf voraus, die Work-Life-Balance als oberste Priorität zu setzen. »Erst die Arbeit, dann das Vergnügen« ist der Gen Z anscheinend fremd, die umgekehrte Reihenfolge »Erst das Vergnügen, dann die Arbeit« scheint ihr aus Sicht von u. a. Personalverantwortlichen deutlich näher zu sein (Schönborn 2022).

Und doch ist Teilzeit für die Gen Z eben nicht gleich »Aperol-Zeit« am Nachmittag (siehe Abb. 39). Zwar haben (ausreichend) Freizeit und ein damit einhergehendes Wohl-

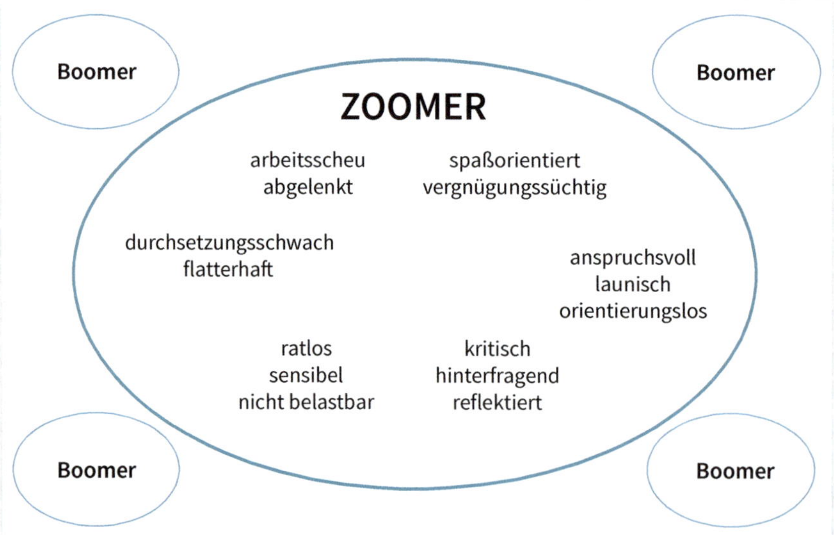

Abb. 39: Vorurteile gegenüber der Gen Z

befinden für die Gen Z große Bedeutung, aber davon abgesehen ist sie ganz einfach wenig(er) an einer klassischen Karriere im Stile ihrer Eltern interessiert. Sie priorisiert ihr Wohlbefinden, bevor es zu spät und die Zeit eines Burn-out angesagt ist (W&V 2022). So ist der Gen Z ihre freie Zeit mindestens genauso wichtig wie Erfolg im Job. Die viel gescholtene Work-Life-Balance hat demzufolge bei der Wahl von Job und Arbeitgeber einen hohen und weiterhin wachsenden Stellenwert. Als eine Folge sehen insbesondere Frauen wenig Sinn im Verfolgen einer Karriere »auf Biegen und Brechen« mit dem Ziel eines klassischen Chef:innenpostens, für den sie überdurchschnittlich stark kämpfen müssen. Überstunden oder Arbeit am Wochenende sind für die Gen Z nur akzeptabel, wenn sie dafür einen entsprechenden Ausgleich bekommen (Schönborn 2022).

4.5.7 Babyboomer-Missverständnis Nr. 7: Ghosting als willkürliches Bewerbungsinstrument der Gen Z

Die Gen Z ist ein mächtiger Hauptakteur auf dem Arbeitnehmermarkt. Ein Phänomen, das u. a. aufgrund der Arbeitnehmermarktmacht sowie des Fach- und Führungskräftemangels um sich greift, ist das Ghosting – der Kontaktabbruch von Bewerber:innen und Kandidat:innen mitten im Bewerbungsprozess. Aber wie kam und kommt es zum Ghosting – und was sind die Kennzeichen von Ghosting?

Ghosting seitens der Gen Z zeigt sich als Konsequenz der Macht und Einstellung einer Generation, die einerseits weiß, dass sie am längeren Hebel sitzt, sich die Jobs aussuchen kann und zugleich unverbindlich sowie schnell gelangweilt, ablenkbar und verführbar ist. Kandidat:innen brechen daher immer häufiger den Kontakt zu Unternehmen und potenziellen Arbeitgebern ab und folgen damit einer einfachen Marktlogik, da Bewerber:innen aufgrund des Fachkräftemangels mittlerweile die Wahl zwischen mehreren guten Jobalternativen haben. Ghosting kennzeichnet sich durch mehrere Faktoren, die in der folgenden Abbildung zu sehen sind (siehe Abb. 40).

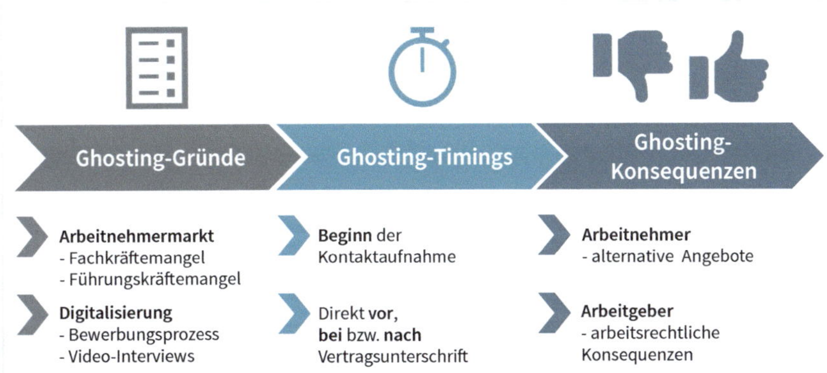

Abb. 40: Ghosting-Elemente der Gen Z

Ghosting hat Historie: Das Phänomen Ghosting ist nicht neu. Zuvor (be)traf es allerdings die Bewerber:innen, die wochen- bis monatelang nichts von Unternehmen hörten, bei denen sie sich beworben hatten. So waren in der Arbeitswelt und vor allem in Zeiten eines Arbeitgebermarktes bisher allein die Bewerber:innen die Leidtragenden des Ghosting-Phänomens. Eine Studie des Job-Portals StepStone von 2018 zeigte z. B., dass jeder zweite Bewerber selbst 45 Tage nach dem Versand der Unterlagen keine (qualifizierte) Rückmeldung bekam (Backovic 2022). Aber nun stellt Ghosting die Arbeitswelt auf den Kopf, die Machtverhältnisse haben sich umgekehrt: Vielversprechende Talente lassen urplötzlich nichts mehr von sich hören, brechen scheinbar grundlos und vor allem ohne Ankündigung oder Begründung den Kontakt ab – und das teils mitten im Bewerbungsprozess oder kurz vor bzw. sogar nach Vertragsunterzeichnung.

Viele Personalverantwortliche erleben diese Art von kommentarlosen Kontaktabbrüchen seitens der Kandidat:innen. Eine Studie der Jobbörse Indeed und des Marktforschungsinstitutes Appinio mit 400 Recruiter:innen legt offen, dass die große Mehrheit (90 %) der befragten Personaler:innen Ghosting von Bewerberseite bereits erlebt hat, jedoch tatsächlich 26 % der Personaler:innen mindestens einmal pro Woche eine Ghosting-Erfahrung machen. Und 8 % der Befragten verlieren sogar täglich den Kontakt zu Bewerber:innen (Amerland 2022).

Ghosting ist Beginn und Finale der Candidate Journey. Interessant sind dabei die Stadien, in denen die Kontakte abbrechen und die Kandidat:innen im Bewerbungsprozess spurlos und kommentarlos abspringen: 18 % der Personaler:innen erlebten nach eigener Aussage Ghosting selbst nach einer festen Zusage von Kandidat:innen, 7 % haben sogar die Erfahrung gemacht, dass neue Mitarbeiter:innen ohne Vorankündigung am ersten Arbeitstag nicht erscheinen (Amerland 2022). Aber auch zu Beginn des Rekrutierungsprozesses kommt es zu Ghosting, wobei nach einer ersten Kontaktaufnahme jeder weitere Kontaktversuch durch Personaler:innen und/oder den potentiellen Arbeitgeber fehlschlägt und Kandidat:innen weder kommunizieren noch auf sonst eine Art und Weise auf die Avancen der Personaler:innen reagieren (Backovic 2022).

Aber nicht allein aufgrund von Arbeitnehmermarkt und Fachkräftemangel nimmt das Phänomen Ghosting stark zu. Auch wegen der vor allem seit Beginn der Corona-Pandemie stetig zunehmenden Zahl an Videointerviews fällt es Kandidat:innen deutlich leichter, potenzielle Arbeitgeber immer wieder neu zu priorisieren, auszutauschen und ggf. auch gegeneinander auszuspielen bzw. zu verwerfen. Der mittlerweile insbesondere dank digitaler Bewerbungstools und -portale generell geringer werdende Aufwand von Bewerbungen und vor allem die Leichtigkeit und Unverbindlichkeit virtueller Bewerbungsgespräche kommt der Ghosting-Affinität den Bewerber:innen zudem sehr entgegen (Backovic 2022).

Ghosting gilt dabei eher als Kavaliersdelikt. Die Kandidat:innen scheinen recht gleichgültig gegenüber dem in der Vergangenheit unumstößlichen Fakt zu sein, dass sich Kandidat:innen, die kurzfristig vor Antritt einer neuen Arbeitsstelle abspringen, damit nicht nur unbeliebt machen, sondern auch ihren (guten) Ruf gefährden bzw. sogar verlieren oder dass eventuell mit arbeitsrechtlichen Konsequenzen aufgrund einer Pflichtverletzung des Arbeitsvertrags gerechnet werden muss. Schließlich warten der nächste Job, die eventuell noch attraktivere Karrierechance und der noch bessere Arbeitgeber an der nächsten Ecke bzw. sind nur einen Klick entfernt (Backovic 2022).

4.5.8 Das FAZIT aus allen MISSVERSTÄNDNISSEN

Erfreulicherweise wissen viele Unternehmen, was Arbeitnehmer:innen der Generation Z von Arbeitgebern heutzutage und in Zukunft verlangen und beantworten diese Erwartungen professionell und durchaus empathisch. Leider aber gibt es gleichzeitig immer noch Unternehmen und Arbeitgeber, die der Meinung sind, es sei legitim und durchaus erfolgversprechend, in Stellenausschreibungen und Bewerbungsgesprächen falsche Versprechungen zu machen – ganz im Sinne der Strategie: »Warten wir mal ab – wenn die Kandidat:innen erst mal bei uns angefangen haben, werden sie andere Prioritäten haben und sich mit weniger als zuerst eingefordert zufriedengeben.« Das jedoch erweist sich in der Regel als fataler Irrtum und vollkommener Irrglaube: Denn wenn Arbeitgeber nicht performen, zieht die Generation Z vor dem Hintergrund eines Arbeitnehmermarktes ab sofort einfach weiter (siehe Abb. 41).

Abb. 41: Arbeitgebermarkt vs. Arbeitnehmermarkt (in Anlehnung an https://hokify.at/karriere/arbeitsmarkt/fachkr%C3%A4ftemangel-erkl%C3%A4rt)

4.6 LÖSUNGEN und KOMPROMISSE – wie das Miteinander von Boomern und Zoomern gelingt

Da die Boomer im Laufe der nächsten Jahre den Arbeitsmarkt verlassen werden und dementsprechend zahlreiche Vakanzen entstehen, ist eine Lösung für das mittlerweile bereits viel zu lang andauernde Missverständnis zwischen Boomern und Zoomern schnellstmöglich gefragt. Arbeitgeber können sich keine ideologischen Grabenkämpfe mehr leisten. Immer mehr Stellen sind offen und bleiben zum Teil unbesetzt und gleichzeitig räumen die Babyboomer, d. h. die geburtenstarken Jahrgänge der 1950er- und 1960er-Jahre, in den kommenden zehn Jahren das (Arbeits-)Feld (Geis-Thöne 2022b). Sie hinterlassen daher am Arbeitsmarkt deutliche Lücken, die durch die geburtenschwächeren Jahrgänge der Generation Z nicht gefüllt werden können.

Boomer umgarnen die Gen Z

Die Zeiten, in denen Arbeitgeber nicht um Arbeitnehmer buhlen mussten, sind Geschichte. Jahrzehntelang war man daran gewöhnt, dass es stets mehr Bewerber:innen als Vakanzen gab. Talente mussten zig Bewerbungen schreiben, um das Gehör von potenziellen Arbeitgebern zu bekommen. Nun aber sieht sich der Arbeitsmarkt mit einer Zeitenwende konfrontiert (Geis-Thöne 2022a). Kein Bewerber ist mehr in der Not, Anschreiben im zweistelligen Bereich zu versenden. Denn bei Unternehmen ist die Not mittlerweile groß, unabhängig von Branche und auch Größe. Jetzt und in Zukunft müssen Arbeitgeber agieren und sich um Bewerber:innen bemühen. Arbeitgeber sind auf der mittlerweile verzweifelten Suche nach Talenten, nach Führungs- und Fachkräften bzw. schlichtweg nach Personal – sowie auf der Suche nach einer Erfolgsformel zur Ansprache, Gewinnung und Bindung der teils verwirrenden Gen Z (siehe Abb. 42).

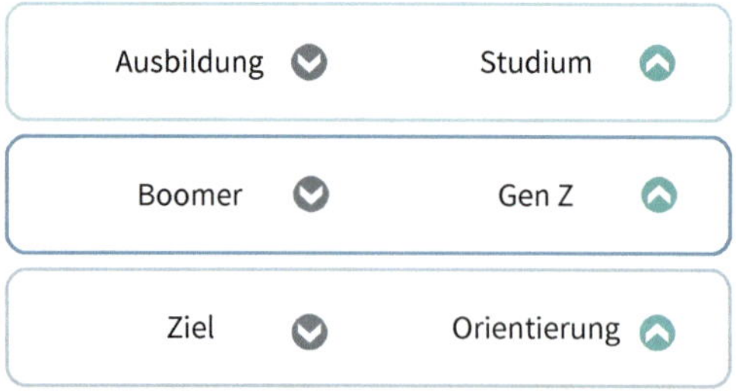

Abb. 42: Die Gen Z als verwirrende Bewerbergruppe

Zoomer mit eigener Bildungsagenda

Im Bereich der Aus- und Weiterbildung scheint der Weg der Generation Z zu Abitur und Studium mittlerweile bereits nahezu vorprogrammiert. Die typischen Gen-Z-Eltern geben ihren Kindern immer öfter die Richtung gen Studium vor, Alternativen wie Ausbildung oder Lehre kommen für sie (und somit für die Sprösslinge) immer seltener infrage, erscheinen aus ihrer Perspektive weniger bzw. nichts wert (SWR 2022).

Aber auch die Pandemie zeigt ihre Spuren. Immer mehr Jahrgänge verlassen die Schule ohne nennenswerte Praktika, in deren Rahmen man sich ein Bild von möglichen Berufsfeldern hat machen können. So entschieden sich viele Vertreter:innen der Gen Z für ein Studium, um in diesem Rahmen (mehr) Zeit für die eigene berufliche Orientierung zu finden. Die Quote derjenigen, die ein Studium beginnen, liegt zurzeit bei 56 %, während zur Zeit des Millenniums die Quote noch bei nur 37 % lag. Immer mehr Jugendliche kämpfen sich bis zum Studium und danach durch das Studium durch (Ott 2022).

Studium als ein »MUST«

Dabei ausschließlich von einer übermäßigen Akademisierung als Grund für den generell vorherrschenden Personalmangel zu sprechen, wird dem Status quo allerdings längst nicht gerecht. Denn der Personalmangel betrifft mittlerweile auch die akademischen Berufe. Hochschulen und Bildungsforscher:innen bestätigen, dass eben nicht nur Handwerker:innen oder Pflegekräfte fehlen, sondern eben auch Akademiker:innen, d. h. die Führungskräfte von morgen.

Allerdings zeigen das kollektive Streben nach einem Hochschulabschluss und dessen (scheinbare) Attraktivität, dass sich ein Leistungsgedanke verbreitet, bei dem ein Studium schier unumgänglich scheint. Der Gedanke, das Studium sei alleiniger Startpunkt in Berufsleben und vor allem in die Karriere, hat sich in den Köpfen der Gen Z und deren Eltern festgesetzt. Das führt teils dazu, dass Teile der Gen Z nicht aufgrund von Talent, echtem Interesse oder intrinsischer Motivation ein Studium wählen, sondern sich gern auch mal ein Numerus-clausus-freies Fach suchen im Glauben, unbedingt studieren zu müssen und ohne Studium weniger wert zu sein (Ott 2022).

Werben um Bewerber:innen

Vor diesem Hintergrund ist demzufolge ein Umdenken seitens der Arbeitgeber angesagt – und zwar dringend. Um dieses Umdenken anzugehen und voranzutreiben, ist jedoch erst einmal ein Verständnis der aktuellen Gegebenheiten und der zukünftigen Entwicklung vonnöten. Arbeitgeber müssen realisieren, dass sie eben nicht ausschließlich auf bestens ausgebildete und hochmotivierte Talente treffen, die ein Ziel vor Augen haben, sondern eben auch auf Absolvent:innen, die selbst nach dem Studium noch auf der Suche nach Kompetenzen und Know-how, nach Sinn und Orientierung sind. Viele Arbeitgeber wissen einfach nicht, was sie tun sollen, um Talente anzusprechen und für sich zu gewinnen. Als Ergebnis zeigen sich dann innovative bis ungewöhnliche Maßnahmen im Rekrutierungsbereich wie das Bewerben mittels Video, WhatsApp oder LinkedIn (Ott 2022).

4.7 DIALOG und PARTNERSCHAFT – warum Führungskräfte umdenken müssen

Für Konzerne und Marken, für Unternehmen und Arbeitgeber stellt die Generation Z eine interessante und relevante Zielgruppe dar. Die Generation Z ist begehrt, aber eben nicht nur begehrt. Unternehmen und Arbeitgeber müssen erkennen: Die Generation Z ist mächtig. Wir haben es mit einer Zielgruppe zu tun, die ihre eigenen Erwartungen hat und hohe Ansprüche stellt. Sie erwartet zum einen Sabbaticals und angemessene Gehälter, zum anderen verabscheut sie Hierarchien und fühlt sich niemandem, also auch keinem Arbeitgeber, wirklich verbunden.

Die Generation Z ist somit mächtiger, als es die Generation Babyboomer, Generation X oder die Generation Y je waren. Arbeitgeber sehen sich mit einer Zielgruppe konfrontiert, die sich nicht unterordnen will und auch nicht muss. Denn der Arbeitsmarkt ist auf absehbare Zeit ein Arbeitnehmermarkt, das Angebot an (Nachwuchs(führungs)-kräften auf dem Arbeitsmarkt ist äußerst knapp (Deters et al. 2022) (siehe Abb. 43).

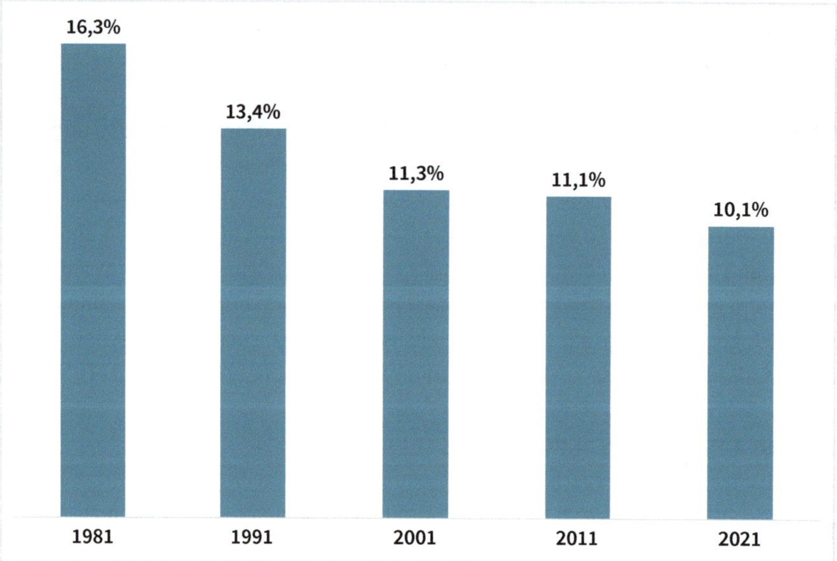

Abb. 43: Anteil der 15- bis 24-Jährigen an der deutschen Bevölkerung (in Anlehnung an Deters et al., Wirtschaftswoche, Ausgabe 37/2022)

Schuldlos schuldig – im Sinne des Arbeitsmarktes

Die Generation Z profitiert von ihrer relativen Knappheit gegenüber den Boomern, findet bessere Jobs und kann dementsprechend erwarten, bereits früh gut bezahlt zu werden. Für diesen Startvorteil aufgrund der demografischen Entwicklung kann die

Generation Z nichts, sie hat diese nicht verschuldet, wird dafür jedoch kritisiert und muss sich nahezu ständig gegenüber Arbeitgebern und Öffentlichkeit rechtfertigen. Unternehmen müssen daher lernen, mit den (für sie teils völlig neuen bis wenig nachvollziehbaren) Ansprüchen und Einstellungen des Nachwuchses zu leben und adäquat damit umzugehen (siehe Abb. 44) – die Prioritäten der Gen Z liegen u. a bei Familie und Freund:innen, Fun und Flexibilität, Selbstverwirklichung und Selbstständigkeit. Und Führungskräfte müssen nicht nur lernen, anders zu führen, sondern auch zu motivieren (Deters et al. 2022).

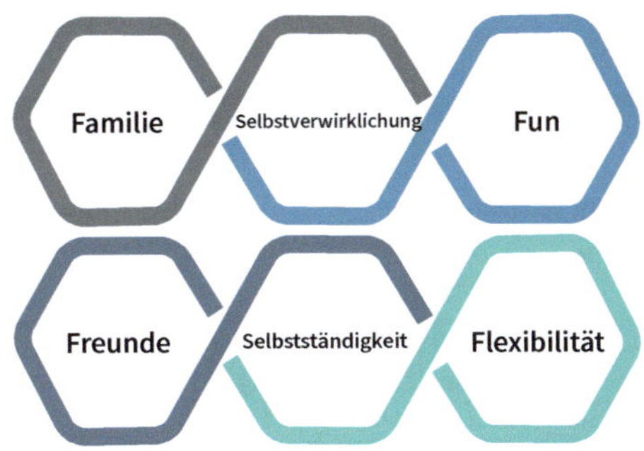

Abb. 44: Lebensprioritäten der Gen Z

Kampf gegen die strukturelle Ignoranz als Chance für Arbeitgeber

Zudem sollten Arbeitgeber realisieren, dass sich viele Vertreter:innen der Gen Z missverstanden, fehlinterpretiert, ignoriert oder teils sogar diskriminiert fühlen. Der Buzzword-Begriff »strukturelle Ignoranz« trifft diese Problematik recht genau. Klein gehalten und von oben herab behandelt, merken viele Youngsters gleichzeitig, welche Rolle sie im Berufsleben spielen, wenn Kolleg:innen sie mehr und mehr zurate ziehen und ihren Rat dann auch noch schätzen. Daher stellen sich Vertreter:innen der Gen Z immer öfter die Frage, warum sie als Praktikant:innen eingestellt sind, obwohl sie einen nennenswerten Mehrwert im Job liefern. Und warum sie nicht als Mitverantwortliche von Projekten genannt werden, wenn sie einen unverzichtbaren Beitrag dazu geliefert haben. Sie verstehen und akzeptieren es nicht, wenn Vorgesetzte Lob und Lorbeeren einheimsen, obwohl sie wenig zum Erfolg eines Projekts beigetragen haben. Die Generation Z erkennt derartige Missverhältnisse und stellt sich auf die Hinterfüße. Was viele von ihnen an Engagement, Input, Know-how und Zeit einbringen, steht viel zu häufig in keinem Verhältnis zu dem, was sie an Gehalt, Anerkennung und Lob erhalten (siehe Abb. 45). Sie wollen Wertschätzung und Respekt sowohl in Wort und Tat, in Form von Lob und Gehalt – und äußern dies nicht nur selbstbewusst, sondern auch teils recht lautstark (Deters et al. 2022).

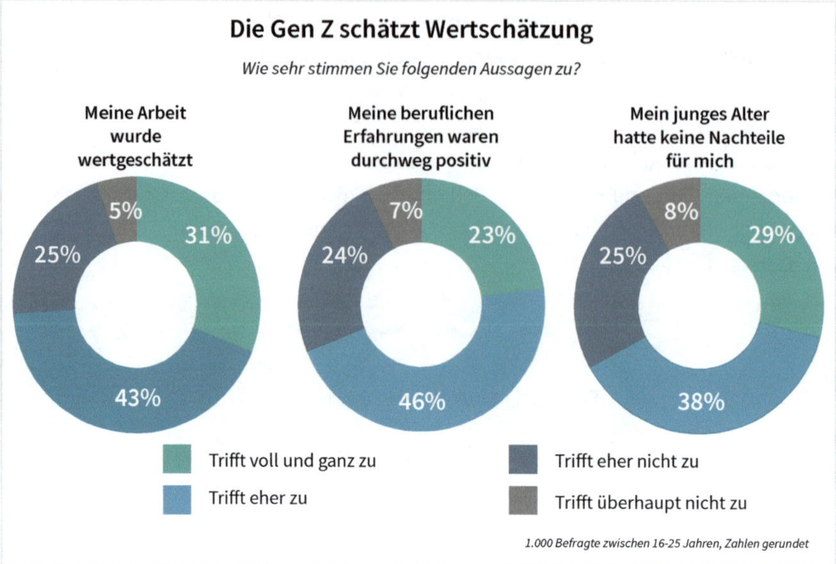

Abb. 45: Wertschätzung gegenüber der Gen Z (in Anlehnung an Deters et al., Wirtschaftswoche, Ausgabe 37/2022)

Selbstbewusstsein statt Selbstständigkeit

Woher aber kommt diese überaus eigene und selbstbewusste Einstellung der Gen Z? Sie sind nicht nur in dem Glauben, sondern mit der Gewissheit »Mama und Papa machen das schon« aufgewachsen. Die überwiegende Mehrheit der Generation Z ist mit eher toleranten, behütenden und verständnisvollen Eltern groß geworden, die wenig Autorität gezeigt und ebenso wenig Macht- oder Widerworte gegenüber dem Nachwuchs gegeben haben. Behütet und beschützt wurden ihnen viele Entscheidungen von ihren Eltern abgenommen, so z. B. die Wahl des Ausbildungs- oder Studienplatzes.

Von den Eltern stets gelobt und gefördert sowie von den meisten Härten der Realität abgeschirmt, mangelt es der jungen Generation nicht an Selbstsicherheit, jedoch häufig an Selbstständigkeit und Kritikfähigkeit. Sie sind sozusagen so aufgewachsen und sozialisiert, im Leben und vor allem im Job weder auf Autoritäten noch auf Hierarchien zu stoßen. Dafür erwarten sie nahezu unentwegt Anerkennung und Augenhöhe – was sie früher von den Eltern und Großeltern erwarteten, sollen und müssen nun die Vorgesetzten liefern. Dabei geht es um ein respektvolles Miteinander, eine faire Feedback-Kultur, das ständige Ermuntern und Motivieren zu Leistungen und Lösungen, um Bildung und Weiterbildung zur persönlichen Entwicklung sowie um Unterstützung und Hilfe bei allen beruflichen Herausforderungen. Erwartungen seitens der Gen Z, auf die sich Unternehmen einstellen müssen. Und eine lange To-do-Liste für Vorgesetzte (Deters et al. 2022).

Rettung aus der Arbeitnehmermarkt-Falle

Wie also sollte man als Arbeitgeber mit der Generation Z umgehen? Zuallererst muss den typischen Phänomenen und Verhaltensweisen ein Ende gesetzt werden, die die Chefetagen in Deutschland kennzeichnen – als da wären Ignoranz und Überheblichkeit, Starrheit und Realitätsverweigerung. Derartige Vorbehalte gegenüber der Gen Z und die daraus resultierenden Grobheiten müssen ein Ende haben. Und noch etwas anderes hat ein Ende: Die Zeiten, in denen Arbeitgeber und Personaler:innen als Belehrende und Prüfende auftraten, die aus einer nennenswerten Anzahl von Bewerber:innen sich die geeigneten Kandidat:innen aussuchen konnten. Vielmehr sollten sich Arbeitgeber und Personalverantwortliche zukünftig als Werber und Bittsteller verstehen, wenn sie den Nachwuchs nicht bereits beim Einstellungsgespräch abschrecken und verlieren wollen.

Der Arbeitsmarkt ist mit einer kompletten Umverteilung der Machtverhältnisse konfrontiert (siehe Abb. 46). Das Angebot an Arbeitskräften ist knapp, die Nachfrage groß. Der »War for Talents« wird abgelöst durch den »Krieg um Köpfe«. Arbeitgeber suchen so dringend bis verzweifelt nach Personal, dass mittlerweile selbst weniger Qualifizierte eine Chance erhalten (Deters et al. 2022).

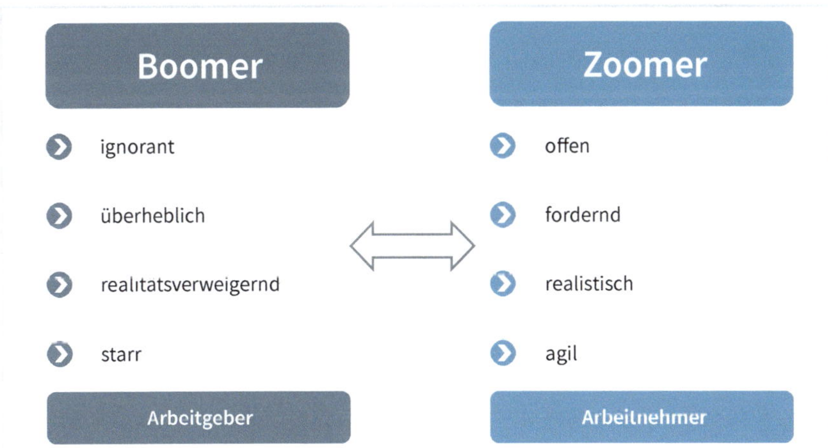

Abb. 46: Boomer vs. Zoomer – Konfrontation im Arbeitsleben

Konträre Weltanschauungen – Ignoranz trifft auf Überheblichkeit

Das Problem zwischen den Generationen liegt im gegenseitigen Missverstehen und beginnt bei den vollkommen unterschiedlichen Einstellungen, Werten und Zielen der beiden Generationen, sowohl was das Private als auch was das Berufliche betrifft. Die Generation der Boomer ist gekennzeichnet durch superehrgeizige und stark konkurrenzgetriebene Aufstiegsbiografien – wie die Sparkasse in ihrer Werbung im Jahr 1995 zu sagen pflegte: »Mein Haus, mein Auto, mein Boot«. Eine Generation mit einem Plan, den sie mit Ellenbogen umsetzte und gegen alle Widrigkeiten durchsetzte. Wallstreet und Gordon Gecko lassen grüßen.

Dieses Mindset trifft nun auf eine Generation, die Work-Life-Balance nicht nur predigt, sondern auch fordert, lebt und begründet. Die Generation Z hat nämlich ihre Eltern sehr gut beobachtet und dabei erkannt, wie sehr diese ihre privaten Interessen und Bedürfnisse zugunsten ihrer Arbeit zurückgestellt haben. Ein solches Lebenskonzept widerspricht allerdings den Vorstellungen junger Menschen, sie haben eine von Natur aus eingebaute Burn-out-Sperre. Und so haben sie Ansprüche, denken oft vom Nehmen her und nicht vom Geben – stellen Forderungen, bevor Leistung erkennbar ist. Da verstehen die Alten die Jungen nicht – haben sie doch ihr Privatleben zurückgestellt, um Karriere zu machen, hart gearbeitet, Durchhaltevermögen bewiesen und jahrelang Probleme im Job hinuntergeschluckt (Deters et al. 2022) (siehe Abb. 47).

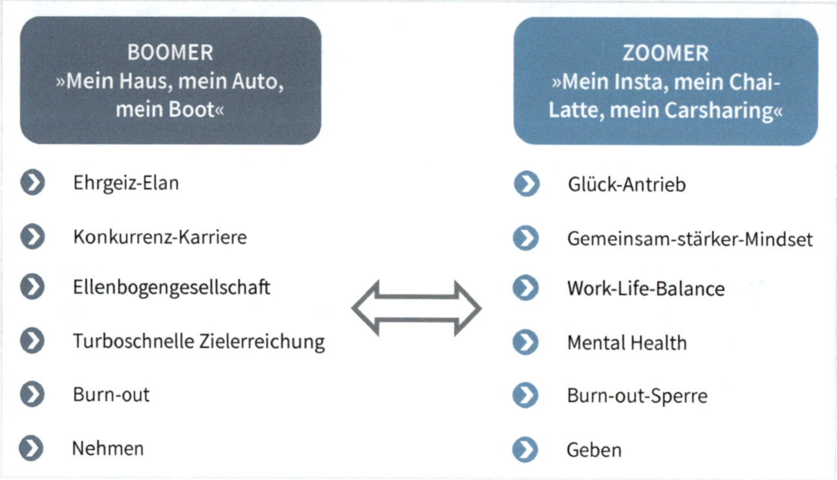

Abb. 47: Boomer- versus Zoomer-Weltanschauungen

Homöopathische Kritik statt Konfrontation

Ein Türöffner und Zugang zur Gen Z ist daher Verständnis. Verständnis für die Fragen und den Feedbackbedarf der Zoomer. Führungskräfte müssen daher viel erklären und begründen, Aufgaben sind sinnhaft zu verteilen. Was gelegentlich als »betreutes Arbeiten« betitelt wird, beschreibt den Sachverhalt, dass viele Zoomer Kritik einfach nicht gewöhnt sind, weder von zu Hause und ihrem Elternhaus aus noch aus der Schule (siehe Abb. 48). Führungskräfte müssen dieser Tatsache ins Auge sehen, entsprechend umdenken und agieren. Ob es um in Watte gepackte E-Mails (mit vielen selbstironischen und »softenden« Emojis), um mit Feingefühl formuliertes Feedback, um in Lob gekleidete Rezensionen oder um Ansagen geht, die mit Wohlwollen geäußert werden – alles, was der Generation Z nicht zu nahe tritt und sie nicht vor den Kopf stößt, erscheint und ist erfolgversprechend auf diesem neuen Level eines Generationenkonflikts. Ermahnungen und Drohungen sind fehl am Platz und mehr als kontraproduktiv. Denn da die Generation Z jegliche Kritik als Angriff wertet, helfen engmaschige, unmittelbare und auch sensible Feedbackschleifen, die Kritik als eine Art des kontinuierlichen Spiegelns empathischer Einflussnahme versteht.

Die Gen Z möchte abseits formeller Mitarbeitergespräche und in kurzen Zeitabständen Input und Feedback erhalten. Viele Boomer haben das Gefühl, die Gen Z wolle ständig im Mittelpunkt stehen, permanent begeistert und dauernd mitgenommen werden. Empathie aufbringen, zuhören, Geduld haben und beraten – das kostet Zeit und Nerven. Die Methoden Zuckerbrot und Peitsche bzw. Anordnung und Belohnung haben jahrzehntelang funktioniert, nun aber den Zenit längst überschritten. Führungskräfte sollen zwar weiterhin führen, aber auf eine zugewandt-fördernde und fordernd-zutrauende Art und Weise.

Und Führungskräfte müssen sich beweisen. Die Autorität ausschließlich mit dem Jobtitel oder Alter zu begründen reicht der Generation Z nicht aus. Sie will nicht allein respektvoll, partnerschaftlich und auf Augenhöhe geführt werden, nicht nur eine Arbeit mit Sinn ihr Eigen nennen, sondern eben auch von der Kompetenz ihrer Vorgesetzten überzeugt werden (Deters et al. 2022).

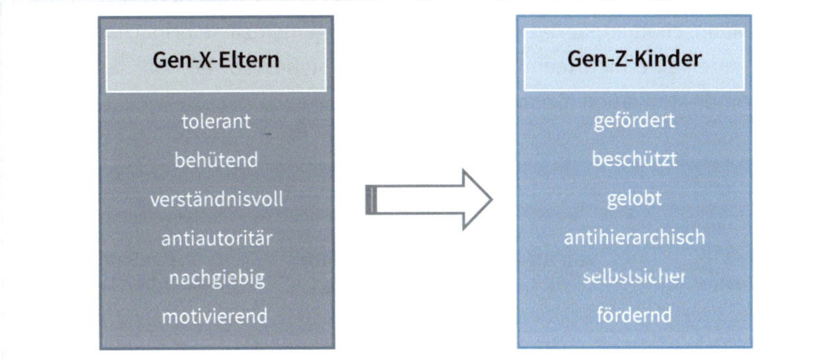

Abb. 48: Gen Z-Kinder als Produkt von Eltern der Gen X

Großes Engagement in Grenzen

Und dann wäre da auch noch das Verständnis des Commitments gegenüber der Arbeit an sich, dem Arbeitsplatz und Arbeitgeber. Die Generation Z möchte in ihrem Arbeitsleben von Anfang an fair bezahlt werden und sinnvoll tätig sein sowie zugleich ihr berufliche Engagement mit ihren privaten, familiären und Freizeitinteressen in Einklang bringen. Versprechen seitens der Arbeitgeber mit dem Gedankengut der 1990er-Jahre wie »Am Anfang ist das Gehalt vielleicht noch nicht so gut, aber in ein paar Jahren geht das so richtig nach oben« oder »Jetzt knien Sie sich als Junior erst einmal ordentlich in den Job rein, mit Überstunden und allem, was dazu gehört – und beim nächsten Karriereschritt können Sie es dann eventuell etwas ruhiger angehen lassen« erreichen die Gen Z nicht, sind nicht ihr Ding. Sie wollen und brauchen jetzt und sofort alles, Liebe und Leben, Freizeit und Freiheit, Geld und Karriere – eben ganz einfach Work und Life zur selben Zeit (Deters et al. 2022).

Überstunden als Hilferuf des Arbeitgebers

Bei all diesem ernst gemeinten und zugleich begrenzten Commitment zum Job ist die Gen Z durchaus zu Mehrarbeit und Überstunden bereit. Und selbst zu ermüdenden repetitiven Tätigkeiten kann sie motiviert werden – wie Formulare ausfüllen, Berichte und Protokolle schreiben, Rechnungen verbuchen, Belege sortieren oder Reisekosten abrechnen. Aber nicht als Must und Anordnung des Arbeitgebers. Um die Gen Z zu klassischer Büroarbeit und Überstunden zu motivieren, bedarf es einigen Verhandlungsgeschicks und der individuell-persönlichen Ansprache. Führungskräfte müssen Mehrarbeit erklären und begründen, sich dafür teils sogar gewissermaßen entschuldigen.

Dabei ist eine Botschaft überaus zielführend – die des »Wir als Team brauchen dich! Und so, wie du denkst und arbeitest, bist genau du richtig in unserem Team!«. Denn die Zoomer wollen etwas bewegen, sie wollen gebraucht werden und einen Job mit Sinn machen. Das Wecken des Team- und Mannschaftsgeistes, der Gedanke, dass jetzt die ganze Mannschaft anpacken muss und dass der gemeinsame Erfolg von der Leistung eines jeden einzelnen Teammitglieds abhängt (siehe Abb. 49) – das sind die Trigger der Zoomer-Motivation (Deters et al. 2022).

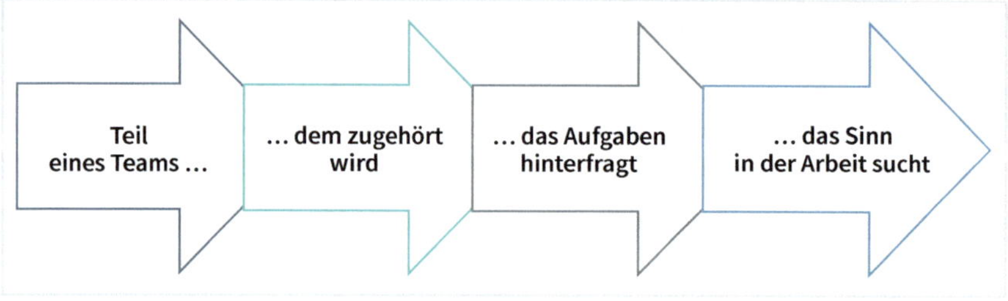

Abb. 49: Generation Z als sinnsuchende Arbeitnehmerschaft

Verkehrte Welt – Junior berät Senior

Involvement und Commitment erzielen Arbeitgeber auch durch das Konzept des »Reverse Mentoring«, denn hier coachen die Jungen die Alten. Bei der Einführung neuer Prozesse oder Ziele fragen z. B. seniorigere Manager:innen ihre jüngeren Teammitglieder, wie alle Teammitglieder und speziell die Jungen zu motivieren seien, um die Neuerungen anzunehmen und zu verfolgen. Die Jungen sollten dabei zwecks Motivation außerordentlich gelobt werden, wenn sie sich mit Ideen einbringen. Gleichzeitig sollten die erfahreneren Kolleg:innen vorbildhaft vorangehen, die Neuerungen ernst nehmen und deren Sinn weitertragen – denn das strahlt auf die jüngeren Teammitglieder positiv ab. Gleichzeitig kann den Jungen geraten werden, sich bei Unsicherheiten und Fragen an die Älteren zu wenden, von ihnen zu lernen und sich wertvolle Kniffe abzuschauen. Der Zugang zur Generation Z erscheint letztlich denkbar einfach, weil menschlich: Mit Vertrauensbeweisen, Wertschätzung, gegenseitigem Interesse und der ein oder anderen Prise Humor klappts auch mit den Zoomern (Deters et al. 2022).

Starrheit führt zu Realitätsverweigerung – es darf nicht sein, was nicht sein soll

Die Position und auch das Mindset der Gen Z als Generation und als Arbeitnehmergruppe sind stark. In der Tat bewerben sich nunmehr Arbeitgeber um Arbeitnehmer. Für viele Boomer eine verkehrte Welt, die sie allerdings akzeptieren müssen. Kein Unternehmen und kein Chef kann es sich leisten, passiv, abwartend und bewertend zu agieren bzw. nur zu reagieren. Auf Bewerber:innen nicht (pro)aktiv zuzugehen ist ein großer Fehler, den Unternehmen recht bald bitter bereuen werden. Auf dem hohen Ross zu sitzen und abzuwarten, auf Bewerbungen zu warten oder irgendwann nur noch zu hoffen – diese Zeiten sind, was die Gen Z betrifft, vorbei. Geeigneten Kandidat:innen »gnädigerweise«, willkürlich oder von oben herab ein Jobangebot zu offerieren – auch diese Einstellung seitens der Arbeitgeber trägt bei den Zoomern keine Früchte mehr (siehe Abb. 50). Denn sie sind auf dem Arbeitsmarkt so gefragt wie keine Generation zuvor und ein rares Gut. Sie werden gebraucht, denn bis zum Ende dieses Jahrzehnts stellen die Generation Z und die Millennials die Mehrheit der arbeitenden Bevölkerung. Unternehmen, die es gewohnt waren, dass die Bewerber:innen bei ihnen Schlange stehen, müssen umdenken, sich bewegen und sich auf Kandidat:innen zubewegen. Die Generation Z kann sich daher deutlich mehr erlauben als die Generationen zuvor – und Arbeitgeber müssen ihr den roten Teppich ausrollen, Führungskräfte ihr entgegenkommen (Deters et al. 2022).

fördernd	verständnisvoll	softe Kritik	humorvoll	Feedback gebend
regelmäßige Rückmeldung	feinfühlig	selbstironisch	sensibel	geduldig
empathisch	wohlwollend	zugewandt	partnerschaftlich	respektvoll

Abb. 50: Der ideale Gen-Z-Chef

4.8 GEWINNUNG und KOOPERATION – Führungskräfte der Zukunft für sich gewinnen

Der Fachkräftemangel ist keine potenzielle Zukunftsvision, sondern bereits harte bis bittere Realität. Eine Realität, auf die jedes Unternehmen unabhängig von Branche und Größe reagieren, vor allem aber eine Antwort finden muss. Der demografische Wandel hat dazu geführt, dass ganz einfach immer weniger und schließlich zu wenige (Fach-)Arbeitskräfte zur Verfügung stehen, und die veränderte Einstellung der Generation Z zu Beruf und Karriere tut ihr Übriges. Eine für Arbeitgeber ungewohnte und unangenehme Situation, die sich jedoch auf absehbare Zeit nicht ändern wird.

Fachkräfte direkt an der Quelle abschöpfen

Der Personalnotstand ist Realität und zugleich Zukunft. Gleichzeitig haben die klassischen Rekrutierungsmethoden der 1980er- und 1990er-Jahre, die noch bis kurz nach dem Millennium funktionierten, längst ausgedient. Eine Stellenanzeige aufzugeben, ganz gleich, ob analog oder digital, reicht nicht mehr, um Fachkräfte anzusprechen – genauso wenig, wie (meistens recht planlos) aufgrund der Personalnot in den sozialen Medien (hyper)aktiv zu werden. Die Fachkräfte von heute und morgen sind anspruchsvoll und anderes gewohnt.

Unternehmen, die auf hochqualifizierte Absolvent:innen von Hochschulen angewiesen sind, stehen vor diesen und meist noch größeren Herausforderungen. Zum einen gibt es einfach zu wenige Hochschulabsolvent:innen, die den Bedarf an derart qualifiziertem Personal decken könnten. Zum anderen sind diese zunehmend kritisch bei der Wahl ihres Arbeitgebers und schenken nicht jedem potenziellen Arbeitgeber ihre Aufmerksamkeit.

Hochschulen als Rekrutierungspartner

Wie also findet man Gehör bei der Generation Z, wenn es um Vakanzen und aus Arbeitgebersicht um die Zukunft des eigenen Unternehmens geht? Eine Antwort darauf ist das sog. Campus Recruiting. Campus Recruiting ist eine deutliche Antwort auf den Fachkräftemangel. Studierende bereits vor deren Abschluss direkt an der Hochschule anzusprechen und für sich zu gewinnen ist eine der großen Chancen, um dem Fachkräftemangel und Personalnotstand frühzeitig zu begegnen.

Daher sollten wir einen Blick auf die vielfältigen Rekrutierungsmöglichkeiten im Hochschulkontext werfen (siehe Abb. 51).

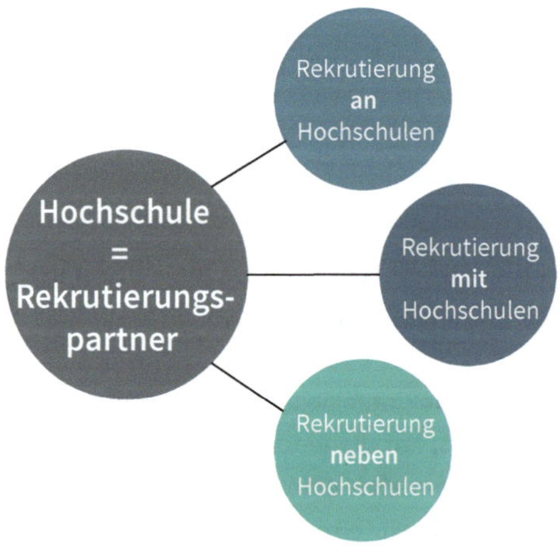

Abb. 51: Hochschulen als Rekrutierungspartner

4.8.1 Recruiting an Hochschulen

Hochschulen bieten sich in den folgenden Formen als Plattformen zum Sich-bei-Studierenden-bekannt-Machen an:

Gastvortrag

Mit kaum einem Instrument des Campus Recruiting gewinnt man schneller Aufmerksamkeit als mit einem Gastvortrag. Im Rahmen von Hochschulkonferenzen und -Summits können sich Unternehmen den Studierenden unterschiedlicher Studienrichtungen und Semester als potenzielle Arbeitgeber vorstellen. Für die Studierenden relevante und interessante Themen sind hierbei u. a. Praktika bzw. Werksstudententätigkeiten sowie Einstiegsmöglichkeiten und Karriereoptionen oder selbstverständlich auch berufsrelevante Themen der jeweiligen Branchen.

Denn die meisten Studierenden verzehren sich nach der Praxis und nach echten Erfahrungsberichten aus der Praxis, wollen Best-Practice-Beispiele aus dem wirklichen Arbeitsleben hören und wissen das Know-how von Expert:innen extrem zu schätzen. Bei diesem Teilen von Wissen gibt es kein Standardprogramm, keine Standardvorgehensweise und auch keine standardisierten Inhalte. Was zählt, ist letztlich, die Studierenden als potenzieller Arbeitgeber abzuholen und mitzunehmen – durch zugleich unique, mitreißende und nachvollziehbar-verständliche Fallbeispiele, die Themen wie Architektur und Ingenieurwesen, Marketing und Sales oder Chemie und Pharmazie lebendig werden lassen. Wenn Profis aus der Praxis aus dem Nähkästchen plaudern, finden das nahezu alle Studierenden faszinierend. Man kommt miteinander ins Gespräch, vernetzt sich (mittels LinkedIn etc.) und setzt sich bei den Studierenden als (zukünftiger) Arbeitgeber auf die Agenda.

Mit einem Gastvortrag schaffen Arbeitgeber Involvement. Der Einblick in die Unternehmenspraxis stellt für Studierende einen immensen Mehrwert dar. Zeigt er doch, wie das an der Hochschule erworbene Wissen später oder sogar bald in die Tat umgesetzt werden kann. So erfüllt ein Gastvortrag gleich mehrere Funktionen: Er zeigt, wie praxisrelevant Studium und Studieninhalte sind, präsentiert Unternehmen als Arbeitgeber, eröffnet neue Perspektiven auf das bislang theoretisch Gelernte – und unterhaltsam bzw. eine (oft willkommene) Abwechslung zur Vorlesung ist ein Gastvortrag noch dazu.

Dank eines Gastvortrags gewinnen Unternehmen an Bekanntheit. Vor allem der Mittelstand in Deutschland hat das Problem, zwar ein sog. Hidden Champion zu sein, von zukünftigen Arbeitnehmer:innen jedoch nicht gesehen bzw. gar nicht erst gekannt zu werden. Gastvorträge sind daher ein gutes Instrument, um sich Sichtbarkeit zu verschaffen, denn alle Unternehmen leisten zwar Großes, aber die wenigsten haben einen großen Namen (und spielen eben nicht in der bei den Studierenden beliebten Bekanntheitsliga von Allianz bis Zalando).

Durch einen Gastvortrag erhalten Unternehmen und somit Arbeitgeber ein Gesicht. Durch Gastvorträge wird man für die Zielgruppe der Studierenden greifbar, fassbar und nahbar, ist weder wenig greifbare Masse im anonymen Arbeitgebermarkt noch unpersönlicher Konzern auf standardisierter Personalsuche. Studierende erinnern sich an die Redner:innen und an deren Charaktere – und damit an die Unternehmen, die dahinterstehen.

Gastdozentur

Wenn man es nicht bei einem oder auch mehreren Gastvorträgen belassen möchte, bietet sich eine Gastdozentur als weitere Recruiting-Chance am Campus an. Die meisten (privaten) Hochschulen arbeiten häufig und gern mit externen Dozent:innen zusammen, die der Studierendenschaft aktuelle Einblicke in Wirtschaft und Arbeitsleben ermöglichen. Mittlerweile stellen Unternehmen ausgewälte Mitarbeiter:innen für ein Engagement von wenigen Stunden pro Monat als Gastdozent:in an Hochschulen frei – im Glauben und Wissen, dass es sich hierbei um eine mehr als vielversprechende Rekrutierungsmöglichkeit handelt.

Studierende über den Zeitraum eines ganzen Semesters zu begleiten schafft eine unglaubliche Nähe, die man zur eigenen Positionierung als möglicher Arbeitgeber nutzen kann. Häufig schließen sich direkt an ein gemeinsam verlebtes Semester Praktika oder Werkstudententätigkeiten an, da die Studierenden den Gastdozent:innen in die Praxis und in das entsprechende Unternehmen folgen.

Career Days – Karrieretage

Auf der Suche nach den Talenten von morgen, nach Praktikant:innen, Werkstudent:innen und Absolvent:innen sowie zum Besetzen vakanter Positionen in Unternehmen bieten sog. Career Days und Campus Recruiting Days von Hochschulen eine ideale Plattform. Im Rahmen dieser Karriere- und Netzwerkveranstaltungen können sich Unternehmen vorstellen, können mit Studierenden direkt in den Austausch und ins Gespräch gehen, können diese über Einstiegsmöglichkeiten und Karriereperspektiven informieren.

Dabei präsentieren sich Unternehmen z. B. mit Informationsständen und im Rahmen von Recruiting-Gesprächen. Durch Unternehmenspräsentationen am Campus bietet sich die Chance, auf zukünftige, qualifizierte Mitarbeiter:innen proaktiv (und früher als die Wettbewerber) zuzugehen. Durch die Präsenz vor Ort und direkt an der Hochschule erhöhen sich die Chancen, qualifizierte Hochschulabsolventen auf sich aufmerksam zu machen, mit ihnen ins Gespräch zu kommen und diese letztlich zu rekrutieren.

Talentdatenbank

Viele Hochschulen bieten digitale Karriereplattformen als Instrument des Hochschulmarketings an. Hier können (für Unternehmen meist kostenfrei) Lebensläufe der Studierenden und Absolvent:innen eingesehen und diese ggf. gezielt auf Vakanzen und Positionen angesprochen werden. Die gezielte Ansprache von Studierenden über derartige Insider-Plattformen verläuft erfahrungsgemäß erfolgreicher und vor allem effizienter als über anonym-standardisierte Jobportale wie stepstone.de oder indeed.de.

Stipendien

Mit Stipendien greift man vielversprechenden Studierenden unter die Arme, unterstützt diese bereits frühzeitig auf ihrem Karriereweg und bindet sie ggf. frühzeitig an sich. Eine der vielfältigen Möglichkeiten im Stipendienkontext ist das Deutschlandstipendium, eine Initiative des Bundesministeriums für Bildung und Forschung (BMBF), um qualifizierte Talente an Hochschulen gezielt zu fördern. Dabei unterstützen Unternehmen einen talentierten Studierenden mit 150 Euro pro Monat und erlangen zugleich Aufmerksamkeit an der Hochschule und in der Studierendenschaft.

Spenden

Mit Spenden greift man Hochschulen unter die Arme. Geld- oder Sachspenden bieten die Möglichkeit, sich an der Hochschule selbst und bei den Studierenden einen Namen und sich bekannt zu machen. Dank mit dem Unternehmensnamen gebrandeter Büromöbel oder -materialien, IT-Equipment oder Lounge-Sesseln bleibt man als Unternehmensabsender im Gedächtnis der studentischen Zielgruppe. Die Lieferung und das Aufstellen solcher Sachspenden oder das Überreichen eines Spendenschecks sind zudem der perfekte Content für PR- und Employer-Branding-Kampagnen (siehe Abb. 52).

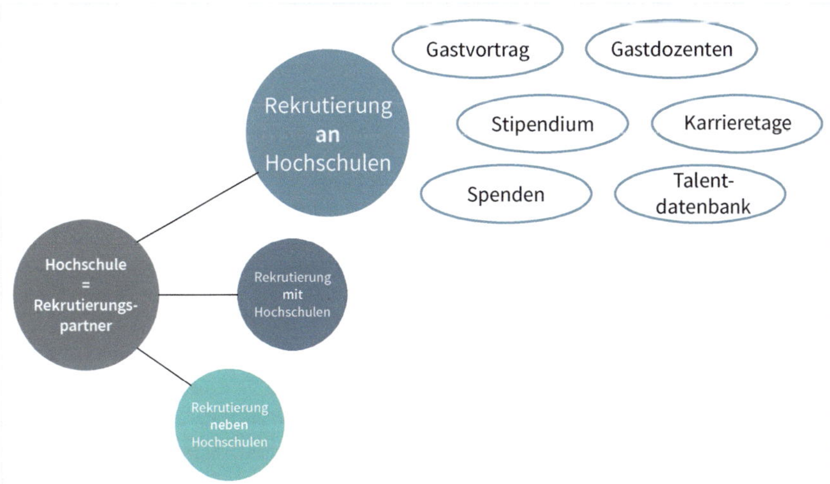

Abb. 52: Rekrutierung an Hochschulen

4.8.2 Recruiting mit Hochschulen

Hochschulen eignen sich hervorragend als Kooperationspartner, um mit Talenten in den Austausch zu treten (siehe Abb. 53):

Workshops
An zahlreichen Hochschulen bearbeiten Studierende im Rahmen des Bachelor- oder Master-Studiums ein einsemestriges Praxisprojekt. Eine erneute Chance für Unternehmen, ein unternehmensrelevantes Thema bzw. eine Problemstellung vorzustellen und durch die Studierenden in Workshops erarbeiten bzw. lösen zu lassen. Während des Semesters erstellen die Studierenden ein Konzept, man steht als Unternehmen im Austausch mit ihnen, und diese präsentieren dem jeweiligen Unternehmenspartner am Semesterende die entsprechenden Ergebnisse. Somit bieten sich Unternehmen über Monate zahlreiche Kontaktpunkte, um Studierende für sich zu gewinnen und von sich zu überzeugen.

Exkursionen
Studierende in das eigene Unternehmen einladen und ihnen das Unternehmen auf diesem Weg nahebringen – dafür sind Exkursionen perfekt geeignet. Sie sind der ideale Weg, um als (künftiger) Arbeitgeber Engagement zu zeigen und bei den Studierenden Involvement zu schaffen. Denn nichts fasziniert und überzeugt Studierende mehr als ein Blick hinter die Kulissen.

Echte Insights in die Arbeitswelt und in Unternehmen erzeugen nachhaltige Eindrücke, Transparenz und Glaubwürdigkeit. Unternehmen lassen sich auf diese Weise mit allen Sinnen kennenlernen, von der Produktionshalle über die Bürogebäude bis zur Kantine – interessant und relevant ist alles, was den potenziellen Arbeitgeber auszeichnet. Sei es der Eindruck vom Fließband, die Einrichtung der Büros oder die Menüauswahl in der Kantine. Studierende, die gesehen haben, wer im Unternehmen zu welchen Bedingungen arbeitet, was dort für wen produziert wird und wie es um die Stimmung und Kultur bestellt ist, können sich ein klares Bild von zukünftigen Arbeitgebern machen und auf dieser Basis umso eindeutiger entscheiden, ob eben dieses Unternehmen auch als Arbeitgeber für sie passen könnte.

Meet the Board
Unternehmen durch Menschen nahbar machen, das gelingt durch das Meet-the-Board-Instrument. Hier treffen Youngster auf Seniors, Talente auf Management. Das Management-Board stellt sich den Fragen von Studierenden, steht Rede und Antwort auf alles, was die Talente von heute und die Arbeitnehmer:innen von morgen interessiert. Durch diesen Austausch und die Diskussion bleibt den Talenten ein deutliches

Bild des Unternehmens im Kopf, das die eigene Jobsuche beeinflusst und das gern im Bekanntenkreis weitererzählt wird.

Thesis

Ausnahmslos jeder Studierende beendet sein Studium mit einer Thesis. Die ideale Gelegenheit, um mit Talenten Kontakte zu knüpfen, ihnen beratend zur Seite zu stehen und sie beim Start in ihr Berufsleben zu begleiten. Die Vorgabe von Thesis-Themen und das Angebot einer Zusammenarbeit im Rahmen von Abschlussarbeiten wecken das Interesse von Studierenden und sind ein exzellentes Rekrutierungsinstrument.

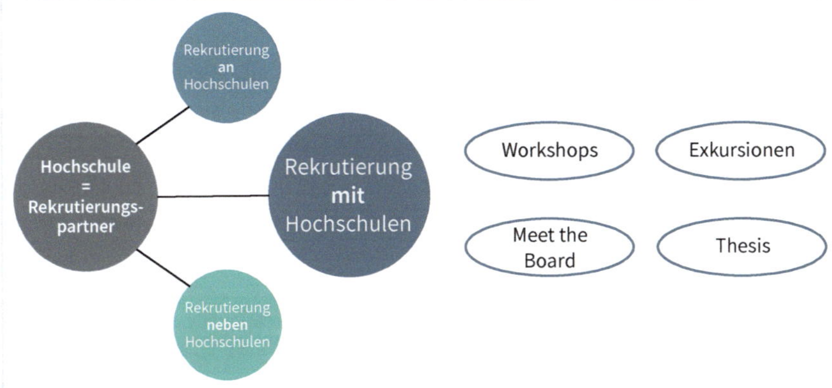

Abb. 53: Rekrutierung mit Hochschulen

4.8.3 Recruiting neben Hochschulen

Hochschulen eignen sich als Talentpool, um in Talenten zukünftige Arbeitnehmer:innen zu finden (siehe Abb. 54):

Praktikant:innen

Einer der besten Kontaktpunkte zu Talenten sind Praktika. Sie sind ideal, um sich als Unternehmen bekannt(er) zu machen, Einblicke in die Branche, die Arbeitswelt und Unternehmenskultur zu ermöglichen und auch um Feedback in Bezug auf die eigene Attraktivität als Arbeitgeber zu erhalten. Indem Praktikant:innen je nach Bedarf und nach Interesse unterschiedlichste Projekte begleiten, ist ein erfolgreich absolviertes Praktikum ein Garant dafür, dass das Unternehmen (als potenzieller Arbeitgeber) in Studierendennetzwerken nicht nur erwähnt, sondern auch insbesondere weiterempfohlen wird.

Werkstudent:innen

Ähnlich verhält es sich mit den Angeboten zu Werkstudenten-Stellen, die meist an erfolgreich absolvierte Praktika anschließen. Erfolgreiche Kandidat:innen, die man durch Praktika kennen- und schätzen gelernt hat, sollte man unbedingt versuchen durch eine Tätigkeit als Werkstudent:in weiter und möglichst langfristig an das Unternehmen zu binden.

Freelancer

Das Thema Nebenjob oder berufliche Tätigkeit erfreut sich bei Studierenden großer Beliebtheit. Viele Studierende wollen bzw. müssen neben dem Studium etwas dazuverdienen oder aber finanzieren ihr Studium komplett selbst – und sind daher auf einen Nebenjob schlichtweg angewiesen. Das Interesse an sinnvollen und inhaltlich wertvollen (sowie adäquat bezahlten) Nebentätigkeiten ist daher enorm groß. Die Tätigkeit als Freelancer ist für Studierende eine in mehrfacher Hinsicht lukrative Möglichkeit, längerfristig Einblicke in die Praxis zu gewinnen und sich mit ihrem Wissen einzubringen. Für Unternehmen ist das Arbeiten mit Freelancern ein weiterer Kontaktpunkt, der zum einen Aufmerksamkeit generiert und zum anderen zur Bindung an das Unternehmen beiträgt.

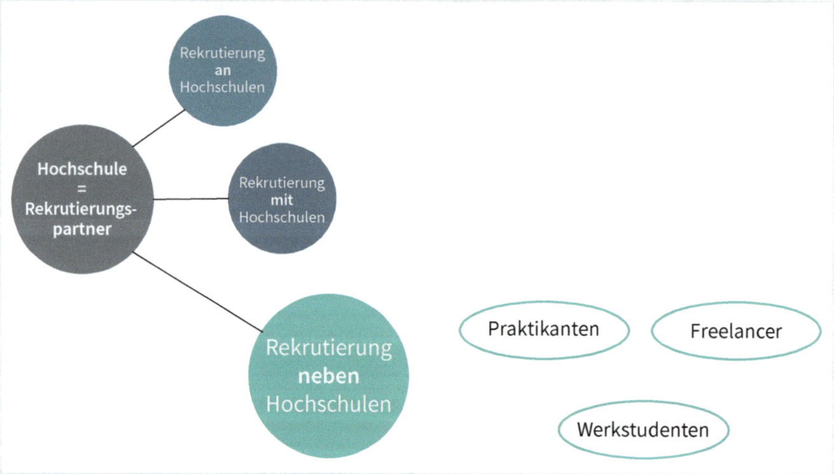

Abb. 54: Rekrutierung neben Hochschulen

Fazit

Studierende erst zum Ende ihres Studiums oder sogar erst nach deren Abschluss anzusprechen ist heutzutage und in Zukunft viel zu spät. Um Talente frühzeitig für sich zu gewinnen, sollten Unternehmen bereits in bzw. ab den ersten Semestern an Studierende herantreten – ein Weg dazu sind Kooperationen mit Hochschulen bzw. strategische Engagements an Hochschulen. Die strategische Analyse von Hochschulen sowie der Möglichkeiten von Maßnahmen an und mit ausgewählten Hochschulen ist ein Erfolgsfaktor beim Recruiting und eine vielversprechende Antwort auf den Personalmangel der Gegenwart und Zukunft. Nur wer rechtzeitig, d. h. früher als andere Firmen, als Unternehmen und als Arbeitgeber auf sich aufmerksam macht, kann die Fach- und Führungskräfte von morgen für sich gewinnen und an sich binden (siehe Abb. 55).

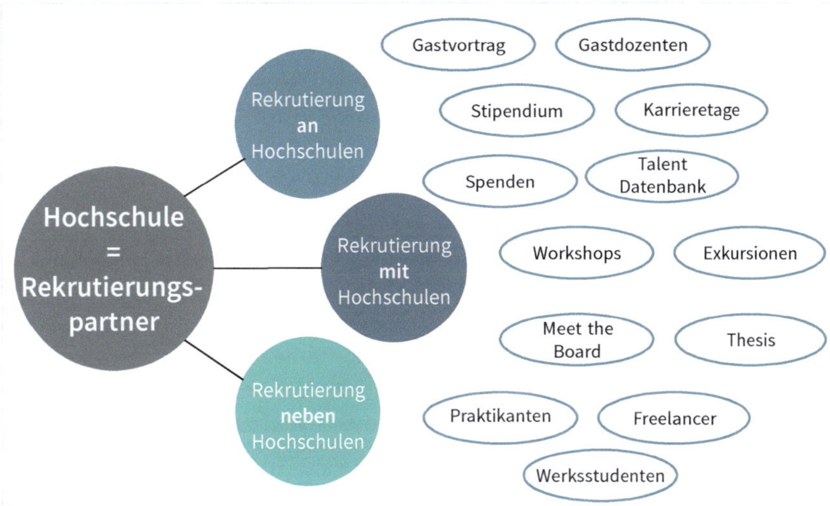

Abb. 55: Rekrutierungsoptionen mit Hochschulen

4.9 DIGITAL EMPLOYER BRANDING – wie man als Arbeitgeber die Gen Z (digital) für sich gewinnt

Die Gen Z für sich einzunehmen stellt sich als neue Königsdisziplin für Arbeitgeber dar. Es ist die Generation, die gerade in den Arbeitsmarkt eintritt bzw. kurz davorsteht. Daher konzentriert sich die Ansprache der meisten Unternehmen und Arbeitgeber auf genau diese Zielgruppe und im Bereich der Nachwuchsführungskräfte insbesondere auf Hochschulabsolventen, die kurz vor ihrem Abschluss stehen und in absehbarer Zeit den Arbeitsmarkt betreten. Da die Zahl der potenziellen Arbeitnehmer:innen aufgrund des demografischen Wandels rapide abnimmt (siehe Abb. 56), müssen Arbeitgeber um die entsprechend immer geringer werdende Zahl von Arbeitnehmer:innen konkurrieren (Olbrich 2021) – umso dringlicher und intensiver, da in Kürze viele Babyboomer und Mitglieder der Generation X aus dem Erwerbsleben ausscheiden (Baier, 2016).

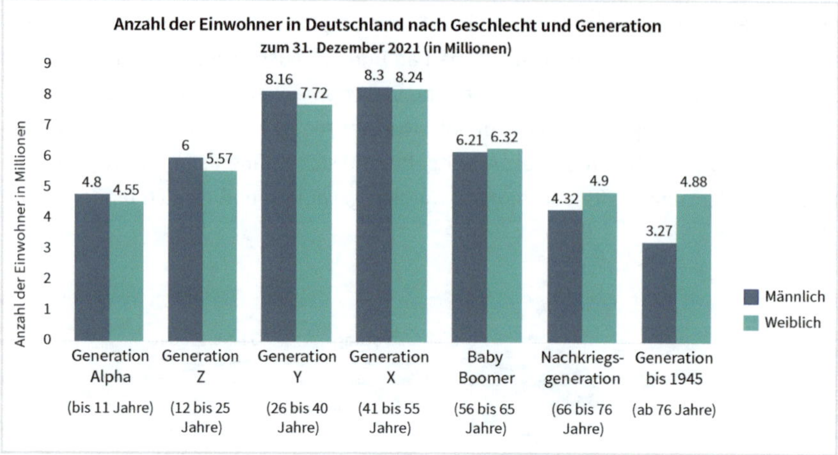

Abb. 56: Demografische Entwicklung der Generationen

Die Präsenz von Millennials und der Generation Z auf dem Arbeitsmarkt bzw. deren Einfluss auf Arbeitgeber ist aber nicht nur stark gewachsen und demzufolge nicht mehr zu unterschätzen. Auch ist der Bedarf am Aufbau attraktiver Arbeitgebermarken immens. Gleichzeitig ist aber das Verständnis vieler Arbeitgeber aus der Generation Babyboomer und Generation X für die Generation Z oft recht begrenzt. Denn die jüngere Generation hat teils vollkommen andere Werte, Wünsche und Erwartungen an ihren Arbeitsplatz und an einen Arbeitgeber sowie an Arbeit generell. Zugleich hat sich aufgrund von Digitalisierung, Globalisierung und auch diversen Krisen die Ansprache zukünftiger Arbeitnehmer:innen der Gen Z noch komplexer entwickelt. Die Herausforderung im Rahmen des Employer Branding ist es daher, Relevanz für die Gen Z aufzubauen und so an Attraktivität zu gewinnen (Wilhelm 2020).

Von Bedeutung für Unternehmen und Arbeitgeber ist daher das Wissen um die Erfolgsfaktoren der (digitalen) Ansprache und Beeinflussung der Generation Z als Arbeitnehmer:innen, Fach- und Führungskräfte der Zukunft. Denn in einer Zeit, in der weniger junge Menschen am Arbeitsmarkt zur Verfügung stehen und diese zudem zwischen potenziellen Arbeitgebern wählen können, ist eine starke Arbeitgebermarke (Employer Branding) nicht nur ein Faktor für den Unternehmenserfolg, sondern entscheidet auch über die Zukunftsfähigkeit von Unternehmen (Elving et al., 2013; Tripathi et al., 2017; Chitu, 2020; Wilhelm 2020). Und Unternehmen müssen als Arbeitgeber mit ihrer Arbeitgebermarke werben und proaktiv mit der Zielgruppe Gen Z in Kontakt treten (Wilhelm 2020).

Was Arbeitgeber als Employer Brand wissen sollten

Die Angehörigen der Generation Z teilen nicht den Optimismus der vorherigen Generation Y und der Millennials. Gleichzeitig sind sie eine aufgeschlossene Generation, die der Ansicht ist, dass ihr gesellschaftliches Umfeld und die älteren Generationen diese

Aufgeschlossenheit nicht teilen. Diese eher pessimistische bis negative Auffassung des gesellschaftlichen Miteinanders ist einer der Gründe, warum die Gen Z wenig Hoffnung hat, ebenso wenig (Zukunfts-)Perspektiven zu haben scheint und insbesondere ihre Eltern beneidet, die in einem weniger problembelasteten bzw. chancenreicheren Umfeld (abgesehen vom Arbeitsmarkt) aufwachsen, leben sowie Karriere machen konnten (siehe Abb. 57).

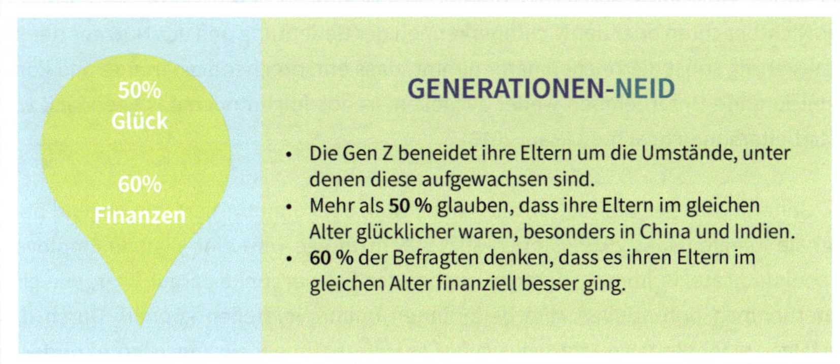

Abb. 57: Generationen-Neid

Um vor diesem Hintergrund jegliche Chancen zu nutzen, muss sich die Gen Z im Leben und auf dem Arbeitsmarkt flexibel zeigen – und agiert daher teils äußerst sprunghaft. Das hat zur Folge, dass sie sich nicht mehr langfristig an einen Arbeitgeber bindet, wie es z. B. für die Babyboomer und die Generation X üblich war. Auch ist sie generell eher skeptisch und hinterfragt viele Aspekte ihres Lebens, so auch (potenzielle) Arbeitgeber und Tätigkeiten (Rosentreter 2022).

Die Vertreter:innen der Gen Z bevorzugen Unternehmen mit flachen Hierarchien und ein entsprechendes Arbeiten auf Augenhöhe nicht nur, vielmehr fordern sie dies aktiv ein. Nur so meinen sie, sich auch im Job (kreativ) entfalten und einbringen zu können. Die Generation Z folgt ihren eigenen Idealen sowie Vorstellungen und wechselt den Job durchaus, wenn er ihr langweilig oder »sinnlos« (im Sinne von nicht sinnstiftend) erscheint oder wenn sich die Firmenkultur des Arbeitgebers als (zu) starr bzw. hierarchisch zeigt (Vogt, 2019).

Der Aufbau einer Beziehung zur Gen Z stellt für viele Unternehmen und Arbeitgeber eine große Herausforderung dar, weil seitens der Wirtschaft die digitale Revolution und die technologischen Bedürfnisse dieser Generation (zu) lange ignoriert wurden – und es dementsprechend u. a. an digitalen Kompetenzen und am digitalen Verständnis der Arbeitgeber mangelt. Um die Gen Z für sich zu gewinnen, müssen die Unternehmen daher sicherstellen, ihre HR- und Recruiting-Maßnahmen in den digitalen Bereich zu verlagern (Meola, 2022).

Digitale Kompetenz aufbauen und ausbauen

Da digitale Kompetenz für die Generation Z eine zentrale Rolle spielt, sucht sie aktiv nach Arbeitgeber(marken), die proaktiv mit ihrem Verständnis für Digitalisierung werben und sich damit auch auf dem Arbeitsmarkt positionieren. Gleichzeitig schenken sie Arbeitgebern und Unternehmen kaum bis keine Beachtung, die die digitale Welt nicht verstehen bzw. diese sogar ignorieren. Employer-Branding-Strategien sollten sich daher auch auf Aspekte der Digitalisierung konzentrieren, da die Generation Z das Nichtbeachten oder das Nichtanerkennen der Bedeutung und des Nutzens der Digitalisierung sonst als Zeichen dafür nimmt, dass entsprechend agierende und kommunizierende Unternehmen weder aktuellen Trends folgen noch das Feedback von Mitarbeiter:innen beachten (Nau, 2018).

Die Generation Z (als Digital Natives – siehe Abb. 58) kommuniziert vorwiegend über digitale Kanäle (Maas 2919; Olbrich 2021). Demzufolge wird eine digitale Employer-Branding-Strategie immer wichtiger, wobei der Schwerpunkt darauf liegt, wie sich Unternehmen potenziellen Mitarbeiter:innen online vorstellen können. Durch das Verfolgen einer digitalen Strategie gelingt es Unternehmen, ein konsistentes und einprägsames Image aufzubauen, durch das sie potenzielle Mitarbeiter:innen in einem ersten Schritt für ihre Online-Präsenz und im zweiten Schritt für das Unternehmen und vor allem als Arbeitnehmer:innen gewinnen können (Mihalcea, 2017). Da sich die Gesellschaft mehr und mehr im Digitalen bewegt und auch die Suche nach einem neuen Arbeitsplatz vorwiegend online verläuft, müssen sich Unternehmen stark auf ihre Online-Präsenz konzentrieren. Denn diese ist häufig der erste Kontaktpunkt für Interessenten und Bewerber:innen – und auch in der digitalen Welt gilt »Der erste Eindruck zählt!« (Brockhaus & Terstiege, 2020). Adäquate Kanäle, um die Gen Z zu erreichen, sind verständlicherweise die von diesen ohnehin stark genutzten Social-Media-Plattformen, die sie mittlerweile auch für die Suche nach Stellenangeboten verwenden (Hesse et al., 2019).

Abb. 58: Das Mindset der Digital Natives

Mittels sozialer Medien kann es Unternehmen deutlich leichter gelingen, der Gen Z ein positives Image ihrer Arbeitgebermarke zu vermitteln, als ein Arbeitgeber und Ort, an dem man sich als Arbeitnehmer:in wohl und gut aufgehoben fühlen kann und an dem eine sinnhafte und sinnstiftende Tätigkeit auf Mitarbeiter:innen wartet. Die Nutzung sozialer Medien zeigt der Gen Z das Interesse der Unternehmen und Arbeitgeber an ihnen, sodass diese demzufolge als attraktive(re) Arbeitgeber erscheinen und man davon ausgehen kann, dass gerade diese Unternehmen in der Lage sind, eine Atmosphäre und ein Umfeld zu schaffen, in dem man gut und gern arbeitet sowie in dem den jüngeren Arbeitnehmer:innen zugehört wird und diese auch respektiert werden (Hesse et al., 2019). Aber auch die Nutzung und das Verständnis digitaler Medien und Technologien sowie technologischer Innovationen (z. B. Augmented Reality, Virtual Reality oder künstliche Intelligenz) spielen vor diesem Hintergrund im Recruiting der Gen Z eine entscheidende Rolle.

Websites hingegen genießen in dieser Generation zwar ein eher traditionelles Image, sind jedoch dennoch relevant für ein digitales Employer Branding, da sie für Interessenten und potenzielle Arbeitnehmer:innen den zentralen Dreh- und Angelpunkt darstellen, an dem man sich über das Unternehmen sowie über seine Kultur ein Bild machen kann (Rosentreter 2022).

Auf der Suche nach einem ersten oder auch neuen Job sowie bei der Recherche zu potenziellen neuen Arbeitgebern bewegt sich die Gen Z letztlich nahezu ausnahmslos digital. Unternehmen sollten sich daher als Schwerpunkt bei der Selbstpräsentation und ihrer Arbeitgebermarke auf die digitale Ansprache und Kommunikation konzentrieren. Denn häufig ist die digitale Plattform der Ort, an dem die Zielgruppe zum ersten Mal mit dem Unternehmen in Kontakt tritt, und gerade hier entscheidet sich oft, ob potenzielle Mitarbeiter:innen sich bei einem Unternehmen bewerben oder nicht (Brockhaus & Terstiege, 2020).

Die Arbeitseinstellung der Gen Z nachvollziehen

Ein entscheidender Faktor beim Verstehen und Ansprechen potenzieller Mitarbeiter:innen der Gen Z ist demzufolge deren Verständnis von Arbeit sowie ihre Einstellung gegenüber Arbeit und Arbeitgebern, was den Arbeitsmarkt bereits aktuell und vor allem zukünftig deutlich beeinflussen wird. Die Interessen und Bedürfnisse der Gen Z (und auch der Millennials) entwickeln sich zu einer Benchmark für HR- und Recruitingstrategien, an denen sich Unternehmen als Arbeitgeber(marke) ausrichten müssen, um sie als potenzielle Mitarbeiter:innen von sich überzeugen und für sich gewinnen zu können (Campbell et al., 2017).

Die Generation Z gilt generell als pragmatisch und selbst pragmatischer als die Generation Y – und zugleich weniger risikofreudig als die Gen Y. Dies ist bedingt durch das deutlich volatilere Umfeld, in das sie hineingeboren wurden, das durch u. a. wirtschaftliche Instabilität und die Klimakrise geprägt ist (Olbrich 2021) und so die Einstellungen sowie das Handeln der Gen Z bestimmen. Gleichzeitig ist die Generation Z jedoch auch realistischer als die Generation Y oder die Millennials. Gerade weil sie in einer deutlich digitaleren Welt aufgewachsen ist, weiß sie persönliche Kontakte, den Austausch und das Miteinander zu schätzen, pflegt dies und bemüht sich um ihre Kontakte und ihr Netzwerk. Diese Einstellung und das daraus resultierende Verhalten stellen einen nicht zu verkennenden Unterschied zur Gen Y dar, die es vorzieht, ihr Leben im Rahmen und durch die Möglichkeiten der digitalen Welt zu strukturieren, und die persönliche Interaktionen weniger im Fokus hat bzw. versucht, diese zu reduzieren (Feitsma, 2019).

Bei der Wahl eines Arbeitsplatzes und Arbeitgebers ist die Generation Z durchaus als eher zögerlich zu beschreiben, vor allem Großkonzernen steht sie nicht völlig unvoreingenommen gegenüber. Ihr Schwerpunkt bei der Wahl von arbeitgebenden Unternehmen ist jedoch das Potenzial für Involvement. Die Gen Z will dort arbeiten, wo ihr die Möglichkeit gegeben wird, sich selbst und auch ihre Fähigkeiten weiterzuentwickeln, von Kolleg:innen zu lernen und vom Arbeitgeber einen Mentor zur Seite gestellt zu bekommen, der sie betreut, fordert und fördert. Die Generation konzentriert sich auf Selbstidentifikation und Selbstdarstellung (Olbrich 2021), auf Weiterbildung und Weiterentwicklung. Unternehmen und Arbeitgeber müssen daher dafür Sorge tragen, dass der Arbeitsplatz und die Tätigkeit der Gen Z ausreichend Raum für ihre persönliche Entwicklung sowie für eine perspektivische Weiterentwicklung gibt (Feitsma, 2019).

Vor diesem Hintergrund ist das Schaffen eines positiven Arbeitgeberimages von Bedeutung. Um zudem eine positive Erfahrung für Bewerber:innen zu schaffen, sind die folgenden Entscheidungskriterien der Generation Z zu beachten (Maas 2019; Rosentreter 2022) (siehe Abb. 59):

- schnelle Abläufe
- angemessenes Gehalt
- transparente Prozesse
- kontinuierliches Feedback
- angenehmes Arbeitsumfeld
- Vereinbarkeit von Familie und Beruf
- Herausforderungen und Perspektiven
- Weiterbildung und Personalentwicklung

Abb. 59: Entscheidungskriterien der Gen Z

Die Umsetzung dieser Kriterien und letztlich Erfolgsfaktoren, die über ein erfolgreiches Employer Branding mitentscheiden, kann mittels der folgenden Vorgehensweisen und Instrumente gewährleistet werden (Maas 2019; Rosentreter 2022) (siehe Abb. 60):

- individuelles und flexibles Eingehen auf die Belange der Mitarbeiter:innen der Gen Z (z. B. bzgl. Arbeits- und Urlaubszeiten)
- Einsatz und Nutzung digitaler Medien und neuer Technologien (z. B. virales und mobiles Marketing oder Gamifizierung)
- Mentor:innen und direkt verantwortliche Ansprechpartner:innen für die Gen Z (z. B. mittels eines »Buddy«-Programms)
- Leitlinien zur Selbsteinschätzung für Mitarbeiter:innen der Gen Z (z. B. als Richtlinie für Personalentwicklung und -gespräche)
- Talent-Relationship-Management seitens HR (z. B. strategische und individualisierte Personalentwicklungspläne)
- Einbindung der Eltern der Generation Z (z. B. Ansprache der Eltern und ggf. Großeltern über altersadäquate Kanäle)

Abb. 60: Instrumente eines Gen-Z-adäquaten Employer Brandings

Von Bedeutung in diesem Kontext ist auch die hierbei gewählte Tonart, in der mit Arbeitnehmer:innen der Generation Z kommuniziert wird. Angemessen und erfolgversprechend ist ein authentischer und offener Grundton gegenüber der Gen Z, die konsistente Kommunikation »auf Augenhöhe« sowie eine persönliche und individuelle Ansprache (Maas 2019). Führungskräfte sollten proaktiv den Austausch mit der Gen Z suchen, denn diese weiß jegliche Formen der Interaktivität genauso wie eine Führungskultur, die gekennzeichnet ist durch flache Hierarchien und Teamworkkultur, zu schätzen. Der Generation Z sind eine auch im Berufsumfeld familiäre Atmosphäre, Transparenz, Offenheit und Gerechtigkeit wichtig, ebenso die Themen Vielfalt, Agilität, Flexibilität, Individualisierung und Nachhaltigkeit (Rosentreter 2022).

Unternehmensinternes Verständnis für die Gen Z aufbauen

Viele Unternehmen tun sich allerdings eher schwer damit, die Generation Z generell zu verstehen, insbesondere als (potenzielle) Arbeitnehmer:innen. Daher gelingt es ihnen nicht oder nur schwer, deren Bedürfnisse zu identifizieren sowie in Bezug auf ihre Employer-Branding-Strategien zu berücksichtigen (Wilhelm 2020). So ist die Generation Z stets auf der Suche nach ganzheitlichen Arbeitserfahrungen und nach Arbeitgebern, bei denen sie »ein gutes Gefühl« haben und sich wohlfühlen. Dazu gehört auch ihr ausgeprägtes Verständnis für virtuelle Interaktion – um sie anzusprechen, ist es für Unternehmen notwendig, die bevorzugten digitalen Kanäle der Generation Z besser zu verstehen. Unternehmen sollten sich daher vor allem mit Social-Media-Kanälen beschäftigen und sich Know-how aneignen, wie diese von der Gen Z genutzt werden und wie wiederum Unternehmen diese nutzen können, um die Mitglieder der Generation Z als potenzielle Mitarbeiter:innen anzusprechen und für sich zu gewinnen (Brademann & Piorr, 2019).

Ein weiterer Charakterzug der Gen Z ist ihre charakteristische Aufgeschlossenheit und ihr Gesellschaftsbewusstsein. Sie ist überwiegend toleranter, empathischer und einfühlsamer als andere Generationen, setzt sich stark für soziale Gerechtigkeit ein und engagiert sich dementsprechend in bzw. für Bewegungen wie Fridays for Future, MeToo oder Black Lives Matter. Potenzielle Arbeitgeber sollten daher ein vergleichbares Maß an Aufgeschlossenheit und Toleranz zeigen und in ihrer Unternehmenskultur verankern. Denn die Generation Z präferiert Arbeitgeber, die ein aufrichtiges Miteinander und eine sinnvolle Tätigkeit bieten – und nicht nur von sich behaupten, tolerant, nicht hierarchisch oder aufgeschlossen zu sein. Schließlich schätzt die Generation Z Individualität und Unterschiede zwischen Menschen und sucht nach Vielfalt in der Gesellschaft und in ihrem Netzwerk (Rosentreter 2022).

Unternehmen, die gegenüber Talenten und Kandidat:innen authentisch und aufrichtig auftreten, die nicht ständig dem Perfekten nachjagen, die Risikobereitschaft schätzen und eine produktive Fehlerkultur auf die eigene Agenda setzen, d. h. auch mal Fehler in Kauf nehmen, werden von den Mitgliedern der Generation Z geschätzt. Letztlich wählt die Generation Z einen Arbeitsplatz und Arbeitgeber vorrangig nicht nach dem Gehalt aus, sondern vielmehr nach den Chancen, die das Unternehmen für die persönliche Entfaltung und Entwicklung bietet – sowohl im beruflichen als auch im persönlichen Bereich. Sie sehen sich und performen als »kleine Unternehmer«, die ständig auf der Suche nach Möglichkeiten des Lernens und der Weiterbildung sind und sich bzw. ihre Arbeit und deren Resultate kontinuierlich optimieren wollen (Rzemieniak & Wawer, 2021).

Unternehmenskultur als Entscheidungskriterium der Gen Z betrachten

Ob die Gen Z ein Unternehmen als potenziellen Arbeitgeber auf ihre Agenda setzt, hängt vorrangig von der Kultur des jeweiligen Unternehmens ab. Sie ist die erste Generation, die Authentizität, Idealen und Werten sowohl im Privaten als auch im Beruflichen oberste Priorität einräumt (Maas 2019). Dabei zeigt sich die Generation Z nicht nur äußerst informiert, sondern auch investigativ. Gierig nach Neuem und hungrig nach Informationen ist es ihr ein Leichtes, Unternehmen sehr genau und nicht nur im Netz unter die Lupe zu nehmen. Die Vertreter:innen wissen, welche Instrumente sie zu nutzen haben, um Informationen und Bewertungen von Mitarbeiter:innen und auch Kund:innen im Netz zu finden, anhand derer sie sich ein umfassendes Bild von potenziellen Arbeitgebern machen zu können. Daher ist die Wahrscheinlichkeit groß, dass sie viel oder nahezu alles über Unternehmen und deren Kultur herausfinden, noch bevor ein Unternehmen es überhaupt in Erwägung zieht, sie zu einem ersten Vorstellungsgespräch einzuladen (Weareaquaculture, 2021). Unternehmen, die versuchen, hinsichtlich ihrer Unternehmenskultur nicht zutreffende Tatsachen (und insbesondere Werte) vorzutäuschen oder sich ein falsches Markenimage aneignen, fallen sehr schnell aus dem »Relevant Set« der Generation Z (Rzemieniak und Wawer, 2021, S. 1).

Es zeigt sich, dass sich die Generation Z eher um eine Stelle in einem Unternehmen bewirbt, wenn diese nachweislich (und im Rahmen einer gelebten Unternehmenskultur) Maßnahmen zur Förderung von Nachhaltigkeit umsetzt und verfolgt. Dabei zeigen sich Bewerberinnen als ökologisch interessiert bzw. orientiert, sie sind daher gegenüber entsprechend inhaltlich ausgerichteten Employer-Branding-Strategien affiner.

Vergleichbar relevant ist für Bewerber:innen das gesellschaftliche und soziale Engagement von Unternehmen – sowohl intern als auch extern. Die Generation Z bevorzugt Arbeitgeber und Unternehmen, die sich dafür engagieren, das gesellschaftliche Miteinander zu verbessern. Hierzu gehören Themen wie das Unternehmensklima, die gegenseitige Unterstützung innerhalb von Teams sowie individuelle Angebote zu Prävention und Gesundheitsförderung im Rahmen von z. B. Fitnesskursen oder auch Stressbewältigungstrainings (Steckl et al., 2019).

Erfolgsfaktoren bei der Ansprache von Bewerber:innen wie die Themen Nachhaltigkeit oder gesellschaftlich-soziales Engagement sind daher bei der Konzeption und Umsetzung von Employer-Branding-Strategien unbedingt miteinzuschließen und ebenso im Rahmen der Bestimmung und Kommunikation einer Employee Value Proposition (EVP) zu beachten (siehe Abb. 61). Entscheidungsrelevant aus der Gen-Z-Perspektive ist demzufolge eine Vielfalt von Faktoren, die von einem angenehmen Arbeitsumfeld, der Möglichkeit zur individuellen Weiterentwicklung, der unternehmensinternen Wertevielfalt bis hin zum wirtschaftlichen und auch sozialen Ansehen potenzieller Arbeitgeber reicht (Uppal et al., 2017).

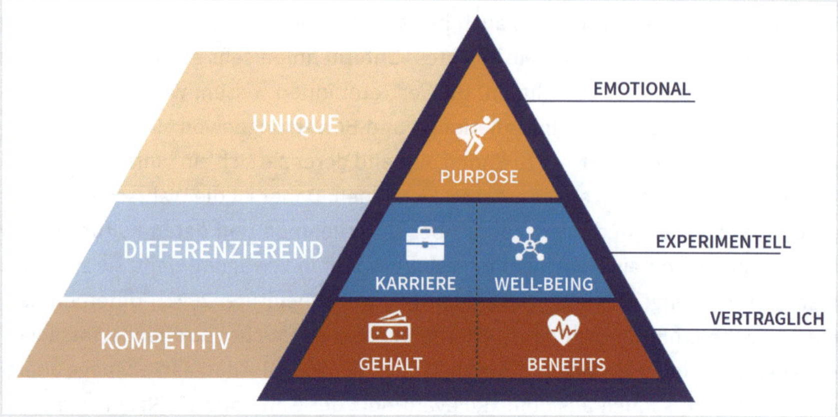

Abb. 61: Employee Value Proposition

Ansprüche der Gen Z an Arbeitgeber

Die entscheidungsrelevanten Faktoren und Kriterien, nach welchen sich die Generation Z für oder gegen einen Arbeitgeber entscheidet, lassen sich folgendermaßen zusammenfassen (Rosentreter 2022) (siehe Abb. 62):

- **Wertschätzung**
  - gutes Verhältnis zu und laufender Austausch mit Vorgesetzten
  - Entscheidungsspielraum und Sich-einbringen-Können
  - Vielfalt von Charakteren, Ideen und Aktivitäten
  - glaubhafte Anerkennung und Wertschätzung
  - gemeinsame Veranstaltungen und Events
  - moderne, ergonomische Büroausstattung
  - transparentes Bewerbungsverfahren
  - flexibles Arbeiten (bzgl. Zeit und Ort)
  - ausgezeichnete Feedbackkultur
  - Teamgeist und -atmosphäre
  - vielfältiges Kantinenangebot
  - Sicherheit des Arbeitsplatzes
  - freundliches Arbeitsumfeld
  - moderne Sozialleistungen
  - ausreichend Urlaubstage
  - angemessenes Gehalt
  - offene Fehlerkultur
- **Werte**
  - Sinnhaftigkeit der eigenen Tätigkeit und der Unternehmensaktivitäten
  - gemeinsame Werte von Unternehmen und Mitarbeiter:innen

  - Nachhaltigkeit aller Unternehmensaktivitäten
  - Identifikation mit Unternehmenswerten
- **Weiterbildung**
  - Möglichkeiten zur individuellen Entwicklung und kontinuierlichen Weiterbildung

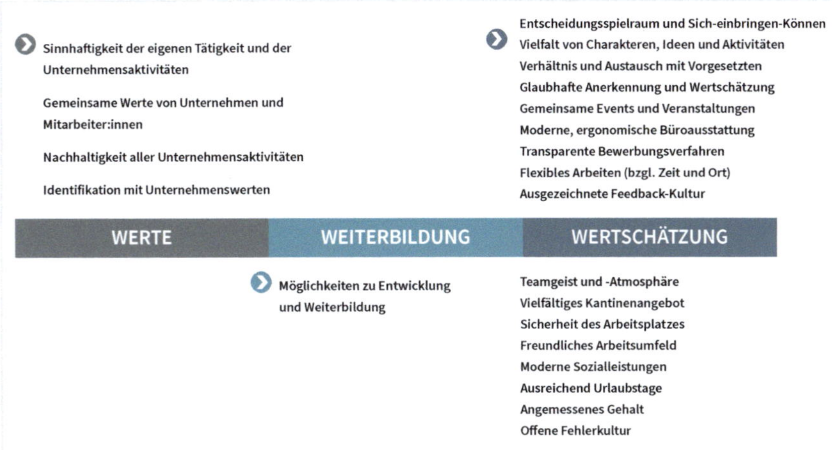

Abb. 62: Entscheidungsrelevante Ansprüche der Gen Z

Candidate Journey der Gen Z kennen

Da Transparenz und somit leicht verfügbare Informationen für die Generation Z bei der Suche nach einem für sie passenden Arbeitgeber eine Rolle spielen, sollte für Unternehmen und Arbeitgeber das Motto gelten: »Information is key.« Die Generation Z ist neugierig, sie verlangt nach Informationen – je mehr, desto besser. Und Unternehmen sollten diese liefern. Sie müssen transparent und proaktiv mit Informationen zu ihrem Unternehmen und zu ihnen als Arbeitgeber umgehen. Von Wichtigkeit sind daher Analysen, was man der Gen Z zur Verfügung stellen muss, welche Netzwerke und Plattformen für die Gen Z Priorität haben und wie man über diese Kanäle die für das eigene Unternehmen richtige Arbeitnehmer:innen-Zielgruppe adäquat anspricht.

Für Arbeitgeber ist demzufolge – zusätzlich zum Verständnis und zur adäquaten Ansprache der Gen Z – das Verfolgen und Verstehen der sog. Candidate Journey für ein erfolgreiches Recruiting unerlässlich. Nur aufgrund der detaillierten Analyse aller Kontaktpunkte, über die man als Arbeitgeber an Talente herantreten kann, sowie des Wissens, welche Schritte Kandidat:innen bei der Arbeitsplatzsuche gehen, kann man als Unternehmen die Gen Z für sich gewinnen.

Die Gen Z beginnt ihre Stellensuche und Recherche für gewöhnlich auf StepStone, geht danach auf die Website des potenziellen Arbeitgebers und schließlich zu Bewertungsportalen wie Kununu, gefolgt von Instagram – neben LinkedIn, Xing, Indeed und Twitter. Bewerberprotale, bei denen sich interessierte Talente registrieren und ihre Unterlagen hochladen müssen, sind u. a. aufgrund des Registrierungsaufwandes sowie aufgrund der systemimmanenten und von den Bewerber:innen wahrgenommenen Intransparenz eher unbeliebt und schrecken Talente mittlerweile sogar teilweise ab (Rosentreter 2022).

StepStone dient als Ausgangspunkt für die Recherche der Gen Z und ist damit oft die erste Anlaufstelle bei der Suche nach einem passenden Arbeitgeber. Unternehmen ist daher zu empfehlen, sich auf StepStone glaubwürdig und überzeugend, d. h. nachvollziehbar und transparent, darzustellen.

So sollten im Eingangstext von Stellenbeschreibungen allgemeine Informationen über das Unternehmen (insbesondere, was es macht, wie viele Mitarbeiter dort arbeiten, aktuelle Trends und Fakten) zur Verfügung gestellt werden sowie Informationen zum jeweiligen Standort des Unternehmens – gefolgt von einer kurzen Beschreibung der Arbeitskultur mit einer knappen Darstellung der Unternehmenswerte, der Unternehmensmission und -vision. Zudem relevant und erfolgversprechend ist es, Argumente dafür zu liefern, warum es sich für Vertreter:innen der Gen Z lohnt, sich bei diesem Unternehmen zu bewerben (Rosentreter 2022).

Die Stellenbeschreibung sollte eine klare Struktur aufweisen und in einem ansprechend-modernen Design gestaltet sein. Sämtliche Bestandteile der Stellenbeschreibung sollten mit übersichtlichen, detaillierten und zugleich markant-aussagekräftigen Überschriften versehen werden – möglichst optisch hervorgehoben und durch Bildmaterial in der Aussage unterstrichen. Die Texte sollten weniger Fachtermini beinhalten, sondern vielmehr leicht verständlich sein und Beispiele enthalten (Rosentreter 2022).

Kurz gesagt: Als für die Generation Z wichtige Informationsquellen und Plattformen zeigen sich bei der Online-Suche nach Arbeitgebern vor allem die Homepage des Arbeitgebers, Kununu, LinkedIn, StepStone sowie Instagram und Xing, neben YouTube und Twitter (Rosentreter 2022) – wobei sich diese Präferenzen der Gen Z relativ schnell ändern können und z. B. Xing aktuell gerade in dieser Generation an Bedeutung verliert.

Die richtigen Themen für die Gen Z identifizieren

Im Zusammenhang mit der Customer Journey zählen für die Generation Z vor allem Informationen, die u. a. mittels der Unternehmenswebsite oder einer entsprechenden unternehmenseigenen Karrierewebsite sowie über Social Media und Networks vermittelt werden sollten (Rosentreter 2022) (siehe Abb. 63).

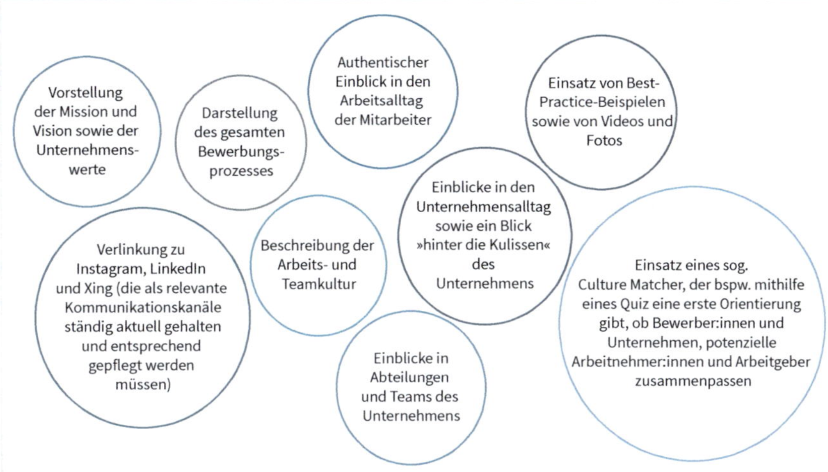

Abb. 63: Relevante Unternehmensinformationen aus Gen-Z-Perspektive

Im Anschluss daran sind die Geschwindigkeit und die Transparenz des weiteren Bewerbungsprozesses von Bedeutung (Maas 2019). Bewerber:innen haben diesbezüglich ihre eigenen Vorstellungen und wollen sowohl kontinuierlich als auch zeitnah darüber informiert werden, wie der Stand ihrer Bewerbung ist, wer diese gerade vorliegen hat, wie und wann bewertet wird und auch wie lange sie auf eine Antwort bzw. eine Entscheidung zu warten haben.

Erfolgreiches Employer Branding, um die Generation Z für sich zu gewinnen

Zusammenfassend tragen die folgenden Faktoren und auch Werte entscheidend zur Verbesserung der Kommunikation und zur Stärkung der Arbeitgebermarke sowie zu einer erfolgreichen Ansprache und Rekrutierung der Generation Z bei:

- Darstellung des Teams, der Arbeitsatmosphäre (Maas 2019) und Arbeitskultur,
- eine ausgewogene Feedback- und Fehlerkultur sowie
- Wahrnehmung und Wertschätzung von Kolleg:innen und Mitarbeiter:innen

– was letztlich zu einer potenziellen Identifikation mit den Unternehmenswerten und so mit dem möglichen zukünftigen Arbeitgeber führen kann (Rosentreter 2022).

Die offensive und verständliche Darstellung dieser positiven Faktoren auf den entsprechenden digitalen Plattformen ist einer der wichtigsten Bausteine im Zuge eines professionellen Employer Brandings.

4.10 TRENDS und ZUKUNFT – was die Gen Z in Zukunft von Arbeit verlangt

Die Gen Z betritt den Arbeitsmarkt und hat dabei teils völlig andere Werte und Erwartungen als ihre Vorgänger. Doch damit nicht genug: Die Analyse von Trends zeigt, dass sie auch in Zukunft Personalverantwortliche vor neue Herausforderungen stellen wird, ihnen zugleich aber auch neue Chancen und Möglichkeiten bietet.

Die Gen Z zwischen Fremd- und Selbstbestimmung

Die Gen Z trifft auf verschiedene Veränderungen der Arbeitswelt oder vielmehr schafft sie eine neue Arbeitswelt. Denn Arbeit ist idealerweise in Zukunft eine Leidenschaft, die sich selbst bezahlt und belohnt, wenn sie Sinn ergibt und Freude macht. Arbeiten entwickelt sich von der Fremdbestimmung zur Selbstbestimmung, Arbeitnehmer:innen sind nicht mehr oder nicht allein Lohnempfänger:innen, sondern längst Entrepreneure oder auch Intrapreneure. Das vernetzte Arbeiten mit einer gemeinsamen Wissensgrundlage verändert die Arbeitswelt für viele drastisch.

Gleichzeitig sieht die Realität für viele Vertreter:innen der Gen Z aktuell anders aus. Der Anteil der Selbstständigen, Gründer:innen, Co-Worker, Self-Entrepreneure etc. ist zwar deutlich gestiegen, aber weiterhin stellen die traditionelle Abhängigkeit und klassische Lohnarbeit die Norm der Arbeitskultur dar. Dabei ist die Angst vor einem Sicherheitsverlust teils sogar noch größer geworden, was die Debatten um die Themen Burn-out bis Billiglöhne zeigt. Die Gen Z erkennt aber, dass Hierarchien flacher, Erwerbsformen flexibler und mobiler werden sowie dass sich Arbeit von der Präsenz vor Ort löst – und forciert das (Horx 2015). Der Transformationsprozess der Arbeitswelt geht im Sinne der Gen Z weiter, was sich u. a. durch den Gender Shift und die Entwicklung vielfältiger Arbeitsmodelle jenseits der althergebrachten Acht-Stunden-Logik zeigt. Die Suche nach Eigenständigkeit und Emanzipation in der Arbeitswelt ist längst Chefsache, weil Flexibilität und Innovationsdenken in einer komplexen Wirtschaftswelt ein Wettbewerbsvorteil sind ist (Horx 2015).

Die Gen Z zwischen Balance und Blending

Die Gen Z stellt das Konzept der Work-Life-Balance durchaus infrage. Die Idee, zwischen Arbeit und Leben trennen zu können bzw. zu wollen und eine perfekte Balance zwischen diesen beiden Faktoren herzustellen, wird hinterfragt. Denn sie erkennt, dass beide Bereiche nicht wirklich unabhängig sind bzw. sich voneinander trennen lassen: Wer »halb« arbeitet und »halb« lebt, macht beides nicht vollständig und kann beides weder trennen noch genießen. Anstelle von Balance diskutiert die Gen Z daher mittlerweile eher den Begriff einer Work-Life-Integration oder auch eines Work-Life-Blending. Dabei gibt es Zeiten, in denen das Leben in die Arbeit übergeht und Arbeit zu einer schöpferischen Zeit wird. Und es gibt gleichzeitig Zeiten, in denen Familie und Freund:innen Zeit und Priorität benötigen. Die Gen Z weiß sehr genau, dass sie zwischen diesen Phasen und Zeiten hin- und herwechseln muss, denn sie kann das Freund:in-, Tochter-, Sohn-, Vater- oder Mutter-Sein nicht nach der Stechuhr beenden oder beim Pförtner abgeben, ebenso wenig wie man den Beruf im Büro lässt. Idealerweise können sich die beiden Bereiche gegenseitig befruchten, können sich das Leben und die Arbeit aneinander bereichern durch Kreativität, Neugier oder auch (Lebens-) Freude (Horx 2015).

Die Gen Z zwischen Automation und Fachkräftemangel

Die Gen Z erkennt, dass sie im Kontext des Zeitalters von Industrie 4.0 und künstlicher Intelligenz agiert. Sie ist sich bewusst, dass die Menge an Arbeit und Aufgaben nicht enden wird, der Bedarf an Arbeitskräften aber nahezu unendlich ist. Die Arbeitsmarktentwicklung spielt so in ihre Karten. Denn jeder Technologieschub bringt eine gesteigerte Nachfrage nach Kompetenzen mit sich. So erzeugen z. B. automatisierte Fabriken den Bedarf nach sog. High Services und nach technischer Expertise sowie zugleich nach Jobs bzw. Kompetenzen, die zuvor nicht planbar bzw. vorstellbar waren (Horx 2015). Die Arbeit der Gen Z ist weniger körperliche Arbeit und umfasst dabei dennoch nicht allein Wissensberufe, sondern variiert zwischen Kunst-, Entertainment-, Kommunikations- und Erlebniskultur – und jeder dieser Bereiche erzeugt wiederum neue Dienstleistungsbranchen (Horx 2015).

Die Gen Z zwischen digitaler Abhängigkeit und Überforderung

Die Gen Z bewegt sich im Spannungsfeld der Unabhängigkeit dank des Internets und der gleichzeitigen Abhängigkeit vom Internet. Das Internet und die Digitalisierung machen in vielerlei Hinsicht frei, befreien jedoch nicht von den Aufgaben eintönig-stupider Arbeit. Im Supermarkt übernimmt man als Kund:in Servicetätigkeiten selbstverständlich selbst, bei der Reiseplanung recherchiert man endlos nach den billigsten Flügen im Netz, für Überweisungen quält man sich freiwillig mit BIC- und IBAN-Nummern, ständig kümmert man sich um Upgrades und Updates von Hardware und Software – alles Routineaufgaben, für die in Wirtschaft und Unternehmen weniger oder sogar schlichtweg gar kein Personal mehr eingesetzt wird. Aufgrund der mittlerweile universellen und allumfassenden Digitalisierung ist die Gen Z es gewöhnt, nahezu 24/7 an Bildschirm und Tastatur gebunden zu sein. Dadurch überwiegt jedoch auch der Eindruck, einem Zuviel an Informationen nahezu ausgeliefert zu sein und nicht nur in einer Ablenkungswelt, sondern vielmehr in einer Verwirrungswelt zu leben (Horx 2015).

5 MEINUNGEN – Experteninterviews zur Generation Z

Nach Best-Practice-Beispielen und Studien zur Generation Z als Gesellschafts-, Konsum- und Arbeitnehmergruppe sollen nun Vertreter:innen der Generation Z, Y sowie X zur Sprache kommen, um in einem Diskurs die Gemeinsamkeiten und Unterschiede zwischen diesen Generationen zu verdeutlichen. Die Gemeinsamkeiten dienen als Basis für ein erfolgreiches Miteinander, um Gesellschaft und Wirtschaft nach vorne zu bringen. Die Unterschiede zwischen Zoomern und Boomern hingegen sollten genutzt werden, um voneinander zu lernen und miteinander zu wachsen.

5.1 Die Werte der Gen Z

Marie Aheimer – Vertreterin der Gen Z

Marie Aheimer studiert Psychologie & Management an der International School of Management, ISM. Seit Januar 2023 befindet sie sich im Auslandssemester in Lissabon und studiert für sechs Monate an der Universidade Europeia Management. Nach dem Abitur 2020 entschloss sie sich, aufgrund der Coronakrise für ein Jahr im Johanniterheim Velbert zu arbeiten. Dort führte sie die Coronatestungen und Besucherregistrierungen durch. Mit dem Beginn ihres Studiums stieg sie als Hilfskraft zur Vor- und Nachbereitung von Altenheimvisiten in der Praxis Dr. med. Christian Aheimer und Ercan Demircan, Fachärzte für Psychiatrie und Psychotherapie ein. Nach dem ersten Semester an der ISM durfte sie ab März 2022 die Aufgabe als Tutorin für Statistik 1 übernehmen. Im November 2022 begann sie, als Freelancerin für die Marketingberatung @DOCMARKETEER von Prof. Dr. Meike Terstiege tätig zu sein. Neben dem Studium und diversen Nebentätigkeiten kümmert sie sich zusätzlich um den Instagram-Account der ISM Köln.

Welche Themen setzt die Gen Z ganz oben auf ihre Agenda? Auf welche Werte legen Sie besonders wert?
Für mich persönlich haben Gesundheit und Nachhaltigkeit einen sehr hohen Stellenwert. Gesundheit sowohl psychisch als auch physisch. Ich studiere Wirtschaftspsychologie und interessiere mich darüber hinaus sehr für die psychische Gesundheit: Was trägt zu einem positiven psychischen Wohlbefinden bei? Was kann man bei einem negativen psychischen Wohlbefinden tun?

In der Gesellschaft bedarf es noch viel an Aufklärung zum Thema Psychologie, aber gerade die Gen Z öffnet sich für das Thema und versucht, die Psychologie zu normalisieren, sodass psychologische Themen angesprochen werden.

Da ich es hasse, krank zu sein, versuche ich, mich und mein Immunsystem gesund zu halten. Gerade Sport und Ernährung spielen da eine wichtige Rolle. Beim Thema Ernährung sind die Meinungen verschieden. Was ist gesund und was nicht? Besonders beim Thema Veganismus. Da mir Nachhaltigkeit sehr wichtig ist, habe ich mich entschieden, so gut es geht, einen veganen Lifestyle zu leben und regionale und unverarbeitete Produkte zu konsumieren.

Nachhaltigkeit kann in allen Lebensbereichen berücksichtigt werden, da tu ich mich jedoch noch schwer. Daher gehe ich »kleine« Schritte. Aber: selbst nur in einem Bereich des Lebens Nachhaltigkeit einzubauen, kann viel verändern.

Und man merkt schnell: So schwer ist es gar nicht, gewisse Dinge zu verändern und gleichzeitig etwas Gutes zu tun, sei es für einen selbst, andere Menschen, die Umwelt oder Tiere.

Mein Empfinden ist, dass dieses Thema der Gen Z sehr wichtig ist.

Der Trend geht zu veganem Lifestyle, Vintage-Mode, minimalistisch zu leben, Fridays for Future bzw. aktiv gegen den Klimawandel zu sein, Verzicht auf den Führerschein und vieles mehr.

Als Arbeitnehmer sind mir Gleichberechtigung und Erfolg sehr wichtig.

Unter »Gleichberechtigung« verstehe ich gleiche Verhältnisse zwischen Männern und Frauen (und anderen Geschlechtern). Das betrifft die Aufstiegsmöglichkeiten, die Bezahlung, aber auch den Respekt. Mir fällt immer wieder auf, dass Männer mehr respektiert werden und ihnen auch mehr Autorität zugesprochen wird. Häufig absolut unverständlich. Da sollte es meiner Meinung nach ein Umdenken geben, da viel auch unbewusst geurteilt wird. In meinem Post »Frauenpower« stehen noch weitere Gedanken zu diesem Thema. Eine »natürliche« Gleichberechtigung wäre wünschenswert. Neben weiteren Kriterien würde ich unter anderem unter starker Berücksichtigung der Gleichberechtigung meinen späteren Arbeitgeber auswählen.

Erfolg ist wahrscheinlich individuell zu werten. Nicht jeder definiert Erfolg gleich oder hat den gleichen Anreiz, Erfolg zu erreichen. Mir ist es wichtig, einen anspruchsvollen Arbeitgeber zu finden, der mir die Möglichkeit gibt, mich weiterzuentwickeln, und der Aufstiegsmöglichkeiten bietet.

Wenn es um die Gen Z als Zielgruppe geht, würde ich behaupten, dass uns alles catcht, was »grün« ist (nachhaltig, gesund, klimaneutral usw.). Man tut quasi etwas Gutes mit seinem Kauf.

Aber auch mit Themen der »Selbstverwirklichung« kann man die Gen Z für sich gewinnen, das heißt, man tut sich selbst etwas Gutes.

Welche Themen sind der Gen Z unwichtig oder gleichgültig im Gegensatz zur Gen X und den Babyboomern?
Ich glaube, dass in den Generationen Babyboomer und Gen X noch viel in Hierarchien »gearbeitet« und »gedacht« wird. Dazu gehört der Wunsch, viel Macht und Einfluss zu haben und das auf verschiedene Weisen zeigen zu wollen (Prestigegüter usw.).

Der Gen Z ist dies unwichtig.

Wir legen viel Wert darauf, an uns selbst zu arbeiten und ein Gemeinschaftsgefühl zu entwickeln und alle gleichzustellen. Natürlich gibt es noch Hierarchien, die werden aber nicht so »ausgelebt« wie in Gen X und bei den Babyboomern, zum Beispiel: keine klassischen Bürohierarchie.

Was sind die größten Unterschiede bzw. Ansichten oder Wertvorstellungen der Gen X und Babyboomer und Gen Z?
Ich denke, die Generationen X und Babyboomer sind sehr bedacht, sich abzusichern und viel zu planen. In einem gewissen Maße macht dies die Gen Z auch, aber ich finde, dass die Gen Z mehr im »Hier und Jetzt« lebt und viel offener ist, Risiken einzugehen.

Auch das Thema Familie ändert sich. In den früheren Generationen wurde eher früh geheiratet, eine Familie wurde gegründet und wer dies nicht getan hat, wurde »belächelt«. Das Thema Scheidung war ungern gesehen.

Damit geht, denke ich auch ein Gefühl von Sicherheit einher.

Ich glaube, dass der Gen Z das Gefühl von Familie wichtig ist, es dabei aber nicht um die Gründung einer eigenen Familie geht. Das Gefühl der Familie wird eher bei Freunden oder in Gemeinschaften gefunden.

Die Art und Weise, wie Beziehungen eingegangen werden, ist anders (lockere Beziehung, On-off-Beziehungen, mehrere Partnerschaften usw.) und das ist »normal« in der Gen Z.

Bei vielen ist Kinderwunsch vorhanden, aber wer sich gegen einen Kinderwunsch ausspricht, bekommt fast schon eher Zustimmung als Ablehnung.

Die Gen Z möchte sich auf sich selbst fokussieren.

Manche meiner Freunde führen auch das Argument an, dass sie keine Kinder in »diese« Welt setzen möchten.

Ein Großteil der Gen Z ist unzufrieden mit der aktuellen Situation in der Welt. Aber auch das Wissen, dass es keine klassischen lang anhaltenden Familien mehr gibt, sehen viele als Argument, keine Kinder bekommen zu wollen. Sie wollen quasi »ihre Kinder« schützen.

Wie gelingt es, Boomer und Zoomer zusammenzubringen? Welche Gemeinsamkeiten haben sie?

Ein gemeinsamer Nenner der beiden Generationen ist, denke ich, die Veränderung, Sicherheit und Erfolg, jedoch in unterschiedlichen Aspekten.

Die Gen Z will die Welt verändern und sich selbst. Der Prozess der Selbstfindung und Selbstoptimierung ist wichtig, damit einhergehend die Sicherheit der Gesellschaft (Gemeinschaftswohl), aber auch die eigene Sicherheit (Gesundheit).

Boomer wollen ihr eigenes Leben verändern, viel arbeiten, um Wohlstand zu erreichen und damit eigene Sicherheit schaffen.

Die Aspekte sind bei den Boomern eher egoistisch angelegt und bei den Zoomern eher gemeinschaftlich.

Boomer streben Erfolg »äußerlich« an und Zoomer »innerlich«. »Äußerlich« meint: den Karriereweg, hart arbeiten und dies andere sehen lassen. Dabei werden jedoch die eigenen Bedürfnisse vergessen, viel Stress wird in Kauf genommen, Individualität und Selbstverwirklichung werden hintangestellt. »Innerlich« meint das Selbst, also: Wie kann ich das Beste aus mir selbst machen und mich selbst verwirklichen und damit erfolgreich sein?

Gemeinsamkeiten sind gegeben, aber durch die unterschiedlichen Ausrichtungen und Gewichtungen müssen sie irgendwie zusammenfinden. Ich denke, da könnten die Boomer etwas von den Zoomern lernen, aber andersherum genauso.

Zoomer vergessen gern, dass man sich anstrengen muss und arbeiten muss, um etwas zu erreichen, Individualität allein reicht nicht. Also könnten die Boomer/»Workaholics« den Zoomern etwas von ihrer Mentalität abgeben. Die Zoomer könnten den Boomern etwas über das Gemeinschaftsgefühl und die Wichtigkeit der Individualität beibringen.

Mir fällt dazu das Beispiel meines Chefs im Fitnessstudio ein. Er ist immer sehr nett zu mir gewesen, aber er ist auch das typische Stereotyp eines egoistischen, narzisstischen Chefs und er gehört in die Generation Boomer.

Er hat ein altes Fitnessstudio gekauft, renovierte es, hat es als das tollste und beste Studio vermarktet, hohe Preise verlangt, fuhr teure Autos und ließ sich nichts sagen.

Man muss dazu sagen: Das Studio war wirklich sehr schön und er hat anfangs viel Arbeit in das Studio gesteckt. Das Studio war auch gut besucht und erfolgreich. Dadurch hatte er als Chef natürlich auch Erfolg.

Aber: Es gab im Verlauf viele Beschwerden über den Chef, da er wie ein Unternehmer gedacht hat. Er ging kaum auf die Kundenbedürfnisse ein, sondern hat immer nach seinen Vorstellungen und seinem eigenen Wohl gehandelt. Ungerechtfertigt hohe Preise rechtfertigte er damit, dass das Studio hohe Kosten hat, spezielle Kündigungsgründe wurden abgelehnt, man hat sich ja an den Vertag zu halten. Die Ideen der Mitarbeiter oder Kunden wurden abgelehnt, wenn Kosten damit verbunden waren und es seiner Meinung nach nicht unternehmerisch »vertretbar« war.

Wir Mitarbeiter waren hauptsächlich Gen Z und Millennials. Freundlichkeit und Interesse an Kunden war natürlich unser Job. Wir bekamen viel positives Feedback über unsere Art und Weise des Kundenkontakts und unser Engagement.

(Behalten Sie es für sich ;)) Wir machten viel hinter dem Rücken unseres Chefs, um die Kunden zufriedenzustellen, aber auch weil wir Spaß daran hatten, unsere Ideen oder Ansichten umzusetzen (z. B. Wettbewerbe, Kundenaktionen oder einfach mal ein Auge zudrücken). Wir hatten Glück, dass der Studioleiter (nicht der Chef) »einer von uns« war. Dadurch kamen die Kunden gern, wir profitierten vom Vitamin B und das Studio lief, dank uns.

Um die Aspekte Veränderung, Sicherheit und Erfolg in dieses Beispiel einzubringen: Unser Chef veränderte ein altes Studio in ein neues, war anfangs erfolgreich durch die Arbeit der Erneuerung des Studios und sicherte sich selbst durch die Einnahmen ab. Wir Mitarbeiter veränderten das Klima des Studios, waren erfolgreich mit unserer Art und Weise und konnten uns damit absichern.

Das Ende vom Lied: Auch wir Mitarbeiter waren unzufrieden mit unserem Chef. Wir kündigten. Manche machten sich selbstständig, weil ihnen Mut von den Kunden zugesprochen wurde.

Der ehemalige Studioleiter eröffnete sein eigenes Studio, ein Schwarzlicht-Cycling-Studio. Quasi bei Party und Disco Fahrrad fahren. Im alten Studio durfte er diese Idee nicht umsetzen, sondern musste »langweiliges« Cycling anbieten. Sein Studio läuft super und er hat große Freude dabei. Er konnte sich und seine Idee selbst verwirklichen.

Natürlich machte sich nicht jeder ehemalige Mitarbeiter selbstständig. Manche kündigten einfach aus Unzufriedenheit und suchten sich etwas anderes, obwohl sie gern geblieben wären aufgrund der Kunden und des schönen Studios.

Gerade Fitnessstudios leben von Mundpropaganda.

Dadurch, dass viele beliebte Mitarbeiter gingen und wenig neue Mitarbeiter kamen, lief das Studio leider immer schlechter und weniger Kunden kamen. Es ist nur noch eine Frage der Zeit, wie lange sich der Chef und das Studio hält.

Hätten Chef und Mitarbeiter zusammengearbeitet, wäre das Studio noch immer erfolgreich und vielleicht noch erfolgreicher. Es gab gemeinsame Nenner, aber sie wurden von den Generationen anders »interpretiert« und umgesetzt.

Was müssen Boomer über Zoomer unbedingt wissen und verstehen?

Meine Eltern beschweren sich bzw. wundern sich, warum ich so viel auf Social Media »daddel« oder warum mir Treffen mit meinen Freunden so wichtig sind, dass ich dafür andere »wichtige« Aufgaben verschiebe.

Wir, die Gen Z, legen viel Wert auf sozialen Kontakt. Vielleicht sind auch Plattformen wie Social Media schuld, aber die Meinung anderer ist wichtig für uns. Auch das ständige Erfahren von Informationen über andere ist wichtig. Keiner aus meiner Generation kann sich dem entziehen. Und wer sich entzieht, gilt fast schon als Außenseiter.

In sozialen Kontakten werden von der Gen Z viele Vorteile gesehen. Wie schon erwähnt, identifiziert die Gen Z mit Freundschaften auch das Gefühl von Familie. Richtige, gute Freundschaften geben uns ein gutes Gefühl. Ich glaube, das kennt jeder, auch die Boomer. Aber für die Gen Z hat sie eben einen anderen Stellenwert, und ich finde, es wird anders mit Freundschaften umgegangen, als es Boomer tun. Daher werden Freundschaften intensiver gepflegt und es ist wichtig für uns, sich dafür Zeit zu nehmen. Und kümmert man sich so intensiv um echte Freundschaften, kann man davon eben auch langfristig profitieren.

Ohne Social Media kann die Gen Z nicht mehr. Mal abgesehen davon, was für negative Einflüsse Social Media mit sich bringen, dienen sie für die Gen Z als Kommunikationsmittel. Wir brauchen Feedback oder Unterstützung in dem, was wir tun, und die bekommen wir über Social Media. Wir wollen über alle anderen Bescheid wissen, anderen Feedback geben oder Inspirationen bei anderen finden und das können wir über Social Media. Wir wollen uns austauschen, neue soziale Kontakte finden, die uns ähnlich sind, und das können wir über Social Media.

Social Media bietet uns Gesprächsthemen sowohl online als auch offline. Das ist natürlich kausal. Ohne Social Media würden wir uns wahrscheinlich nicht so viel mit »anderen« beschäftigen.

Aber es gehört zur Gen Z. Wir würden uns dem vielleicht gern entziehen, aber wir können es nicht. Bzw. die meisten können es nicht. Ich behaupte mal, die Gen Z ist abhängig von sozialen Kontakten und Social Media.

Und das verstehen, glaube ich, viele Boomer nicht, dass soziale Kontakte und soziale Medien einen sehr hohen Stellenwert für uns haben und wir uns dem auch nicht entziehen können oder auch einfach nicht wollen.

Aber: Wenn wir mal ehrlich sind, sowas gab es doch auch bei den Boomern, nur eben anders ... Ist vielleicht etwas weit hergeholt, aber vergleichen wir doch mal Social Media mit dem Walkman. Wer wollte damals nicht einen Walkman haben? Das war das »Ding« als jugendlicher Boomer. Jeder, der einen hatte, war »in« und ging mit der Zeit, wer keinen hatte, war »out« (genauso ist es doch bei Social Media auch).

Kassetten konnten zwar gekauft werden, aber welcher Jugendliche hat damals nicht die Kassette selbst aufgenommen? Und dann steht man vor der Qual der Wahl, welche Lieder werden aufgenommen (Vergleich zu Social Media: Welches Bild wird gepostet?).

Richtig cool und beliebt war man, wenn man es schaffte, die Hitparade ohne Unterbrechungen aufzunehmen. Und wer das schaffte, hatte viele Anfragen auf eine Kopie (genauso ist es mit den Likes: Poste ich ein tolles Bild, erhalte ich viele Likes).

Der Walkman schaffte es sogar, als »Wingman« zu fungieren.

Ein selbst erstelltes Mixtape zu verschenken, galt als Interessenszeichen oder Zeichen der Zuneigung (traurig, aber wahr, heute werden solche Annäherungsversuche eben unter anderem über Social Media gemacht).

Man verbrachte wahrscheinlich Stunden damit, Kassetten aufzunehmen oder zu kopieren. Dann musste noch das Cover gestaltet werden und dabei war höchste Aufmerksamkeit geboten. Bei der Gestaltung des Covers waren der Kreativität keine Grenze gesetzt. Es konnte so gestaltet werden, wie man es schön fand (Stichwort Selbstverwirklichung, auch die Gen Z »bastelt« lange an einem Post, bis er gepostet werden kann).

Wahrscheinlich haben viele Eltern der Boomer auch nur den Kopf geschüttelt und fragten sich, wie es sein kann, dass ihr Kind so viel Zeit mit dem Walkman verbringt. Es ist aber eben nicht nur der Walkman als Gegenstand gewesen, sondern alles, was im Zusammenhang damit stand.

Und so ist es mit Social Media auch. Es geht uns nicht primär darum, uns mit Social Media abzulenken und uns »sinnlosen Input« reinzuziehen, wie es vielleicht viele Eltern beschreiben würden. Social Media schafft so viel mehr als das für die Gen Z und das müssen die Boomer verstehen.

Aber natürlich ist es immer »schwierig«, sich auf neue Dinge einzulassen, die einem fremd sind. So wird es der Gen Z bestimmt auch in 30 Jahren gehen, wenn wir uns kopfschüttelnd über die Jugend austauschen.

5.2 Nachhaltigkeit in der Wirtschaft

Julian Lauten-Weiss – Vertreter der Gen Y mit Gen-Z-Netzwerk

Julian Lauten-Weiss ist Verfechter der Circular Economy und setzt sich für einen Paradigmenwechsel hin zu einer nachhaltigen Wirtschaft ein. Als Forscher, Berater, Dozent und Gründer stellt er sich den Herausforderungen unserer Zeit aus verschiedenen Perspektiven. Julian Lauten-Weiss studierte BWL in Köln und Rom sowie Entrepreneurship und Innovation in Wuppertal und Taipeh. Er war u. a. als wissenschaftliche Hilfskraft in der Circular-Economy-Abteilung des Wuppertal Instituts tätig, publizierte eine Alternative zum Business Model Canvas für zirkuläre Geschäftsmodelle mit dem Titel »The Circular Business Framework for Building, Developing and Steering Businesses in the Circular Economy« und gründete eine Nachhaltigkeitsberatung. Seit 2021 erforscht Julian Lauten-Weiss als Promotionsstipendiat an der Bergischen Universität Wuppertal die Rahmenbedingungen für den Erfolg zirkulärer Geschäftsmodelle. Zudem engagiert er sich am Deutschen Institut für Normierung als Experte für die Entwicklung der Circular-Economy-ISO-Standards und unterrichtet u. a. Corporate Social Responsibility an der International School of Management in Köln.

Welche Themen setzt die Gen Z ganz oben auf ihre Agenda? Auf welche Werte legen sie Wert?

Ich glaube, Gen Z (und z. T. auch Millennials) sind vor allem davon geprägt, dass die Zukunftsvision, mit der vorige Generationen aufgewachsen sind, so nicht mehr existiert. Eine Welt, in der durch stetiges Wachstum jede Generation besser und mit mehr Besitz leben kann als die vorige, erscheint mittlerweile wie ein Märchen. So suchen die Menschen dieser Generation(en) nach alternativen Visionen und Aspirationen. Dabei orientieren sich einige an Werten wie Tradition, Religion (mehr in den USA als in Europa) und klassischen Familien- und Rollenbildern. Andere wiederum versuchen, neue Visionen zu gestalten, und verfolgen Werte wie Nachhaltigkeit, Wissenschaft und technologischen Fortschritt. Das Fehlen einer gemeinsamen Vision führt aus meiner Sicht auch zu der »Spaltung der Gesellschaft«, die immer wieder zu Sprache kommt.

Was dies für jüngere Generationen als wirtschaftliche Akteure bedeutet, ist aus meiner Sicht mit dem luftigen Begriff »Purpose« zusammenzufassen. Ob Umwelt oder soziale Themen – die Gen Z sucht nach Sinn in ihrem Tun. Die Kehrseite davon reflektieren die sozialen Medien, die stark von Ironie, Zynismus und Idealbildern geprägt sind und so die »Sinnlosigkeit« in der realen Welt verarbeiten. Mit authentischen Werten und Zielen lassen sich junge Menschen aber begeistern, was für etablierte Unternehmen eine Herausforderung darstellt und der Ursprung von neuen »Trends« wie Greenwashing ist.

Welche Themen sind der Gen Z unwichtig oder gleichgültig – im Gegensatz zu den Generationen Babyboomer und X?
Da das Paradigma »Wachstum = Wohlstand« für viele nicht mehr gilt und die Idee von »trickle-down economics« mittlerweile wissenschaftlich widerlegt ist, legen jüngere Generationen aus meiner Sicht weniger Wert auf Wachstum als auf Selbstzweck. Es wird mehr hinterfragt, was denn wachsen soll, wie es wachsen soll und wer davon profitiert. Diese Vermutung lässt sich sowohl aus national-konservativer Sicht, z. B. auf das Wachstum supranationaler Organisationen wie der EU, anwenden, als auch aus progressiver Sicht, z. B. auf das Wachstum großer Konzerne.

Im wirtschaftlichen Kontext verliert somit eine rein monetäre Belohnung für Arbeit an Relevanz, wie auch Befragungen zeigen. Ich interpretiere dies weniger als Relevanzverlust von Wohlstand, sondern mehr als Akzeptanz, dass zur Generierung von Wohlstand mehr gehört als nur »harte Arbeit«. Anstatt sich mit möglicherweise privilegierteren Menschen in Konkurrenz zu begeben, suchen jüngere Menschen mehr nach »ihren Leuten«, also Menschen mit ähnlichen Ansichten und Zielen.

Was sind die größten Unterschiede bzgl. Ansichten und Wertvorstellungen der Generationen Babyboomer und X im Vergleich zur Gen Z?
An dieser Stelle fallen mir Generalisierungen schwer, da ich (erfreulicherweise) mehr Kooperation und weniger hierarchisches Denken zwischen Generationen wahrnehme.

Wo es jedoch einen Unterschied zwischen Generationen geben könnte, ist in dem Vertrauen in etablierte Systeme und Institutionen. Während diese für Babyboomer und

Gen X noch der Garant für Frieden und Wohlstand waren, werden sie von jüngeren Generationen teilweise entweder als übergriffig oder blockierend wahrgenommen. Auch dies könnte ein Treiber für Grassroots-Bewegungen sein, wie Trumpismus auf der national-konservativen Seite, Elon-Musk-Verehrung der Neoliberalen und Fridays for Future mit Greta Thunberg auf der links-progressiven Seite. Was all diese Communitys wiederum gemeinsam haben, ist der Wunsch, mit dem Establishment zu brechen und es entweder zu überwinden oder zu reformieren.

Auch die Verfügbarkeit des Internets hat jüngere Generationen geprägt wie keine andere. Die ständige Flut von Informationen macht es möglich, in kurzer Zeit auf enorm viel (US- und eurozentriertes) Wissen zuzugreifen. Dies führt jedoch in den meisten Fällen nicht zu einer breiteren Wissensbasis, sondern zu einer (im besten Fall) tieferen, da Algorithmen den Nutzer:innen meist mehr von dem anzeigen, was ihnen besonders gefällt. Während bei früheren Generationen eine gemeinsame Wissensbasis auch durch die Mediennutzung (Zeitung, Fernsehen, Radio) entstand, beschränkt sich diese Aufgabe nun vornehmlich auf die Schulsysteme, die dies in verschiedenen Ländern nur unterschiedlich gut auffangen können.

Arbeitgeber:innen reagieren bereits darauf, indem sie Arbeitnehmer:innen dort suchen, wo sie sich ohnehin aufhalten. So sinkt vermutlich die Relevanz von Jobmessen und das Active Sourcing auf sozialen Medien nimmt zu. Ich sehe diese Entwicklung zudem als Parallele zum Rückgang der großen Kaufhäuser (Galeria, Macy's etc.) und dem Wachstum von integriertem Shopping in Apps wie Instagram.

Wie gelingt es, Boomer und Zoomer zusammenzubringen? Welche Gemeinsamkeiten haben die beiden Generationen?

Ich glaube, um Menschen aller Generationen zu vereinen, braucht es eine Zukunftsvision wie den »American Dream« im 20. Jahrhundert, die genug Raum für die individuelle Lebensgestaltung lässt, jedoch gleichzeitig das gemeinsame Ziel eines besseren Lebens vermittelt. Dabei müssen Boomer das Gefühl bekommen, dass ihre Erfahrung und Werte gewürdigt werden, und Zoomer müssen sich einbezogen und ernst genommen fühlen. Mehr gemeinsame Projekte, auf denen alle Generationen auf Augenhöhe und mit Respekt kommunizieren, wären hier sicherlich hilfreich.

Im Arbeitskontext finde ich das Konzept der projektbasierten Rollen statt statischer Funktionen sehr spannend und erfolgversprechend. Denn während die Funktion einer/eines Senior X vermutlich nicht von einer jüngeren Person mit weniger Arbeitserfahrung besetzt werden könnte, ist die Leitung eines Projekts mit Fokus auf die Expertise einer Person – ob jung oder alt – durchaus vorstellbar. So können alle mal Verantwortung übernehmen und sie auch mal abgeben, was ein gegenseitiges Verständnis fördern würde.

Was müssen Boomer über Zoomer unbedingt wissen – und verstehen?
Wir müssen bei strittigen Themen aufhören, in Kategorien wie »richtig« und »falsch« zu denken und offen für alternative Lösungswege sein. Auch eine Diskussion über die Beweggründe hinter bestimmten Meinungen und Einstellungen kann offenlegen, dass im Kern alle Menschen den Wunsch haben, gut und in Frieden zu leben. Der Weg dorthin kann aber nur gemeinsam bestritten werden.

Im Hinblick auf Menschen als Zielgruppe möchte ich als Purpose-getriebener Spät-Millennial (geb. 1993) noch sagen: Überlegt euch bei jedem Kauf, ob ihr das wirklich braucht. Konsum ist natürlich notwendig und macht auch mal Spaß, aber zu viel des Guten schadet unserer Umwelt und nicht zuletzt auch unserer Psyche. »Retail Therapy« ist out! ;)

5.3 Die Gen Z als Digital und Sustainable Natives

Ulrich Lichtenthaler – Vertreter der Gen X mit Gen-Z-Netzwerk

Prof. Dr. Ulrich Lichtenthaler ist Professor für Management und Entrepreneurship an der International School of Management (ISM) in Köln. Als Experte wird er regelmäßig als Keynote Speaker, Executive Coach und freiberuflicher Berater zu Innovation, Nachhaltigkeit, digitaler Transformation und künstlicher Intelligenz gebucht. Er ist Autor mehrerer Bücher, Artikel und Tools. Weitere Informationen dazu auf www.ulrichlichtenthaler.com.

Welche Themen setzt die Gen Z ganz oben auf ihre Agenda? Auf welche Werte legen sie Wert?
Wie andere Generationen in der Vergangenheit wird auch die Generation Z von den Entwicklungen, Themen und Trends besonders beeinflusst, die aktuell für sie relevant sind und die sich oft auch von vorherigen Generationen zumindest teilweise unterscheiden. So wurde in den letzten Jahren in der Öffentlichkeit und auch in Unternehmen intensiv über die Digital Natives diskutiert, die mit digitalen Technologien aufgewachsen sind. Im Gegensatz zur Digitalisierung ist es jedoch überraschend zu beobachten, dass der Einfluss anderer Megatrends, insbesondere Nachhaltigkeit, auf die junge Generation weder in der Öffentlichkeit noch in Unternehmen vergleichbare Aufmerksamkeit erhält. Zwar wird teilweise relativ allgemein über die zunehmende Relevanz von Purpose bei der jüngeren Generation diskutiert, ein Verständnis der persönlichen Einstellungen von Sustainable Natives in Analogie zu Digital Natives fehlt jedoch in aller Regel. Dies gilt für die Einstellungen dieser Generation als mögliche Zielgruppe, als mögliche Mitarbeitende und ebenso als Personen ganz allgemein.

Dies ist umso erstaunlicher, da meiner Erfahrung im Hochschulumfeld nach in persönlichen Gesprächen mit der jüngeren Generation sehr schnell deutlich wird, wie wichtig diesen Personen das Thema Nachhaltigkeit ist und mit welcher Dringlichkeit und Emotionalität darüber gesprochen wird. Gleichzeitig erlebe ich in der Zusammenarbeit mit Unternehmen in verschiedenen Branchen, dass die Chancen und Herausforderungen, die sich dadurch ergeben, bisher weitgehend ignoriert werden. Es ist unerheblich, ob man die hohe Bedeutung von Nachhaltigkeit bei der Generation Z verortet oder gegebenenfalls über eine etwas jüngere Altersgruppe als die Generation PI – Positive Impact – spricht. Typisch ist bei diesen Personen oft ein gedämpfter Ausblick hinsichtlich ihres künftigen Lebensstandards verbunden mit der Erwartungshaltung, dass gerade auch Unternehmen einen aktiven Beitrag zur Lösung aktueller Probleme im Bereich von Umwelt und Gesellschaft leisten sollten, insbesondere hinsichtlich Klimawandel und CO2 Emissionen.

Welche Themen sind der Gen Z unwichtig oder gleichgültig – im Gegensatz zu den Generationen Babyboomer und X?

Im Kontext der Digital Natives wurde ja zum Beispiel schon gezeigt, dass Schwierigkeiten bei der Digitalisierung für diese Generation wenig nachvollziehbar sind, weil für sie digitale Technologien ganz automatisch dazugehören. Eine ähnliche Erwartungshaltung sehen wir auch beim Thema Nachhaltigkeit unter den Sustainable Natives. Aussagen, dass Unternehmen gerade nicht nur wirtschaftliche Ziele oder nicht primär Shareholder Interessen verfolgen sollten, werden von den Sustainable Natives eher beiläufig erwähnt und als weitgehend selbstverständlich angesehen. Vorherige Generationen sind da zumindest teilweise noch anders geprägt und auch in der Ausbildung der heutigen Studierenden und Schüler:innen hat sich dahin gehend einiges verändert.

Was sind die größten Unterschiede bzgl. Ansichten und Wertvorstellungen der Generationen Babyboomer und X im Vergleich zur Gen Z?

Neben den oben genannten weiteren Themen möchte ich mich hier auf Unterschiede beim Blick auf Nachhaltigkeit konzentrieren. Ganz entscheidend ist aus meiner Sicht ein detailliertes Verständnis, was die Sustainable Natives dabei tatsächlich erwarten – von sich selbst, von Unternehmen und von der Gesellschaft. Wenn ältere Generationen denken, zum Beispiel mit etwas stärkeren CO_2-Einsparungen könnte man die Erwartungshaltung der Sustainable Natives weitgehend erfüllen, ist dies viel zu kurz gedacht. Tatsächlich erwarten die Sustainable Natives nicht nur eine Verringerung der negativen Auswirkungen bei der Geschäftstätigkeit von Unternehmen, die üblicherweise auch als Ziel eines No Net Loss bezeichnet wird. Vielmehr sind die Sustainable Natives bereit, selbst einen positiven Beitrag zur Lösung aktueller sozialer und ökologischer Probleme zu leisten. Dieses Verständnis eines Net Positive Impact geht weit über die Vermeidung negativer Effekte der Geschäftsaktivitäten von Unternehmen hinaus. Die Sustainable Natives sind eher bereit, sich selbst einzuschränken und auch aktiv Gutes zu tun. Diese Erwartungshaltung wird auch an andere Akteure wie Unternehmen gestellt und genau hier bieten sich für Firmen nennenswerte Chancen ebenso wie Risiken.

Wie gelingt es, Boomer und Zoomer zusammenzubringen? Welche Gemeinsamkeiten haben die beiden Generationen?

Wenn beide Seiten mit etwas Offenheit und Verständnis agieren, sollten sie auch sehr gut zusammenarbeiten können. Mit Bezug zu Sustainability haben ja eigentlich alle Generationen ein gemeinsames Interesse, künftig nachhaltiger zu wirtschaften. Aus meiner Zusammenarbeit mit Unternehmen und Schulungen sowie Trainings in verschiedenen Branchen weiß ich jedoch, dass selbst viele Firmen, die laut eigener Aussage Pioniere im Bereich der Nachhaltigkeit sind, sich auf eine effiziente Ressourcennutzung im Verständnis von No Net Loss konzentrieren und hinsichtlich eines Net Positive Impact meist noch am Anfang stehen. Die Nachhaltigkeitsinitiativen vieler dieser Firmen kann man als Blue Sky Strategy bezeichnen, denn ihr Fokus auf Ressourceneffizienz im Hinblick auf ökologische Nachhaltigkeit trägt zu weniger Emissionen und damit zu einem blauen Himmel bei. Solche Strategien stellen einen wesentlichen ersten Schritt dar, sollte aber unbedingt um eine sogenannte Green Grass Strategy ergänzt werden. Dabei liegt der Fokus auf Innovationen und ganz neuen Lösungen zur Steigerung der Nachhaltigkeit im Sinne eines Net Positive Impact. Die Green Grass Strategy lässt also Innovationen und neue Aktivitäten wie grünes Gras wachsen und gedeihen – mit einem positiven Beitrag zur Triple Bottom Line möglichst im Kerngeschäft der Firmen.

Was müssen Boomer über Zoomer unbedingt wissen – und verstehen?

Auch hier kann man über unterschiedliche Dinge sprechen, Ich konzentriere mich aber auf die Unterschiede hinsichtlich des Verständnisses von Sustainability als Megatrend. Ganz wichtig dabei ist für die älteren Generation zu verstehen, dass es den Sustainable Natives nicht um weniger schädliches Wirtschaften geht, sondern um positive Nachhaltigkeit im Sinne eines Net Positive Impact. Das bedeutet, dass Greenwashing und nicht ernst gemeinte Nachhaltigkeitsinitiativen von den Sustainable Natives deutlich stärker negativ gesehen werden, als dies in der Vergangenheit der Fall war. Gleichzeitig erfahren echte Innovationen für mehr Nachhaltigkeit deutlich stärkere Wertschätzung als bislang. Dabei sind sich ältere Generationen der Relevanz und Emotionalität dieser Themen aus Sicht der Sustainable Natives und der Generation Z bisher noch viel zu wenig bewusst. Die Auswirkungen für Unternehmen sind immens, sie reichen von Employer Branding zur künftigen Gewinnung junger Talente als Mitarbeitende bis zu den Sustainable Natives als wichtige Zielgruppe im Marketing.

Parallel zur kontinuierlichen digitalen Transformation werden viele Firmen also stärker als bisher beabsichtigt ihre Sustainability Transformation angehen müssen. Dies schließt oft einen ernsthaften Wandel ein, der zusätzlich auch in geeigneter Weise den

Sustainable Natives kommuniziert werden muss. Wer nicht bereit ist für den Wandel, verliert – und wer nicht über die eigene Transformation spricht, verliert voraussichtlich ebenfalls. Verschiedene etablierte Tools wie zum Beispiel die Sustainability Innovation Map helfen bei den ersten Schritten der Umsetzung. Egal in welcher Branche, die handelnden Personen sollten nicht länger warten, sich intensiv mit den Sichtweisen der Sustainable Natives auseinanderzusetzen und die damit verbundenen Herausforderungen und Chancen aktiv anzugehen.

5.4 Zielgruppe Gen Z

Benjamin Pleißner – Vertreter der Gen Y mit Gen-Z-Netzwerk

Benjamin Pleißner ist Head of Strategy bei BBDO. Er studierte International Marketing an der Fontys International Business School (Niederlande). Vor seinem Wechsel zu BBDO arbeitete Pleißner im Planning für Ogilvy, Saatchi & Saatchi und Grey. Bei MyToys und Alpro sammelte er zudem Marketingerfahrung auf Kundenseite. Als Marken- und Kommunikationsstratege hilft er Unternehmen, Businessprobleme zu lösen. Er berät nationale so wie globale Marken aus Automotive, Versicherung, Handel, Telekommunikation und FMCG (z. B. Allianz, Aldi, Continental, Ford, KFC, Mars, O2, Toyota).

Traditionalisten, Babyboomer, Gen X, Gen Y, Gen Z, Generation Alpha – Generationen sind der Dauerbrenner unter den Marketingthemen. Doch warum sind Marketers so besessen von diesen »Altersschubladen«? Eine Einteilung der Bevölkerung in Generationen wie »Babyboomer« (geb. 1946–1964) oder »Gen Z« (geb. 1995–2010) holt uns nicht nur in unserem allgemeinen Bedürfnis nach Kategorien und Ordnung ab, sondern hilft uns auch, bestimmte Verhaltensweisen von Menschengruppen zu analysieren, zu verstehen und allem voran zusammenzufassen. Menschen lieben es, in Kategorien zu denken. Da stehen Generationen in der Zielgruppendenke ganz oben auf der Liste. Es ist ja auch so schön einfach. So lassen sich Babyboomer und die Gen Z, über ihr Alter hinaus, klar voneinander trennen. Die einen sind analog, die anderen digital. Die einen wollen »Work«, die anderen »Life«. Klar, ist das schwarz-weiß. Aber so ist das mit den Schubladen. Doch die Einteilung in Gruppen birgt noch eine andere Gefahr: Klischees, Stereotypen, Vorurteile. Nicht selten kommt es auch zu Konflikten zwischen den Generationen. Immer häufiger sieht man Konkurrenzkämpfe darüber, wer die prägenderen Katastrophen durchlebt hat oder die besseren Werte vertritt. Schnell fallen abwertende Begriffe wie »Okay, Boomer« und die Gen Z wird als faul, onlinesüchtig oder verwöhnt bezeichnet. Doch ist das so? Nein. Bei genauerem Hinsehen wird klar, dass sich beide Generationen ähnlicher und viele Gerüchte überholt sind.

Welche Themen setzt die Gen Z ganz oben auf ihre Agenda? Auf welche Werte legen sie Wert?

Klima: unser Planet ganz oben auf der Liste

Ein Punkt, der ganz weit oben auf der Prioritätenliste der Gen Z steht, ist das Aufhalten des Klimawandels und der Schutz der Umwelt. Eines der Reibungsthemen schlechthin zwischen Babyboomern und Gen Z. Die einen habens verbockt. Die anderen müssens richten. Pauschal gesagt. Und als Generation, die noch mehr als 50 Jahre auf diesem Planten zu leben hat, hat die Gen Z es sich zur Aufgabe gemacht, ihre Heimat zu retten.

Mindset: Werte und Interessen gewinnen

Ein weitverbreitetes Vorurteil, mit dem sich die Gen Z konfrontiert sieht, ist, dass sie online- und handysüchtig ist. Man hört oft Sätze wie »Die Jungen hängen den ganzen Tag nur am Handy!« oder »Sie vereinsamen, weil sie mehr Zeit online als in der realen Welt verbringen!«. In der Tat ist die Generation Z die erste Generation, die vollständig in der digitalen Welt aufwächst. Von klein auf ist sie geprägt von neuen Kommunikationsmöglichkeiten und virtuellen Welten wie Facebook, YouTube oder Google. Aber dass die 13- bis 28-Jährigen dadurch vereinsamen, ist ein Trugschluss. Die digitale Welt lässt vor allem junge Menschen mehr denn je miteinander kommunizieren. Das Stichwort der Stunde lautet: digitale Globalisierung. Man muss sich nicht mehr einzig und allein auf seine Klasse oder Nachbarschaft verlassen, um Freunde zu finden. Global und in verschiedenen Netzwerken bilden die jüngeren Generationen Communitys. Da findet sich für jeden die passende Nische. Man nehme nur TikTok-Communitys wie #booktok, #cleantok oder #crochettok. Die Gen Z legt großen Wert darauf, sich nicht aufgrund von Alter oder Ort, sondern von Mindset zusammenzuschließen.

Individualität: feiern, wer man ist, nicht, wie man geboren wurde

Es ist nicht verwunderlich, dass auch der Wert Selbstverwirklichung bedeutend für die Generation Z ist. Sie drückt sich durch ihre ganz eigenen, individuellen Ansichten aus und hegt den Wunsch nach Abwechslung, persönlicher Entfaltung sowie Lebensgenuss. Es wird gefeiert, wer man ist, nicht, wie oder wo man geboren wurde. Die Gen Z macht sich daher stark in LGBTQI+-Bewegungen, sorgt für neue, offenere Geschlechterzuordnungen und lässt keine Gelegenheit aus aufzuklären und für eine freiere, gerechtere Welt zu kämpfen und argumentieren.

Inklusion: Normen aufbrechen und neu denken

Keine andere Generation zuvor hat es geschafft, geltende Normen rund um unser Aussehen so zu hinterfragen und aufzubrechen wie die Gen Z. Zu ihren wichtigsten

Werten gehören Inklusion und Repräsentation. Sie hat bewirkt, dass man unter perfektem Aussehen nicht mehr nur eine kleine Kleidergröße und perfekte Haut versteht, sondern hat erreicht, dass in immer mehr Bereichen auch Menschen mit Handicap, ethnische Minderheiten usw. abgebildet werden und zunehmend als Standard angesehen werden.

Mental Health: vom Tabu- zum Gesprächsthema

Die Gen Z spricht über mentale Gesundheit. In ihrer Kindheit hat sie Sätze gehört wie: »Geh in dein Zimmer und komm erst wieder raus, wenn du dich beruhigt hast!« oder »Stell dich nicht so an!«. Denn für ihre Elterngenerationen X und Babyboomer war es völlig normal, Probleme zu ignorieren und Gefühle nicht offen zu zeigen. Aber zur Therapie zu gehen, depressive Phasen, Angst- oder Panikattacken zu haben, ist für die Gen Z kein Tabuthema mehr. Anders als die Elterngeneration sucht sie sich Hilfe und Wege, ihre Gefühle zu thematisieren und zu verarbeiten. Ihre Offenheit im Umgang mit Themen wie diesen trägt zur Enttabuisierung in der gesamten Gesellschaft bei.

Welche Themen sind der Gen Z unwichtig oder gleichgültig – im Gegensatz zu den Generationen Babyboomer und X?

»Vater, Mutter, Kind« vs. »Ich, die Situationship und mein Hund«

Ein konservatives Familienbild ist der Gen Z oft fremd. Heiraten, Kinder kriegen, Haus bauen und sesshaft werden sind heute keine wichtigen Werte mehr für die Gen Z. Nicht nur weil es sie in ihrer Freiheit einschränkt, sondern auch durch die aktuelle politische und klimatische Lage auf der Welt. Denn warum sollten junge Menschen in traditionelle oder monogame Beziehungen geraten, wenn nicht sicher ist, dass es in Zukunft Stabilität geben wird? Zwar sind ihnen enge Beziehungen, tiefe Freundschaften und ein gutes Familienleben wichtig, doch das bedeutet für die Gen Z nicht zwangsläufig, den Partner zu heiraten oder eigene Kinder zu bekommen.

Work is not Life

Die Generation Z strebt zwar danach, später einmal Teil eines anerkannten Berufsstandes zu sein, ein gutes Einkommen zu haben und dadurch materiellen Wohlstand zu erreichen. Doch nicht um jeden Preis. Im Gegensatz zu Vorgängergenerationen sucht sie nicht nach dem gut bezahlten »9 to 5«, der sie auslaugt, die Karriereleiter bis ins hohe Alter hochzwingt, um womöglich im Burn-out zu enden. Sie sucht nach einem Beruf, der Spaß bereitet und Erfüllung bringt, denn für sie ist die Arbeit nicht ihr Leben. Um das zu erreichen, machen sie sich früh selbstständig. Manche verdienen Geld auf sozialen Netzwerken oder investieren schon früh in Kryptowährungen oder Aktien. Auch der aktuelle Arbeitsmarkt spielt ihnen in die Karten. Die hohe Nachfrage nach Arbeitnehmern macht es ihnen möglich, die Arbeitswelt, wie die Babyboomer sie kennen, mit z. B. einer 4-Tage-Woche zu hinterfragen und zu revolutionieren.

»Das war schon immer so!« – »Okay, Boomer!«

Mit Aussagen wie »Das haben wir schon immer so gemacht!« oder »Das war schon immer so!« kann man die jungen Menschen wenig begeistern. Egal ob es dabei um Festtagstraditionen, Rollenbilder oder Meilensteine im Leben geht: Gen Z ist die erste Generation, die offen die vorgelebten und wohlbehüteten Traditionen und Vorstellungen der Boomer und Generation X hinterfragt. In einer Welt mit freier, individueller Entfaltung, für die die Gen Z kämpft, ist es für sie völlig selbstverständlich, Rollenbilder aufzubrechen und aus Thanksgiving Friendsgiving zu machen oder nicht die Hochzeit, sondern die Weltreise als wichtigen Meilenstein zu sehen.

Was müssen Boomer über Zoomer unbedingt wissen – und verstehen?

Zuhören erzeugt Verständnis

Kontext ist wichtig. Historie ist wichtig. Werte sind wichtig. All das braucht es, um einordnen zu können warum eine Generation so tickt, wie sie tickt. Die Werte und Themen, die der Gen Z wichtig sind, machen deutlich: Diese Generation ist nicht faul, onlinesüchtig und verwöhnt. Sie sucht den Sinn. Darin steckt ihr Antrieb. Sie vernetzt sich. Sie nutzt das Internet als Bindeglied, nicht als Medium der Vereinsamung. Sie legt Wert auf Individualität und Inklusion. Freiheit und Flexibilität sind für sie der neue Luxus. Keine Statussymbole. Und auch wenn es ihr oft vorgehalten wird – ihre neue Welt ist auch kein Paradies. Denn neben Privilegien bekommt sie viele Herausforderungen und hohe Erwartungen mit auf den Weg. Kaum eine andere Generation zuvor war so konstant mit Druck durch ständige Krisen und anhaltende Informationsflut konfrontiert. Tagtäglich strömen überwiegend negative Schlagzeilen auf sie ein. Die Gen Z findet ihren Weg, damit umzugehen. Und der sieht im Zweifel anders aus als bei Generationen zuvor. Andere Situationen erfordern andere Lösungsansätze. Und genau so ist es andersherum. Was die Babyboomer prägte, beeinflusste ihre Wertvorstellung und ihr Verhalten. Wer sich gegenseitig zuhört, versteht die Hintergründe und kann einordnen, was die andere Generation bewegt. So entsteht Verständnis.

Wie gelingt es, Boomer und Zoomer zusammenzubringen? Welche Gemeinsamkeiten haben die beiden Generationen?

Generation Mensch

Beide Generationen sind gar nicht so verschieden, wie man im ersten Moment denkt. Anders als ihre Vorgängergenerationen wurde der Großteil der Gen Z in eine fortschrittliche, offene Welt geboren, in der alles möglich scheint. Sie ist Teil von Kulturen, die Selbstverwirklichung und Meinungsfreiheit erlauben. Dass heute vieles möglich ist, ist aber nicht das Verdienst der Gen Z. Ohne die Bemühungen der Generationen davor, wie Babyboomer oder Generation X, gäbe es viele Rechte oder Technologien heute nicht. Was für die Gen Z Proteste wie Lützerath oder #metoo sind, waren für die Babyboomer »Atomkraft, nein danke« oder die Studentenbewegungen in den 1960er-Jahren. Proteste gab es immer schon. Früher analoger und räumlicher begrenzt. Heute digitaler und unabhängig von Zeit und Ort. Sich aufzubäumen gehört zur Identitätsfindung einer jeden Generation. Am Ende vereint genau das. Generationen haben viele Schnittmengen – in Werten, in der Motivation oder Interessen und Themen. Das sollte viel mehr im Fokus stehen als ihre Unterschiede. Denn dann verhindern wir Klischees, Stereotype und Vorurteile.

5.5 Die politische Orientierung der Gen Z – zwischen Grünen und FDP

Alexandra Reinhart – Vertreterin der Gen X mit Gen-Z-Netzwerk

Alexandra Reinhart hat ihr Diplom für Betriebswirtschaftslehre 1995 an der Universität Regensburg erlangt. Danach war sie drei Jahre als Media Planner tätig, bevor sie 15 Jahre lang bei Hubert Burda Media arbeitete, zunächst als Advertising Manager Fashion, Accessory und Luxury und dann als Senior Marketing Manager High-End Brands. 2014 wechselte Alexandra Reinhart zu Basler Fashion, wo sie als Director Marketing und PR tätig war. Seit 2017 ist sie bei SOS Kinderdörfer weltweit Director of Communications, Digital and Marketing. Sie ist zudem zertifizierte Business Coach und Trainerin.

Die Generation Z (Gen Z, Zoomer) ist die erste Generation, die von Geburt an mit dem Smartphone aufwächst. Deshalb leben sie heute dank Smartphones von Grund auf anders, obwohl sich Werte und Grundbedürfnisse in den letzten Jahrzehnten nicht komplett verändert haben.

Meine Einordnung der Gen Z basiert auf Studien und Veröffentlichungen von Markt- und Meinungsforschungsinstituten wie YouGov (siehe unten), das wir oft bei den SOS-Kinderdörfern weltweit nutzen. Viel lerne ich aber auch durch meine persönlichen Begegnungen. Meine Töchter, die Kinder von Freunden und Bekannten und Teammitglieder bei den SOS-Kinderdörfern sind Gen Z.

Aus einer Veröffentlichung des Statista Research Departments im letzten Jahr geht hervor: »Bei der Bundestagswahl am 26. September 2021 stimmten 23 Prozent der Erstwähler:innen für die Grünen, bei der FDP lag der Stimmenanteil ebenfalls bei

23 Prozent. Die Datenbasis der hier gezeigten Statistik zum Wahlverhalten ist eine Nachwahlbefragung von Wählerinnen und Wählern. Die beiden Parteien lagen gleichauf und haben die meisten Stimmen bei den Jungen erzielen können.

Die Grünen stehen für Politik rund um Umwelt und Klima, Familien, Asyl und Geflüchtete sowie Gesundheit. Eine Ansicht über die Grünen ist: »Kümmern sich am stärksten um Folgen der Politik für kommende Generationen.« Die Kompetenzen der FDP werden gesehen bei den Themen Wirtschaft, Steuerrecht, Außenpolitik und Altersversorgung. Ein Statement zur FDP ist: »Finde es gut, dass sie die Bürger entlasten und weniger staatliche Vorschriften machen wollen.« (infratest dimap zur Bundestagswahl 2021)

Für mich zeigt dieses Wahlergebnis, was ich ganz persönlich und subjektiv auch in meinem Umfeld wahrnehme. Da ich mich lange in der Modewelt bewegt habe, würde ich es auch gern damit beschreiben. Die Gen Z ist gespalten in zwei Lager: Die Fjällräven-Rucksackträger:innen (Grünen-Wähler:innen) und die Gucci-Handtaschen-Fans (FDP-Wähler:innen). Sehr vereinfacht umschrieben sind Erstere diejenigen, die Klimaschutz und Nachhaltigkeit nach ganz oben stellen, die anderen wollen sich schöne Dinge leisten können und denken aktuell auf alle Fälle weniger ans Gemeinwohl.

Bei den SOS-Kinderdörfern findet sich die erste Gruppe wieder. Die Kolleg:innen sind überdurchschnittlich intrinsisch getrieben, suchen eine sinnvolle Aufgabe und wollen einen persönlichen Beitrag leisten, die Welt ein bisschen besser zu machen.

Als Führungskraft bin ich in der besonderen Verantwortung, jungen Talenten Entwicklungsmöglichkeiten und Spaß an der Arbeit zu bieten. Mein Motto lautet: »Listen. Learn. Lead.« Ich finde, dass es sich besonders bei der Gen Z lohnt, gut hinzuhören, was sie zu erzählen hat. Sie will sich in besonderem Maße beteiligen, selbst anpacken und ihren Beitrag leisten. Diese Generation zeigt neue Sichtweisen auf die Welt und das Leben und erwartet auf ganz neue Art und Weise von den Älteren, dass wir diese teilen lernen und ihr bei der Umsetzung ihrer Wünsche und Vorstellungen helfen.

Welche Themen setzt die Gen Z ganz oben auf ihre Agenda? Auf welche Werte legen sie Wert?

Die Gen Z ist selbstverständlich geprägt von den Themen, die sie jeden Tag umgeben. Klimawandel ist ganz oben anzusiedeln. Die Gen Z ist Fridays for Future. Sie erwartet auch von ihrem Arbeitgeber eine ehrliche, authentische und aktive Beteiligung am Umweltschutz. Bei den SOS-Kinderdörfern ist ein Kernthema »Klimaschutz ist Kinderschutz«. Durch den Klimawandel verlieren viele Familien ihre Lebensgrundlage. Wenn beispielsweise die Fische sterben, hat der Fischer keine Einnahmequelle mehr. Das belastet Familien und führt oft zum Auseinanderfallen. Dürren verursachen Hungersnot. Luftverschmutzung führt zu Krankheiten. Wir sind also verpflichtet, zum Wohle der Kinder klar Stellung zu beziehen und auf politischer Ebene Veränderungen für den Klimaschutz einzufordern. Um unseren Kindern und Familien helfen zu können, müssen wir außerdem auch Spendeneinnahmen sicherstellen und den Generationenwechsel aktiv herbeiführen. Das Thema Klimaschutz spielt auch eine Rolle, damit die jüngeren Generationen, allen voran die Gen Z sich mit den SOS-Kinderdörfern identifizieren und wir als relevante Spendenorganisation bestehen können.

Die Erwartungen an den Beruf sind bei der Gen Z, egal ob bereits im Job oder noch in der Ausbildung, sehr hoch angesiedelt. Möglichkeiten, auch remote zu arbeiten sind Grundvoraussetzung. Überstunden werden gemacht, wenn es die Möglichkeit gibt, diese zu sammeln und in freie Zeit umzuwandeln. Modelle für laufende Gehaltsanpassungen werden eingefordert. Die Dauer der Firmenzugehörigkeit ist kein stichhaltiges Argument, warum man auf eine Gehaltserhöhung warten sollte. Einem schnellen Jobwechsel steht wenig im Weg, der Arbeitsmarkt macht es möglich. Als Arbeitgeber und Führungskraft ist es unabdingbar, einen echten Mehrwert für die Nachwuchstalente zu bieten. Bei den SOS-Kinderdörfern kann ich Auslandsaustauschmonate, Programmbesuche in unseren pädagogischen Einrichtungen und das Arbeiten in agilen, organisationsübergreifenden Arbeitsgruppen anbieten. Das macht uns attraktiv.

Ich finde, dass die Gen Z anderen Menschen mit sehr viel Offenheit begegnet. Die Gen Z lebt divers. Gegenüber Menschen aus anderen Kulturkreisen zeigt sie Interesse und Verständnis. Wenn die Eltern Migrationshintergrund haben, werden die Kinder nicht als Ausländer:innen tituliert. Für jungen Frauen ist es unvorstellbar, dass ein Mann bei der gleichen Arbeitsstelle mehr verdient. Homosexualität ist »normal« und es ist sogar en vogue, für eine gewisse Zeit bisexuell zu sein. Gendern ist ein wichtiges Thema und wird eingefordert.

Die Gen Z lebt in einer Krisenzeit, plötzlich sind Themen rund um Corona und Krieg präsent und man ist selbst betroffen. Zukunftsängste sind stark verankert in den jungen Leben, die doch eigentlich noch so unbekümmert und leicht sein sollten.

Die renommierten Jugendforscher Simon Schnetzer und Klaus Hurrelmann sagen sehr treffend dazu: »Die Jugend in Deutschland befindet sich weiterhin im Krisenmodus und sieht einer Phase von Verzicht und abnehmendem Wohlstand entgegen. Wer die junge Generation verstehen will, muss seit Klima, Krieg und Corona öfter und genauer hinschauen.«

Werte sind der innere Kompass von Menschen. An ihnen messen wir, ob eine Entscheidung gut ist oder ob wir uns wohlfühlen können. Die wichtigsten Werte für die Gen Z sind laut der Studie »Junge Deutsche« (Winter 2022/23): Gesundheit, Freiheit, Freundschaft, Gerechtigkeit und Familie. Diese Werte sind aus meiner Sicht nicht überraschend, weil sie für Sehnsüchte stehen, die wir selbst in jungen Jahren hatten.

Gesundheit bedeutet auch, das Zoomer viel Wert auf gesundes Essen und Sportmöglichkeiten legen. Mit Angeboten wie Obstkörben, Fitness-Studio-Rabatten und einem Jobrad kann man als Unternehmen punkten.

In meinem Umfeld fällt mir besonders der starke Wunsch der Gen Z nach einer eigenen Familie und festen Beziehungen auf. Die »Dauersingles« leiden sehr darunter, noch allein zu sein. Sie nutzen massiv und ganz normal Dating-Apps. Es gibt aber auch das andere Extrem. Junge Pärchen, die mit Mitte 20 schon 10-Jähriges feiern und bis ans Lebensende zusammenbleiben wollen. Familie ist wichtig, weil die Gen Z in der schnelllebigen Zeit mehr denn je einen Hafen braucht, in dem sie sich geborgen fühlen kann. Neben dem digitalen Leben gibt es in der Familie »echte Menschen«, die in den Arm nehmen. Eltern nehmen heute oft eine ganz neue Rolle ein. Sie sind nahbar. Ihnen vertrauen die Zoomer so ziemlich alles an und Eltern nehmen häufig die Rolle der besten Freundin, des besten Freundes ein. Das gab es aus meiner Sicht so offen bei den Generationen Babyboomer und Gen X nicht. Auch als Führungskraft sehe ich, dass ein persönlicher Führungsstil für die jungen Kolleg:innen sehr wichtig ist. Ich bin nicht die Chefin, sondern vor allem eine Mentorin. Ich bin Ratgeberin bei beruflichen Aufgabenstellungen und Karriereplänen und darüber hinaus auch beim ein oder anderen privaten Problem.

Welche Themen sind der Gen Z unwichtig oder gleichgültig – im Gegensatz zu den Generationen Babyboomer und X?

Vertreter:innen von Gen Z sind überwiegend Singles, sie haben (noch) keine Kinder und haben (bis auf Azubis und Ausgelernte) in der Regel seltener eigenes Einkommen. Deshalb sind die meisten Themen zu Kindererziehung, Geldanlagen und Altersvorsorge nicht im Fokus. Das unterscheidet sie maßgeblich von den älteren Generationen.

Die Einstellung zur Arbeit bei den Berufsanfängern ist sehr idealistisch geprägt. Selbstverwirklichung steht ganz oben. Reines Pflichtenerfüllen ist für sie keine Option. Junge Kolleg:innen bringen oft wenig Geduld mit. Wenn ihnen etwas widerstrebt, dann wird schnell ans Kündigen gedacht. Ich sehe mich mehr denn je in der Rolle, auch aufzuzeigen, dass es wichtig ist, Herausforderungen anzunehmen und zu lernen, damit umzugehen. Dass es sich lohnen kann auszuharren, bis sich Dinge verändern. Zufriedenheit in der Arbeit kann sich auch einstellen, wenn man mit Beharrlichkeit Erfolge erzielt.

Was sind die größten Unterschiede bzgl. Ansichten und Wertvorstellungen der Generationen Babyboomer und X im Vergleich zur Gen Z?

Meine persönliche Meinung ist, dass generell die älteren Generationen immer schon gegenüber den jüngeren die Haltung eingenommen haben: »Das hätte es so bei uns nicht gegeben.« In der Einstellung zur Arbeit sehe ich einen maßgeblichen Unterschied. Babyboomer und Gen X gehören zur Generation Praktikant. In einigen Branchen war es üblich, nach dem Studium als Praktikant:in mit wenig Gehalt und vielen klassischen »Sekretariatsaufgaben« einzusteigen. Das Motto war und ist »Lehrjahre sind keine Herrenjahre«. Die älteren Generationen sind Überstunden gewohnt und haben das Privatleben oft hintangestellt. Diese Haltung ist der Gen Z fremd. Geregelte Arbeitszeiten und spannende Projekte werden von Anfang an eingefordert. Die Fragen nach Work-Life-Balance höre ich in fast jedem Jobinterview.

Nach meinem Empfinden haben die älteren Generationen eher ohne Widerspruch die Erwartungen von den Älteren übernommen. Die jüngere Generation steht alten Wertvorstellungen differenzierter gegenüber. Sie traut sich viel mehr, ihre Meinung laut auszusprechen, zu verteidigen und Dinge einzufordern. Als Führungskraft ist es wichtig, sich auf eine Diskussion auf Augenhöhe einzulassen. Trotzdem sehe ich auch, dass ich verantwortlich dafür bin, Regeln aufzustellen und eine klare Richtung vorzugeben. Und wie in der Schule sind es immer noch die »strengen Lehrer:innen«, die in Erinnerung bleiben. Auch weil man gespürt hat, dass sie immer darauf bedacht waren, was es für eine gute Entwicklung braucht.

Sehr auffällig finde ich in den extremen Einfluss der Eltern auf ihre Kinder. Wohl kaum eine andere Generation ist so behütet und überwacht aufgewachsen. Dank Smartphone sind die Zöglinge ständig erreichbar und GPS macht es möglich, sie auf Schritt und Tritt zu verfolgen. Immer wieder staune ich darüber, dass Eltern ihre Zoomer für durchweg hochbegabt halten und meinen, dass sie in ihren Talenten nicht richtig gefördert und gesehen werden. Eltern kümmern sich rund um die Uhr, damit es dem Nachwuchs gut geht. Frustrationen in der Schule mit Lehrer:innen und beim Berufseinstieg sind deshalb keine Seltenheit. Pädagog:innen und Führungskräfte stehen hier neuen Herausforderungen gegenüber.

In unserem Team spreche ich deshalb von einer FAIL-Kultur: **F**irst **A**ttempt **I**n **L**earning. Wir dürfen es uns erlauben, Fehler zu machen, um daraus zu lernen. Es ist mir nicht wichtig, dass jede:r perfekt ist. Jede:r bringt Stärken und Schwächen mit. Das anzuerkennen ist entscheidend für eine gute und vertrauensvolle Zusammenarbeit.

Wie gelingt es, Boomer und Zoomer zusammenzubringen? Welche Gemeinsamkeiten haben die beiden Generationen?

Ich denke, dass über alle Generationen übergreifend gemeinsame Interessen das Eis brechen können. Das ehrliche Interesse an den Hobbys, Themen und Meinungen der anderen spielt eine ausschlaggebende Rolle.

Zoomer finden Boomer spannend und suchen den Austausch mit ihnen, wenn sie das Gefühl haben, dass diese wirklich interessiert sind an ihren Themen. Sehr gut funktioniert das, wenn wir uns von den jungen Menschen ihre Social-Media-Welt erklären lassen. Idole sind ebenfalls wichtig. Jede Generation hat ihre »Influencer:innen«. Darüber zu sprechen bietet viele Möglichkeiten, sich besser zu verstehen.

Ich beobachte außerdem sehr amüsiert, dass gemeinsame Autofahrten den Raum für besonders intensive und offene Gespräche zwischen Boomern und Zoomern bieten. Eine Erklärung habe ich allerdings nicht dafür.

Was müssen Boomer über Zoomer unbedingt wissen – und verstehen?

Laut der Studie »Junge Deutsche 2019« ist die Generation Z immer online und ihre reale Welt ist mit der digitalen Welt verschmolzen. Das bringt viele Vorteile für jungen Menschen. Sie sind unglaublich schnell in vielen Dingen des Alltags, ob privat oder im Job. Tickets werden nebenbei online gebucht, ein YouTube-Video hilft bei allen möglichen technischen Problemen und was interessiert, wird super schnell gegoogelt. »Digital Natives« haben klare Vorteile durch ihre souveräne Art, mit neuer Technik und modernen Kommunikationskanälen umzugehen, auch weil sie viele Aufgaben im Eiltempo erledigen können.

»Wer die Wahl hat, hat die Qual«. Wer zu viele Möglichkeiten und zu viele Informationen hat, ist gern überfordert. Die Gen Z ist meiner Meinung nach oft sehr unentschlossen. Sie kann sich schwer festlegen und sie tut sich generell schwerer, Entscheidungen zu treffen.

Die Gen Z nehme ich als sehr unverbindlich war. Sie ändert sprunghaft ihre Pläne. Eine Entscheidung wird rückgängig gemacht, weil sich spontan etwas Besseres ergeben hat. Das fällt mir vor allem bei privaten Verabredungen auf, die häufig abgesagt oder geändert werden. Aber auch bei der Übernahme von Aufgaben, erkaltet die anfängliche Euphorie schnell. Tools für Entscheidungsfindung und machbares Timing sind deshalb wichtig in der Zusammenarbeit. Ich merke auch, dass junge Mitarbeiter:innen mehr denn je zu schätzen wissen, wenn ich immer wieder meine Hilfe proaktiv anbiete.

Die Gen Z lässt sich gern blenden von perfekten Inszenierungen auf Social Media. Der Leistungsdruck ist sehr hoch. Erfolgsgeschichten aus der digitalen Welt über alle Facetten des Lebens hinweg führen zu einer schnellen eigenen Verunsicherung. Schönheitsideale können mittlerweile relativ unkompliziert durch chirurgische Eingriffe adaptiert werden – Nasen werden optimiert und Lippen nehmen ungewohnte Formen an. Vieles ist möglich. Makellosigkeit gehört zum Wunschziel. Eine extreme Körperlichkeit hat sich breitgemacht, die Muckibude ist wieder in. Junge Menschen brauchen besonders viel Lob und Zuspruch.

Viele Zoomer möchten sich vegetarisch oder vegan ernähren und sich dafür nicht rechtfertigen müssen. Auch am Arbeitsplatz erwarten sie deshalb in der Kantine, bei Firmenevents und Catering entsprechende Angebote.

»Digital Natives« sind es gewohnt, dass sie sehr schnell Feedback bekommen. Sie kennen es ja nicht anders. Eine Frage oder Information wird in den Messenger- oder Social-Media-Kanal eingegeben und schon ist die Rückmeldung innerhalb weniger Minuten da. Das zieht sich durch alle Lebensbereiche. Wenn sie auf eine Rückmeldung etwas länger warten müssen, dann sind Zoomer sehr verunsichert. Als Führungskraft ist es wichtig, entsprechende Austauschfenster einzuplanen. Ich nutze deshalb vor allem mit den jungen Teammitgliedern auch WhatsApp-Nachrichten.

Auch bei Trainees der Gen Z bei den SOS-Kinderdörfern habe ich noch einmal nachgefragt. Ihre Antwort: »Für unsere Generation (Zoomer) ist Work-Life-Balance sehr relevant. Wir wollen genügend Freizeit haben, um unseren Hobbys nachzugehen und Zeit für uns zu haben. Deswegen merke ich auch verstärkt, dass ein klassischer 40-Stunden-Job im Büro weniger attraktiv für unsere Generation ist als bspw. Remote Work oder die 4-Tage-Woche. Oft wird das von der älteren Generation als faul abgestempelt, weil wir ja angeblich »weniger« arbeiten wollen. Aber wir besitzen die Motivation, hart zu arbeiten, jedoch ist die Prioritätensetzung unserer Generation (Zoomer) im Gegensatz zu den Boomern eine andere. Zusätzlich sollte die Generation Boomer auch verstehen, dass es für unsere Generation als normal angesehen ist, nicht bis Ende 20 verheiratet zu sein und Kinder zu haben.«

Meine Töchter (Zoomer) meinten zu dieser Frage: »Wir sind viel offener in vielen Hinsichten: wie wir uns kleiden, bei Sexualität und auch neuen Technologien gegenüber. Wir sind einfach in einer ganz anderen Zeit, einer digitalen, aufgewachsen. Und deshalb kommunizieren wir schnell und schlichtweg anders mit unseren Smartphones und über Social Media.«

Im Folgenden möchte ich die meines Erachtens wichtigsten Erkenntnisse auf der Basis von Forschungsergebnissen des Marktforschungsinstitutes YouGov zusammenfassen:

Welche Themen setzt die Gen Z ganz oben auf ihre Agenda? Auf welche Werte legen sie Wert?

Zu den wichtigsten Themen bei der Generation Z zählen vor allem das Klima und der Klimawandel. Die Frage, ob der Klimawandel menschengemacht ist, spielt bei knapp 42 % der befragten Personen eine Rolle und ist das wichtigste Thema bei dieser Generation. Mehr als zwei Drittel der Befragten sind dabei der Meinung, dass der Klimawandel ziemlich bis sehr sicher menschengemacht ist. Wenn der Klimawandel wichtig ist, muss es auch die Umweltpolitik (32 %) sein, wobei 49 % der Meinung sind, dass hier mehr präventiv gehandelt werden müsste, und 16 % betonen die Wichtigkeit, vollständig präventiv zu handeln. Im Zusammenhang damit spielt die ökologische Verantwortung (29 %) ebenfalls eine Rolle – mehr als zwei Drittel sind der Meinung, dass

Unternehmen für die Auswirkungen ihres Handelns auf die Umwelt verantwortlich sind. Beim Thema Umwelt spielt natürlich auch die Nachhaltigkeit im Einzelhandel (29 %) eine Rolle und ein Großteil (65 %) ist der Meinung, dass Nachhaltigkeit im Handel und in der Produktion einen großen Einfluss auf die Umwelt hat.

Weitere wichtige Themen dieser Generation sind der Mindestlohn (30 %), Unternehmensregulierungen (26 %), Bildungspolitik (26 %), das Verbot der Bestrafung von Kindern (durch physische Gewalt der Eltern) (26 %), die Europäische Union (25 %), die Impfpflicht (24 %), das Thema Einwanderung (23 %) und die rechtliche Gleichstellung homosexueller Lebenspartnerschaften (22 %). (YouGov Profiles – Wichtigste Themen YouGov Profiles mit ≥ 20 %)

Welche Themen sind der Gen Z unwichtig oder gleichgültig – im Gegensatz zu den Generationen Babyboomer und X?

Für die Generation Z ist es unwichtig, dass das Grundgesetz auf »christlichen Wurzeln« beruht (21 %). Aber auch die Autobahnmaut (19 %), der Nahostkonflikt (19 %), TTIP (16 %), Straffreiheit bei Selbstanzeige von Steuerhinterziehern (14 %), Frauenquote in Firmenvorständen (14 %), Ernährung (12 %), rechtliche Gleichstellung homosexueller Lebenspartnerschaften (11 %), die Legalisierung von Marihuana (11 %), Rauchverbot (11 %) und die Ausgaben für die Bundeswehr (10 %) sind eher unwichtige oder gleichgültige Themen der Generation Z. (YouGov Profiles – Themen, die unwichtig sind mit ≥ 10 %)

Dabei sind einige Themen widersprüchlich bzw. polarisierend, wie z. B. die rechtliche Gleichstellung homosexueller Lebenspartnerschaften, die zugleich auch eines der wichtigsten Themen für diese Generation ist.

Für die Babyboomer und die Generation X sind wesentlich weniger Themen gleichgültig oder unwichtig, es gibt jedoch ein paar Ähnlichkeiten. Auch hier sind die »christlichen Wurzeln« des Grundgesetzes nicht wichtig (17 %), gefolgt von der Legalisierung von Marihuana (14 %). Auch die Frauenquote in Firmenvorständen und die rechtliche Gleichstellung homosexueller Lebenspartnerschaften ist bei diesen Generationen nicht so wichtig (12 %) wie auch der Nahostkonflikt (12 %). (YouGov Profiles – Themen, die unwichtig sind mit ≥ 10 %)

Was sind die größten Unterschiede bzgl. Ansichten und Wertvorstellungen der Generationen Babyboomer und X im Vergleich zur Gen Z?

Wenn es um die Weltanschauung geht, sind 59 % der Generation Z der Meinung, dass die Welt schlechter wird, bei den Babyboomern und der Generation X sind knapp 62 % der Ansicht, die Welt werde schlechter. Die Generation Z ist optimistischer, denn knapp 15 % sind der Meinung, dass die Welt besser wird. Bei den älteren Generationen

(Babyboomer und Generation X) vertreten diese Meinung nur 10 %. (YouGov Profiles – Weltanschauung)

Die Generation Z geht gern Risiken ein, sucht die Herausforderung und mag es aufzufallen. Sie gibt viel Geld für Kleidung aus und geht immer mit den neuesten Modetrends. Auch der Wunsch, nicht jeden Tag zur Arbeit zu müssen, ist größer.

Die älteren Generationen haben hingegen weniger Angst vor Veränderung, sind stolzer, deutsch zu sein, und werden bei internationalen Sportveranstaltungen eher patriotisch. Sie finden es auch wichtiger, ihre Chancen zu nutzen, sind zufriedener mit ihrem Lebensstandard und bevorzugen wenige gute Freundschaften anstelle vieler loser Bekanntschaften. Sie lassen sich zudem ungern sagen, was sie zu tun haben und kleiden sich lieber bequem als modisch. (YouGov Profiles – zugestimmte Aussagen über Persönlichkeit)

Wie gelingt es, Boomer und Zoomer zusammenzubringen? Welche Gemeinsamkeiten haben die beiden Generationen?
Die Themen Staaten, Sport, Technologie, Auto und Mobilität, politische Parteien, Kochen, Tiere, Politiker, Nahrungsmittel, Weltstädte, Arbeiten und Dienstleistungen wecken bei beiden Altersgruppen ein gleiches Niveau an Interesse. (YouGov Profiles – Allgemeines Interesse [halboffene Abfrage])

5.6 Unabhängigkeit und Flexibilität vs. Sicherheit und Berechenbarkeit

Patricia Johannes und Markus Küppers – Vertreter:innen der Gen X mit Gen-Z-Netzwerk

Patricia Johannes ist bei september Strategie & Forschung GmbH Head of Psychological Research und trägt dort die Gesamtverantwortung für alle qualitativen Teams, Projekte und Methoden. Als langjährige Expertin in tiefenpsychologischen Tools und Methoden hält sie außerdem regelmäßig Vorträge zu Studien über Gen X bis Z, Krisenmanagement u. v. m.

Markus Küppers ist Managing Partner der september Strategie & Forschung GmbH mit Sitz in Köln. Der Emotionsexperte blickt auf über 25 Jahre Erfahrung im Agentur- und Marktforschungsumfeld zurück. Er berät Firmen im In- und Ausland zu Themen wie Markenpositionierung, Produktinnovation, Consumer Generations und Emotionsforschung. Markus Küppers ist außerdem Dozent an der TH Köln für kundenzentriertes Marketing und Autor des Sachbuchs »How to kill your brand«.

Welche Themen setzt die Gen Z ganz oben auf ihre Agenda? Auf welche Werte legen sie Wert?

Patricia Johannes: Die Werte Unabhängigkeit und Flexibilität stehen ganz oben auf der Agenda. Aber die Gen Z wäre nicht die Gen Z, wenn sie nicht gleichzeitig auch das (scheinbare) Gegenteil wollen würde – und das macht sie ja so komplex. Sie braucht nämlich auch einen sichereren Rahmen und Berechenbarkeit. Nach all den Krisen und der massiven Hilflosigkeit und dem Ausgeliefertsein sucht die Gen Z nach dem Gefühl, das man »confident independence« nennen könnte: Unabhängigkeit in einem sicheren Rahmen.

Markus Küppers: Das zeigt sich sehr deutlich in den Ansprüchen an (zukünftige) Arbeitgeber. Einerseits wollen Zoomer einen sicheren unbefristeten Arbeitsplatz, den man sich auch lebenslang vorstellen kann, andererseits soll die Arbeit es ermöglichen, frei und unabhängig zu bleiben. Die schlimmste Vorstellung ist der Arbeitsbrocken »9 to 5«. Ein Studienteilnehmer sagte: »Das fühlt sich wie ein Stein an, den man ununterbrochen klein hacken muss und man kommt nur sehr langsam voran.« Wir Nicht-Zoomer empfinden das ja gar nicht so. Die Gen Z ist nicht mehr gewohnt, sich sehr lang am Stück einer Sache zu widmen. Sie will Pausen, Abwechslung, Ortwechsel, mal Zeit ganz allein, mal Zeit im Team, eine in ihrem Sinne sinnvolle Vermischung von Privat und Job, aber verbunden mit dem nicht verhandelbaren Anspruch, diese Linie selbst zu ziehen. Meistens mit dem Ziel, den Job so zu gestalten, dass man Geld verdient, um zu leben, und nicht andersherum. Dass man quasi automatisch Karriere als Zeichen der arbeitgeberseitigen Wertschätzung macht, wird hier mitgedacht.

Patricia Johannes: Dieses Im-Flow-Bleiben mit viel Abwechslung ist ein Nebenprodukt der Skepsis gegenüber Festlegung. Zoomer suchen nach sehr schnellen Mood-Boostern, um so gut wie möglich durch die aktuelle Zeit zu kommen. Man ist quasi ständig auf der Suche nach situativer Entlastung, Bestätigung, Trost. Das hat die Pandemie erstmals in ihnen angerichtet, und die heutige Polykrise führt dies fort. Zoomer brauchen schnelles Mood-Management. Niemand möchte mehr einer Stimmung Macht über sich geben oder sie so lange spüren, dass man sich in ihr verliert. Gezieltes Abtauchen in Netflix, längeres Ablenken durch Tiktok oder speziellen Hobbys nachzugehen sind hier besagte Mood Booster. Oder man nimmt sich bewusst Self Care Time, während der man sich ganz um sich selbst kümmert.

Markus Küppers: Die Gen Z hat gefühlte zwei Jahre verloren. Das klingt jetzt etwas lapidar, aber innerhalb dieser Zeit war diese Generation neben den Älteren der Gesellschaft die größte Leidtragende. Dabei waren die Lockdowns noch nicht mal das Schlimmste. Das Schlimmste war das Gefühl der Ohnmacht und des Nichtwissens, wie es weitergeht. Nun will sich diese Generation ihre besten Jahre zurückholen. Daher ist für sie eine gewisse Ungeduld und Rastlosigkeit typisch. Das Leben noch maximal zu genießen, bevor es irgendwann (wieder) vorbei ist. So wundert es nicht, dass die Gen Z sich Sicherheit über ihre Finanzen holen will. Aber nicht durch langwieriges Sparen mit ungewissem Ausgang, sondern durch Trading. Trading ist quasi die selbstwirksame Abkürzung zu Unabhängigkeit. Es gehört zum guten Ton, hier Bescheid zu wissen. 20% der Gen Z (und steigend) traden sogar sehr leidenschaftlich, mit viel Know-how. Konfrontiert mit Krisen, die sogar die eigenen Eltern, die Politik und die Gesellschaft schaudern lassen, spürt die Gen Z sorgenvoll, dass ihr Ressourcen fehlen. Wir nennen die Gen-Z-Trader in unserer Eigenstudie augenzwinkernd »Welpen der Wall Street«.

Patricia Johannes: Ein Zitat aus der Studie hat mich nachhaltig irritiert: »Ich wünschte, ich wäre im Krieg aufgewachsen. Dann wüsste ich jetzt, was wirklich wichtig ist im Leben. Wir sind heute doch eher verweichlicht.« Das ist der Wunsch nach Resilienz und Konzentration auf das Wesentliche, und das bewundert die Gen Z auch an älteren Generationen. Der Wunsch nach »No Bullshit« und nach der Erkenntnis zu wissen, worauf es ankommt, bei sich selbst und allen anderen, ist sehr ausgeprägt. Wer steht für was? Wer kann was? Und was eben auch nicht, das soll man dann auch weglassen. Allroundtalente sind nicht mehr so attraktiv wie Experten, die wissen, wofür sie stehen, und echte Erfahrung mitbringen. Man könnte auch sagen: Im Chaos der Welt ist es noch wichtiger geworden, noch schneller zu decodieren, was man wovon hat und was man sich sparen kann, und vor allem, wohin die Reise geht.

Markus Küppers: Diese Generation hat mehr als die Generationen vor ihr den Anspruch, die Welt zu retten. Und wenn nicht den Anspruch, so fühlt sie den Druck deutlicher, da die Themen »Last Generation« und »Fridays for Future« einfach omnipräsent sind. Dies führt zu einer verstärkten Sinnsuche, vor allem im Job. Das ist ein Gamechanger im Umgang mit der Gen Z, denn es ist buchstäblich der Job der Gen Z, uns zu hinterfragen. Ansonsten könnte die Generation gleich aufhören, ihre Zukunft zu planen. Sie rebelliert wie jede andere junge Generation, ja, aber diesmal geht's um die Zukunft der Welt, vielleicht mehr als je zuvor. Das spürt man auch als Arbeitgeber. Wer hier nur auf Obstkörbe und Hafermilch setzt, hat massive Schwierigkeiten, Zoomer für sich zu begeistern.

Patricia Johannes: Marken sind auch so ein Sinn-Thema. Die Gen Z sagt oft von sich, dass ihr Marken total egal sind, weil kommerziell und oberflächlich. Dahinter steckt allerdings oft nur die Abneigung dagegen, in Schubladen gesteckt zu werden. Würde man sich zu einer Marke klar bekennen, würde man sich im wahrsten Sinne des Wortes ein Label anstecken, das nicht zum Super-Special-Snowflake-Selbstbild der Gen Z passt. Man ist zu individuell und selbstoptimiert, um sich Marken unterzuordnen. In Wahrheit bieten Marken auch der Gen Z wirksame Projektionsflächen. Und so nutzen Zoomer Marken von H&M bis Balenciaga, um das eigene Selbstbild noch schillernder und facettenreicher zu gestalten. Aber Marken dürfen niemals vergessen, dass Zoomer die Kontrolle brauchen. Bei der Kommunikation ist es wichtig, die Gen Z immer sehr selbstständig wirken zu lassen und auch entsprechende Angebote zu machen. Support ja, komplettes Anlehnen oder Unterordnen nein. Und so sind Marken-Ökosysteme für Zoomer tendenziell kritisch, weil ihnen das Flair von »all inclusive« anhaftet. Um es plakativ zu sagen: Eine Einbauküche mit Geräten von nur einer Marke ist für die Gen Z unattraktiv, da das eigenständige, gestalterische Element und die eigene Identität verloren gehen. Die Gen Z braucht, wie in einem Game, Ausrüstung, um besser von Level zu Level zu kommen, aber der Hero sind sie selbst, nicht das Produkt und auch nicht die Marke.

Markus Küppers: Ein weiterer Watch-out für Marken ist die Sprache. Vorsicht bei Nutzung typischer Gen-Z-Slangs und -Schlagworte. Die Gen Z riecht meilenweit gegen den Wind, wenn sich Boomer Kommunikation für sie ausgedacht haben, weil es eben nicht authentisch ist. Damit richtet man schnell Schaden in dieser Zielgruppe an. Genauso wenn man mit erhobenem Zeigefinger um die Ecke kommt und der Gen Z womöglich noch mehr Aufträge für diese Welt mitgeben oder z. B. ihr ihre digitale Abhängigkeit vorwerfen will. Die Gen Z will Inspiration, Lösungen und echten Support.

Welche Themen sind der Gen Z unwichtig oder gleichgültig – im Gegensatz zu den Generationen Babyboomer und X?

Markus Küppers: Grundsätzlich verlieren viele Instanzen an Bedeutung, die früher Sicherheit und Orientierung gegeben haben. Nicht nur Religion oder Politik, sondern auch Banken oder Berater jeder Art. Diese haben sich in der Krise als nutzlos erwiesen. Und so geht der Gen Z der Respekt vor etablierten Instanzen völlig ab; Instanzen, die sich teilweise jahrhundertelang nicht rechtfertigen brauchten, weil alle an sie geglaubt haben. Die Gen Z steht davor und fragt nach der Legitimation: Wozu ist das gut? Oft hört man: »Wenn der Berater wirklich so gut wäre, wäre er kein Berater mehr.« Der Bewertungsmaßstab für Experten ist nicht die Erfahrung, sondern der Erfolg. Die Gen Z will von den Erfolgreichsten lernen – auch eine Folge der Social-Media-Sozialisierung: viele Follower als Indiz für die Vertrauenswürdigkeit.

Patricia Johannes: Auch so ein Thema wie Rente ist nichts Verheißungsvolles mehr, es ist eher zum Abschreckungswort geworden. Denn es ist das, wo die Eltern ständig jammern, dass sie ein Leben lang gearbeitet haben und jetzt nichts kriegen. Um alles mit »Rente« macht die Gen Z also eher einen großen Bogen. Und so verhält es sich mit vielem gerade. Wie gesagt: Nur weil man bisher eine klare Bedeutung hatte, egal ob als Institution oder als Marke, heißt es nicht, dass man für die Gen Z noch die gleiche Bedeutung hat, dass der Mehrwert überhaupt noch klar ist. Hier gilt es wirklich, sich selbst als Anbieter, oder Arbeitgeber, einem Update zu unterziehen und sich zu fragen: Versteht und akzeptiert die Gen Z, für was ich stehe?

Markus Küppers: Langsames Sich-nach-oben-Arbeiten ist ein ähnliches Konstrukt, mit dem Zoomer fremdeln. Erfolgreich sein, gut verdienen? Ja! Ewig lange darauf warten und sich dabei tot arbeiten? Klares Nein. Nicht aus Zufall fragen Einsteiger heute bereits spätestens nach einem halben Jahr, wann sie denn die nächste Stufe erklimmen werden. Erfolg will viel schneller spürbar werden. Die Angst, das Leben zu verpassen, weil man so viel arbeitet, ist angesichts des drohenden Weltuntergangs stärker geworden. Denn wie viel Zeit bleibt uns denn nun noch zum Genießen? Baby Boomer und Gen X haben hier sehr viel optimistischer und damit geduldiger an der eigenen Karriere geschraubt.

Was sind die größten Unterschiede bzgl. Ansichten und Wertvorstellungen der Generationen Babyboomer und X im Vergleich zur Gen Z?

Patricia Johannes: Einerseits werden etablierte Systeme und Hierarchien nicht mehr einfach hingenommen – sondern ständig hinterfragt. Das führt dazu, dass jemand nicht mehr einfach nur akzeptiert oder bewundert wird, weil er »Chef« ist. Die Gen Z wünscht und erwartet, dass jemand mit Verantwortung dieser auch nachkommt. Ansonsten wird schnell scharf kritisiert oder gleich innerlich gekündigt (die Gen Z hat mit Kündigung und Aufhören kein Problem, denn das ist für sie Ausdruck des Scheiterns der anderen). Die Gen Z wünscht sich Vorgesetzte, die sie inspirieren und coachen. Die wirklich was drauf haben und anderen davon abgeben bzw. sie lernen lassen. Das Schlimmste für die Gen Z sind Anordnungen, die aus ihrer Sicht keinen Sinn ergeben (weil der Sinn vielleicht einfach nicht transparent gemacht wurde) und man dann kein Feedback geben darf. Solche und ähnliche Dinge wurden früher allerdings eher als normal hingenommen.

Markus Küppers: Früher hat man sich einfacher in ein Gefüge eingeordnet, war gern Teil eines größeren Wir. Die Gen Z hat auch Sehnsucht danach und tut sich gleichermaßen auch schwer damit, denn man erlebt das Sich-Einfügen leicht als partielles Aufgeben der eigenen Identität. Insgesamt ist es für Boomer und Gen X sehr viel leichter und auch erstrebenswerter, sich mit einem Organismus wie einer Firma oder einer Marke zu identifizieren. Zoomer sehen darin ein Risiko, denn wer sich ganz und gar bindet, macht sich auch verwundbar – da die nächste Krise lauert, braucht man seine Unabhängigkeit. Übrigens ist der Wunsch nach lebenslanger Beschäftigung daher auch nicht konfliktfrei: Der gewollten Sicherheit steht die ungewollte Einbuße der Unabhängigkeit im Weg und beides muss mühsam in Einklang gebracht werden.

Patricia Johannes: Wir sehen eine weitere auffällige Differenz zwischen den Generationen: Gesehen ist schon halb erlebt. Durch das Zurückgeworfensein in den Lockdowns einerseits und die technischen Möglichkeiten andererseits haben die Zoomer echte, physische Erlebnisse substituiert durch Bilderkonsum. Durch das Sichten von ca. 700 Content-Schnipseln in der Stunde auf Tiktok (eine Stunde Tiktok ist keine Seltenheit) werden zig Themen (Reisen, Tanzen, Hunde, Kochen, Wohnen, Gaming …) in Sekunden angerissen. Man tauscht das Gefühl, selbst etwas erlebt zu haben, gegen das Gefühl, etwas angesehen zu haben. Das geht den älteren Generationen mindestens genauso, aber im Gegensatz zur Gen Z haben sie tatsächlich schon viele Dinge erlebt. Wie wird sich diese spezifische mediale Disposition auf z. B. die Lebenszufriedenheit und das Selbstkonzept der Gen Z langfristig auswirken? Dies gehört zu den großen Fragen der Generationenforschung.

Wie gelingt es, Boomer und Zoomer zusammenzubringen? Welche Gemeinsamkeiten haben die beiden Generationen?

Markus Küppers: Dass verschiedene Generationen Kommunikationsschwierigkeiten miteinander haben, überrascht nicht. Andererseits ist die Werte-Durchlässigkeit relativ hoch. Noch nie haben wir so deutlich gesehen, dass Ältere sich so sehr bemüht haben, wie die Jüngeren zu sein. Die Gen Z, aber auch die Gen Y vor ihr, haben für eine seismische Werteverschiebung bis in die älteren Generationen hinein gesorgt. Deutlich wird dies z. B. beim Thema Gerechtigkeit und Entlohnung. Zoomer haben kein Verständnis dafür, länger als die vertragliche Arbeitszeit ohne Entlohnung zu arbeiten, während Boomer in ihren Arbeitsjahren freiwillig früher gekommen oder später gegangen sind, um Commitment und Goodwill zu zeigen. Man hat sich dem Arbeitgeber untergeordnet. Die klipp und klare Vertragsauffassung der Zoomer schwappt in die älteren Generationen hoch, da man auch dort begreift, dass man nicht umsonst arbeiten soll. Genauso wird der Anspruch gleicher Bezahlung zwischen den Geschlechtern von Jung nach Alt weitergereicht und sorgt für die Disruption uralter Glaubenssätze. In einem gewissen Sinne kämpft die Gen Z für Zustände, die erst sie selbst als »normal« und legitim erkannt hat und die die älteren Generationen nie infrage stellten, womöglich aus Angst vor Veränderung. Für die Gen Z aber ist die Veränderung der normale Zustand.

Was müssen Boomer über Zoomer unbedingt wissen – und verstehen

Patricia Johannes: Boomer müssen verstehen: Die durch die Krisen verursachte Unsicherheit hat seelisch mehr Konsequenzen als nur launische Teenager. Das Urvertrauen in die Welt ist dahin. Und es macht einen Unterschied, ob einem das als älterem Menschen mit Erfahrung, Resilienz und Ressourcen passiert oder einem jungen Erwachsenen, der schon durch die Lebensphase emotional ständig überfordert ist. Die Polykrisen zwingend Zoomer zur Sinnsuche und zur Effizienz: Was ist wichtig, was nicht? Von dieser Suche können ältere Generationen profitieren, wenn sie die Herausforderung annehmen wollen. Die Gen Z hat eine Botschaft an alle anderen: Was braucht es wirklich? Wer seid ihr wirklich? Und den Rest lasst ihr einfach weg.

5.7 Vergessen wir X, Y, Z – was wir brauchen, ist die »Generation Jetzt«

Virginie Briand und Carolin Nowak – Vertreterinnen der Gen Y und X mit Gen Z-Netzwerk

Virginie Briand ist Director Creative Consultancy bei Deloitte Digital und leidenschaftliche Kommunikatorin. Seit über 20 Jahren begleitet sie Unternehmen, Marken und Menschen bei der Kommunikation großer Transformationen. Dabei hilft sie Führungskräften, Organisationen und Teams, sich zu verändern und in komplexen Marktumfeldern erfolgreich zu positionieren. Zu ihren Schwerpunkten zählen internes und externes Storytelling und Stakeholdermanagement, die kommunikative Begleitung großer Transformationsprozesse sowie Executive Messaging und Profiling. Nach Führungspositionen in der Automobilindustrie gründete und leitete sie erfolgreich ihre eigene Kommunikationsberatung. Was sie antreibt? Ein Mindset, das seit jeher von Entrepreneurship und Kreativität geprägt ist. Kraftvolle Kommunikation, die Werte schafft, Menschen bewegt, neue Geschäftsfelder erschließt und Wandel möglich macht. Gemäß dem Motto: »Lead the conversation – to influence change.«

Carolin Nowak ist Studio Lead Creative Consultancy bei Deloitte Digital und hat über acht Jahre Erfahrung in der End2End-Beratung von Kunden in den Bereichen Markenstrategie, Branding, Executive Consulting und Business Development. Als ausgebildete Journalistin schlägt ihr Herz für alles, was erklärungsbedürftig, komplex und herausfordernd ist. Mit ihrer Expertise in den Bereichen Markenpositionierung und externe Kommunikation unterstützt sie Führungskräfte und Organisationen dabei, starke Marken zu kreieren und den eigenen Unternehmenszweck nachhaltig innerhalb wie außerhalb der Organisation zu verankern. Gestartet in der bunten Welt der Werbung, schöpft sie für ihre Kund:innen heute aus ihrem breiten Profil in den Bereichen Strategie, Journalismus und Business Development, um mit der Kraft der Kreativität nicht nur Menschen zu begeistern, sondern auch echten wirtschaftlichen Mehrwert für Unternehmen zu generieren.

Über die Relevanz von echter Begeisterung und der unternehmerischen Stimme im öffentlichen Raum

Wann ist Kommunikation für die Gen Z wirklich relevant? Was müssen Unternehmen tun, um mit ihren Botschaften im Gedächtnis zu bleiben? Und wie können sie die junge Zielgruppe für sich gewinnen und sich trotz einer immer kürzer werdenden Aufmerksamkeitsspanne Gehör verschaffen? Mit diesen Fragen im Gepäck ist die Autorin dieses Buches, Prof. Dr. Meike Terstiege, an Virginie Briand, Director der Creative Consultancy bei Deloitte Digital, und Carolin Nowak, Studio Lead im Team von Briand, herangetreten – mit der Bitte, wirkungsmächtige Faktoren der Kommunikation für die jüngere Generation unter die Lupe zu nehmen.

Die Medienlandschaft beglückt uns wöchentlich mit Schlagzeilen wie: »Generationenkonflikt. Wir sind Boomer, ihr seid Lappen.«[1] »OK, Boomer: So verstehst du deine Gen

1 Spiegel, 14.09.2022; https://www.spiegel.de/politik/deutschland/generationenkonflikt-wir-sind-boomer-ihr-seid-lappen-a-91ab4abc-e87b-463b-bc08-b78ae609954b

Z-Kolleg:innen (und umgekehrt)«[2] oder »Generationenkonflikt oder Generationenkomplott?«.[3]

Wenn wir uns also wieder einmal dabei erwischen, *über* die Gen Z statt *mit* ihr zu sprechen, bewegen wir uns schnell in einem Tunnel aus Vorurteilen und Klischees: Die Gen Z gilt als faul, freizeitorientiert, rebellisch, arbeitsunwillig. Gleichzeitig ist sie die gebildetste und weiblichste Generation, die wir je hatten. Aufgewachsen zwischen Likes und Follower:innen – die Dauerkrise und eine zunehmende Angst vor der Zukunft als tägliche Begleiter. Das Erbe ihrer Vorgänger:innen ist eine kaputte Welt, die gerettet werden muss. Fridays for Future ist der wohl prominenteste Versuch, den Karren aus dem Dreck zu ziehen. Die lauten Forderungen der Gen Z lauten Nettonull, Kohleausstieg und erneuerbare Energieversorgung. Das Wissen um die prekäre Situation, in der wir uns befinden, sollte reichen, um die gesamte Gesellschaft zum Handeln zu bewegen. Doch stattdessen führt die Überforderung durch die durchgehende Negativitätsflut zu einer Ohnmacht, die uns passiv zurücklässt. Und egal, welcher Buchstabe hinter »Gen« steht – das ist ein Gefühl, das wir alle teilen.

Gleichzeitig befassen wir uns aus Kommunikationsperspektive mit einer immer kleinteiliger werdenden Segmentierung, um Menschen innerhalb ihrer individuellen Lebensrealität abzuholen, sie gezielt zu adressieren, sie mit den eigenen Botschaften zu durchdringen. Dieser Wunsch wird auch uns gegenüber in unserer Rolle als Creative Consultants regelmäßig formuliert. Dabei stellen sich unsere Kund:innen die unterschiedlichsten Fragen: Wie begegnen wir der Ungeduld und Schnelligkeit dieser jungen Leute, der gestiegenen Erwartungshaltung an always-on? Wie verbindlich und verlässlich lässt sich eine Generation, die unendlich viele Möglichkeiten hat, werblich überhaupt bespielen? Und wie platzieren wir unsere Produkte und Dienstleistungen in einer Welt, in der die Grenze zwischen Re- und Virtualität immer weiter verschwimmt, am wirkungsvollsten? Was wir in diesen Gesprächen spüren, ist eine extreme Unsicherheit, gar Berührungsängste und viele Fragezeichen im Kopf, die wir mit der derzeitigen Managementlektüre und einer Schema-F-Gen-Z-Persona gut auflösen könnten.

Weniger segmentieren, mehr Brücken bauen, mehr Verbindungen schaffen

Dieser Weg wäre uns jedoch zu einfach. Und dennoch ist der initiale Reflex nur allzu gut nachvollziehbar. So einfach funktioniert der Mensch: Wir begegnen Komplexität mit Schubladendenken, denn es hilft uns, Orientierung zurückzugewinnen und uns zurechtzufinden. Doch wir laufen Gefahr, uns zu verrennen.

2 Business Punk, 22.2.23; https://www.business-punk.com/2023/02/ok-boomer-so-verstehst-du-deine-gen-z-kolleginnen-und-umgekehrt/

3 brand eins, 24.1.23; https://www.brandeins.de/magazine/brand-eins-wirtschaftsmagazin/2023/neue-lebensplanung/generationenkonflikt-oder-generationenkomplott

Folgen wir beispielsweise den wissenschaftlichen Erkenntnissen des Soziologen Prof. Dr. Schröder, so sind die Gen X, Y, Z, Alpha etc. nichts anderes als ein Mythos. Ihm zufolge beruhen neueste Studien und populärwissenschaftliche Bücher über Generationenunterschiede auf einer falschen Grundannahme, die von der Empirie nicht gestützt wird. Hierzu publizierte er 2018 in der Kölner Zeitschrift für Soziologie und Sozialpsychologie den Artikel »Der Generationenmythos«. In diesem legt er dar, dass von der Literatur postulierte Generationsunterschiede zwischen der sogenannten Generation Y, X, den Babyboomern, den 68ern sowie der skeptischen Nachkriegsgeneration in Wirklichkeit kaum existieren. Grundlage dieser Aussage sind Alters- und Periodeneffekte von über 500.000 Beobachtungen an über 75.000 Individuen. Die weitverbreitete Vorstellung, dass sich Generationen in ihren Einstellungen, Lebenszielen oder Sorgen unterscheiden, finden sich somit empirisch nicht bestätigt.

Auch wir möchten Sie in diesem Beitrag dazu einladen, unseren gemeinsamen Blick durch die Marketingbrille nicht auf das zu werfen, was differenziert – denn das scheint es empirisch belegt ohnehin nicht zu geben. Lassen Sie uns stattdessen auf das schauen, das uns eint, und die »Generation Jetzt« in den Fokus rücken – all die Menschen, mit denen wir uns den Platz auf dieser Erde in diesem Moment teilen. Gemeinsam haben wir Großes vor, denn es ist unser Auftrag, dafür zu sorgen, dass die Welt, in der wir leben, lebenswert bleibt. Dazu gehört es, anders zu wirtschaften, zu konsumieren, zu leben. Das kann keine Generation allein, hierzu braucht es die Kraft aller – die Kraft der gesamten »Generation Jetzt«. Unsere Aufgabe ist es nun, Brücken zu bauen und Verbindungen zu suchen. Denn was jede:n von uns – unabhängig von jedem denkbaren Diversitätsmerkmal – wirklich bewegt, sind Werte, Gesundheit, Familie und Freundschaft, Bindung und Sicherheit – alle menschlichen Bedürfnisse. Im Zuge der Transformation weg von einer Arbeits- und hin zu einer Sinngesellschaft eint uns das Bestreben, etwas zu tun, das uns wichtig ist und in dem wir unseren eigenen Anteil erkennen können. Etwas, worauf wir stolz sind.

Schön und gut. Aber was heißt das für meine Kommunikation?

In den letzten Jahren hat sich die Art und Weise, wie wir kommunizieren, stark verändert – dazu beigetragen hat der Aufstieg der sozialen Medien und die Verbreitung neuer Technologien. KI, Livestreams, snackable Content, Hashtags, Anglizismen, Reels, Stories und Emojis haben das »how to« unserer Arbeit ordentlich auf den Kopf gestellt. Das Resultat ist eine immer größer werdende Lücke zwischen allem, was war, und dem, was sich täglich neu erfindet. Wir verstehen es als wichtigste Aufgabe unserer Arbeit, diese Kluft zu überbrücken, Verständnis auf beiden Seiten zu schaffen und Unternehmen einen Weg aufzuzeigen, um mit ihren Bezugsgruppen nachhaltig in Kontakt zu treten – auch wenn diese auf den ersten Blick »auf der anderen Seite« stehen. Folgende zwei Maßnahmen können Unternehmen in dieser Gemengelage helfen, sich in der Öffentlichkeit Gehör zu verschaffen:

1. Erkennt die Relevanz eurer eigenen Stimme im öffentlichen Raum!

Welchen Beitrag leistet ein Unternehmen über seinen Existenzzweck hinaus? Wie können Unternehmen über ihren Existenzzweck hinaus gesellschaftliche Verantwortung übernehmen und Ressourcen wertstiftend einsetzen? Welche Rolle spielen Unternehmen im öffentlichen Raum und wie können sie ihre eigene Stimme in diesem entdecken und sinnhaft einsetzen?

Auf all diese Fragen müssen Unternehmen heute eine Antwort finden, wenn sie langfristig relevant sein wollen, denn die Erwartungen der Menschen an Unternehmen waren nie höher als heute. Kund:innen, Mitarbeitende und die Öffentlichkeit insgesamt verlangen Haltung – und zwar über den Profit hinaus. Dabei geht es um echte Wertschöpfung als essenzielles Kriterium für unternehmerischen Erfolg oder Misserfolg. Das bedeutet, dass sich Unternehmenslenker:innen verstärkt mit der Sinnaufladung des eigenen Angebots auseinandersetzen müssen. Solch ein Prozess beginnt mit der Formulierung des Markenzwecks und endet bei der harten Messung eines gesellschaftlichen Mehrwerts, der weit über Profit und Gewinn hinausgeht. Unternehmen sind heute mehr denn je in der Lage und damit in der Pflicht, Antworten auf gesellschaftliche Fragen zu finden und ökologischer, sozialer, verantwortungsvoller, also einfach besser zu wirtschaften.

Neben dem eigenen Reputationsvorteil ergibt sich ein weiterer, wesentlicher Vorteil: eine verstärkte emotionale Zugehörigkeit der eigenen Mitarbeitenden – und gleichzeitig ein starker Hebel im Recruitingmarkt. In einer Zeit der steigenden Politikverdrossenheit können Unternehmen eine systemrelevante Rolle einnehmen und an die Stelle einer verbindlichen Identitätsquelle rücken. Auf diesem Weg werden sie zu Orten der Öffentlichkeit, an denen sich Menschen zugehörig fühlen. Zu einem solchen Ort gehört es, die eigene Stimme im öffentlichen Raum für alle Bezugsgruppen einzusetzen und positiv zu nutzen.

Klare Haltung bedeutet dann auch, sich im übergeordneten Interesse solidarisch zu verhalten, gesellschaftliche Verantwortung zu übernehmen und – wenn es hart auf hart kommt – auf kurzfristige Gewinne zu verzichten. Wie das geht, hat der Ukrainekonflikt eindrücklich gezeigt, als etliche Unternehmen ihr Russlandgeschäft zum eigenen finanziellen Nachteil eingeschränkt haben. Ein weiterer Fall, der zeigt, dass konsequente Haltung mit massivem Umsatzverlust einhergehen kann, ist das »Yeezy-Debakel« zwischen Rapper Kanye West und dem Sportartikelhersteller Adidas. Trotzdem: Werte schaffen Aufmerksamkeit. Und sie sorgen für Authentizität in einem Haifischbecken austauschbarer Produkte.

2. Liebe Unternehmen, begeistert und schafft positive Erlebnisräume!

Die zweite Methode, effektiv zu kommunizieren, ist das Erschaffen positiver Erlebnisräume, in die sich Konsument:innen gern begeben. Kommunikation, die begeistert, berührt, die in Erinnerung bleibt und mit der sich Menschen einfach gut fühlen können. Geschafft hat das kürzlich Ikea. Gemeinsam mit Thjnk hat der schwedische Möbelgigant in den größten Städten des Landes die längste Plakatwand Deutschlands aufgestellt. Getreu dem Motto »Inspiriert durchs Leben« wird die große Produktvielfalt von Ikea entlang der wichtigsten Etappen und prägendsten Veränderungen im Leben eines Menschen dargestellt. Einfach, auf den Punkt und gleichzeitig unglaublich involvierend.

Nicht ohne Grund haben wir in den letzten Monaten bei Deloitte das Thema »Begeisterung« in einzigartiger Tiefe untersucht. Wir haben eine Excitement Factory entwickelt, die die besonderen Momente produziert, in denen Unternehmen Menschen nicht nerven, sondern interessieren und sogar begeistern. Gemeinsam mit YouGov wurden mittlerweile >60.000 Menschen und ihre Excitement Points untersucht. Dr. Gordon Euchler, Initiator des Projekts »Excitement Points«, meint dazu: »Über alle Industrien hinweg erfuhren wir auf diesem Weg die Erfolgsgeheimnisse der besten Unternehmen – vom Chatbot, der das Gefühl von Freundschaft hervorruft, bis hin zum Möbelladen, in dem man sich mit einem Kaffee ins Bett legt. Mit den Excitement Points fokussieren wir uns auf den Moment der Begeisterung und leiten aus diesem Kommunikation ab.«

Wirklich gute Kommunikation ist nicht für eine Nische oder Zielgruppe gemacht, sondern hat die Kraft, die gesamte »Generation Jetzt« anzusprechen. Das funktioniert besonders gut, wenn es Unternehmen gelingt, sich im Sinne des Gemeinwohls in die Gesellschaft einzubringen und Momente der Begeisterung zu kreieren, die Spaß machen, emotionalisieren und letztlich zur Verbundenheit mit dem Unternehmen führen.

6 FAZIT

Die Generation Z ist kein Trend, der vorbeigeht, und auch keine Bewegung, die sich kurz aufbäumt und laut ist, um dann von der Bildfläche zu verschwinden. Die Generation Z ist da, bleibt da und wird weiter an Einfluss gewinnen.

Das Verstehen der Generation Z ist daher ein Schlüssel zum Erfolg von Unternehmen, und es ist ein Zugang zur Zukunft. Kein Unternehmen kann auf die Gen Z verzichten – sei es als Kunden- oder als Arbeitnehmergruppe.

Um diese Generation zu verstehen, muss man sich jedoch zuerst einmal für sie interessieren und sich auf sie einlassen. Denn man kann (auch als Boomer oder Buster) von ihr eine Menge lernen, z. B. wie man miteinander umgeht, welche Verantwortung Marken haben oder was einen erfüllenden Job ausmacht.

Um der Generation Z nahezukommen, muss man sich ihr als Unternehmen und als Marke auf Augenhöhe nähern, die Kommunikation mit ihr suchen und halten sowie einen gleichberechtigten Partner in ihr sehen. Um als Marke mit ihr die Herausforderungen der Zukunft zu bewältigen, muss man auf sie hören, sie ernst nehmen und ihre Ideen in die Tat umsetzen.

Vor allem aber ist es wichtig, die Erwartungen und Eigenarten der Generation Z als Mensch, als Marketer und als Arbeitgeber zu kennen und zu beachten:

Die Kennzeichen der Gen Z als gesellschaftliche Gruppe

- Komplex – die Gen Z bricht mit Normen und hinterfragt Standards.
- Präsent – die Gen Z ist laut, tritt für ihre Ansichten ein und setzt diese durch.
- Pragmatisch – die Gen Z weiß sich zu helfen, ist kooperativ und lösungsorientiert.
- Selbstbewusst – die Gen Z weiß, was sie nicht will, z. B. Klimakrise, Engstirnigkeit oder Burn-out.
- Verunsichert – die Gen Z ist krisenerfahren und sieht nichts als gegeben oder sicher an.

Diese Eigenschaften zu verstehen ist die Basis des Austauschs mit einer Jugend, die als Mitglied und Treiber einer wertvoll(er)en Gesellschaft betrachtet werden sollte.

Die Kennzeichen der Gen Z als Marketing-Zielgruppe

- Einzigartig – Marken, die nicht der Norm entsprechen, erringen die Aufmerksamkeit der Gen Z.
- Nachhaltig – Marken, die glaubwürdig und nachvollziehbar agieren, überzeugen die Gen Z.
- Schnelllebig – Marken, die sich verändern und mit der Zeit gehen, gewinnen die Gen Z für sich.
- Vielfältig – Marken, die nichts und niemanden ausgrenzen, erlangen das Interesse der Gen Z.

Werden diese Anforderungen nicht erfüllt, wendet sich die Gen Z Marken zu, die ihre Werte teilen und vertreten.

Die Kennzeichen der Gen Z als Arbeitnehmer-Zielgruppe

- Agil – Unternehmen müssen sich kontinuierlich weiterentwickeln.
- Anspruchsvoll – Unternehmen müssen den Erwartungen der Gen Z entsprechen.
- Divers – Unternehmen müssen unterschiedlichste Mitarbeiter:innen einstellen, binden und fördern.
- Flexibel – Unternehmen müssen sich auf die sich verändernden Ansprüche der Gen Z einstellen.

Sieht die Gen Z diese Eigenschaften nicht bei ihren (künftigen) Arbeitgebern, wenden sie sich denen zu, die sie (besser) verstehen und (mehr) wertschätzen.

Jede Generation hat gegenüber der nächsten, jüngeren Generation ihre (berechtigten und unberechtigten) Vorbehalte, so auch die Generation der Babyboomer und Generation X gegenüber der Generation Z. Als zu anspruchsvoll, arbeitsscheu, flatterhaft, hinterfragend, sinnsuchend, sensibel und unverbindlich wird die Generation Z von den Älteren häufig disqualifiziert – »nebenbei«: eventuell auch, weil man aus einer seniorigeren Perspektive ahnt, dass die heutige Jugend es viel schlauer anstellt und sich eben nicht bis zum Burn-out treiben lässt, nur um ein großes Auto und Haus sein Eigen nennen zu können.

Viele vorhergehende Generationen konnten sich den Luxus leisten, die Jüngeren zu belehren und deren Belange zu ignorieren. Aufgrund der demografischen Entwicklung hingegen sind diese Zeiten längst vorbei. Das Herabblicken, Geringschätzen, Nicht-ernst-Nehmen oder Ignorieren der nachkommenden Generation(en) ist nicht nur überholt, es ist mittlerweile schlichtweg unintelligent und ein echter Wettbewerbsnachteil – sowohl für Unternehmen, die Marken verantworten, als auch für Unternehmen, die Arbeitsplätze schaffen.

Der Blick auf alles, was die Gen Z bewegt, und auf das, was die Gen Z vorantreibt, bringt nicht nur Markenverantwortlichen, Marketing- und Kommunikationsexpert:innen sowie Arbeitgebern einen Vorteil im Wettbewerb um Kund:innen und Arbeitnehmer:innen – er öffnet auch Horizonte, die uns als Gemeinschaft zwar vielleicht zuerst irritieren und herausfordern, letztlich jedoch aufrütteln und voranbringen. Fakt ist: Wie man es dreht und wendet – von der Gen Z können und müssen wir eine Menge lernen.

Meike Terstiege

Literaturverzeichnis

Absatzwirtschaft (2019): Cracking the Code to Teens: Die Generation Z tickt anders als erwartet, Werbung punktet mit Authentizität, https://www.absatzwirtschaft.de/cracking-the-code-to-teens-die-generation-z-tickt-anders-als-erwartet-und-will-sich-in-der-werbung-wiederfinden-222761/, abgerufen am 15.09.2022.

Adams, M. (2022): Warum die Gen Z bei Marken vor allem auf deren Authentizität Wert legt, https://www.horizont.net/marketing/nachrichten/studie-der-bbc-studios-warum-die-genz-bei-marken-vor-allem-auf-deren-authentizitaet-wert-legt-201524?crefresh=1, abgerufen am 10.09.2022.

Amerland, A. (2022): Ghosting – keine Nachricht von Sam, https://www.springerprofessional.de/recruiting/fachkraeftemangel/ghosting---keine-nachricht-von-sam/23485030, abgerufen am 15.10.2022.

Appinio (2021): Das erwartet die Gen Z von Marken, https://www.markenartikel-magazin.de/_rubric/detail.php?rubric=marke-marketing&nr=40518&PHPSESSID=4ooq1ku2enie0mg4f1e9dmkgg3, abgerufen am 28.10.2022.

Arora, L.; Coe, E.; Dewhurst, M. & Enomoto, K. (2022): Heat waves, the war in Ukraine, and stigma: Gen Z's perspectives on mental health, https://www.mckinsey.de/mhi/our-insights/heat-waves-the-war-in-ukraine-and-stigma-gen-zs-perspectives-on-mental-health, abgerufen am 08.10.2022.

Backovic, L. (2022): Ghosting im Job – Bewerber versetzen Unternehmen immer häufiger, https://www.handelsblatt.com/karriere/jobsuche-ghosting-im-job-bewerber-versetzen-unternehmen-immer-haeufiger-/28683562.html, abgerufen am 13.10.2022.

Baier, S. (2016): Employer Branding für die Generation Z. Hochschule Offenburg.

Bankingclub (2022): Achtung, die Digital Natives kommen: Banken und die Generation Z, https://www.bankingclub.de/news/customer/achtung-die-digital-natives-kommen-banken-und-die-generation-z/, abgerufen am 08.08.2022.

Beilharz, F. (2022): Marketing mit TikTok, https://www.springerprofessional.de/marketing-mit-tiktok-der-kanal-der-generationen-z-und-alpha/23315408, abgerufen am 08.12.2022.

Bitkom (2019): Youtuber sind die Stars der Generation Z, https://www.bitkom.org/Presse/Presseinformation/YouTuber-sind-die-Stars-der-Generation-Z, abgerufen am 01.09.2022.

Bocks, B. (2022): Social Media ist das effektivste Werbeformat für die Generation Z, https://www.springerprofessional.de/social-media-marketing/kundenakquise/-social-media-ist-das-effektivste-werbeformat-fuer-die-generatio/23557132, abgerufen am 18.10.2022.

Brademann, I. & Piorr, R. (2019): Generation Z – Analyse der Bedürfnisse einer Generation auf dem Sprung ins Erwerbsleben. In: Arbeitswelten der Zukunft, Wiesbaden: Springer Gabler.

Brockhaus, A.-C. & Terstiege, M. (2020): Employer Branding im digitalen Marketingkontext. In: M. Terstiege (Hrsg.), Digitales Marketing – Erfolgsmodelle aus der Praxis. Wiesbaden: Springer.

Campbell, S. M., Twenge, J. M. & Campbell, W. K. (2017): Fuzzy but useful constructs: Making sense of the differences between generations. Work, aging and retirement. In: Work, Aging and Retirement, Bd. 3, Ausgabe 2, 2017, S. 130–139, https://doi.org/10.1093/workar/wax001.

Chiţu, E. (2020): The Importance of Employer Branding in Recruiting Young Talents. In: Postmodern Openings, 11(3), S. 220–230. https://doi.org/10.18662/po/11.3/209.

Cooper, P. (2021): YouTube Ads für Marketer – der komplette Leitfaden, https://blog.hootsuite.com/de/youtube-ads-leitfaden/, abgerufen am 19.09.2022.

Criteo (2018): Generation Z – der Report. http://www.criteo.com/de/wp-content/uploads/sites/3/2018/06/GenZ_Report_DE.pdf, abgerufen am 02.10.2022.

Cun, G. (2022): Generation Z wie Zukunft. Wie Banken attraktiv für die junge Zielgruppe werden, https://www.cassini.de/inspire/gen-z-und-banken, abgerufen am 22.11.2022.

Cuncic, A. (2021): Why Gen Z Is More Open to Talking About Their Mental Health, https://www.verywellmind.com/why-gen-z-is-more-open-to-talking-about-their-mental-health-5104730, abgerufen am 06.07.2022.

destatis (2022): 12,9 Millionen Erwerbspersonen erreichen in den nächsten 15 Jahren das gesetzliche Rentenalter, https://www.destatis.de/DE/Presse/Pressemitteilungen/2022/08/PD22_330_13.html, abgerufen am 08.09.2022.

Devon, N. (2022): How would you feel about taking a mental health sick day?, https://www.milkround.com/advice/mental-health-sick-days, abgerufen am 14.12.2022.

Dörre, M.; Deki, A. & Rhodemann, L. (2019): Young, wild and woke? Wie sich die Generation Z unterscheidet, https://fleishmanhillard.de/2019/09/generation-z-eine-generation-mit-haltung/, abgerufen am 18.11.2022.

edit-magazin (2021): Gen Z vs. Boomer – Talking to a Boomer, https://www.edit-magazin.de/talking-boomer.html, abgerufen am 17.07.2022.

elbdudler (2018). Jugendstudie 2018. https://jugendstudie.elbdudler.de/files/elbdudlerjugendstudie-2018.pdf, abgerufen am 02.09.22.

Elving, W. J.; Westhoff, J. J.; Meeusen, K. & Schoonderbeek, J. W. (2013): The war for talent? The relevance of employer branding in job advertisements for becoming an employer of choice. In: Journal of Brand Management, Vol. 20.2012/13, 5, S. 355–373.

Erk, D. & Rövekamp, M. (2021): Generation Z mischt die Arbeitswelt auf: »Warum sollte der Job meine number one priority sein?«, https://www.tagesspiegel.de/gesellschaft/generation-z-mischt-die-arbeitswelt-auf-warum-sollte-der-job-meine-number-one-priority-sein-322636.html, abgerufen am 12.09.2022.

Farra, E. (2021): Anonymität-Unikate statt Luxus-Labels, https://www.vogue.de/lifestyle/artikel/artikel/generation-z-anonymitaet-unikate-statt-luxus-labels, abgerufen am 01.10.2022.

Fasola, W. (2022): Eine Macht wie die der Generation Z hat es auf dem deutschen Arbeitsmarkt noch nie gegeben, https://journal.getabstract.com/de/2022/02/28/die-macht-wird-der-generation-z-nicht-nur-zugeordnet-sie-haben-diese-macht-tatsaechlich/, abgerufen am 02.12.2022.

Feitsma, A. (2019): What is the difference between Generation Y & Z, https://companyoung.com/article/the-difference-between-generation-y-and-z/, abgerufen am 20.08.2022.

Fourest, C. (2022): Generation Beleidigt. Von der Sprachpolizei zur Gedankenpolizei. Über den wachsenden Einfluss linker Identitärer. Eine Kritik. Berlin: Edition TIAMAT.

FRND (2022): Von den Forderungen der Gen Z profitiert die gesamte Gesellschaft, https://www.frnd.de/2022/11/10/kopfsalat-staffel-3-folge-12/, abgerufen am 16.10.2022.

Fromm, M. (2022): Generation Y und Z – Gutes Gehalt und Homeoffice reichen nicht – Wie Unternehmen bei jungen Bewerbern punkten, https://www.handelsblatt.com/karriere/generation-y-und-z-gutes-gehalt-und-homeoffice-reichen-nicht-wie-unternehmen-bei-jungen-bewerbern-punkten/28698066.html, abgerufen am 28.09.2022.

Fromm, M. (2022a): Was Generation Z und Babyboomer voneinander denken, https://www.handelsblatt.com/karriere/generationen-was-generation-z-und-babyboomer-voneinander-denken/28681086.html, abgerufen am 23.09.2022.

Fromm, M. (2022b): Wohlstand, Klima, Karriere: So düster blicken Babyboomer und Generation Z auf die Zukunft, https://www.handelsblatt.com/karriere/repraesentative-umfrage-wohlstand-klima-karriere-so-duester-blicken-babyboomer-und-generation-z-auf-die-zukunft/28679392.html, abgerufen am 20.09.2022.

Geis-Thöne, W. (2022a): Der Arbeitsmarkt erlebt derzeit eine Zeitenwende, https://www.iwkoeln.de/studien/wido-geis-thoene-der-arbeitsmarkt-erlebt-derzeit-eine-zeitenwende.html, abgerufen am 10.10.2022.

Geis-Thöne, W. (2022b): Babyboomer verlassen den Arbeitsmarkt: Warum Deutschland das besonders schwer trifft, https://www.iwkoeln.de/presse/in-den-medien/wido-geis-thoene-warum-deutschland-das-besonders-schwer-trifft.html, abgerufen am 12.10.2022.

Großekathöfer, M. & Timm, K. (2022): Wie die Dauerkrise unsere Träume zerstört, https://www.spiegel.de/panorama/gesellschaft/die-widerspruechlichen-die-junge-generation-zwischen-angst-und-aufbruch-a-c121c9c7-c736-48ad-b676-aa53e1e4c9f4, abgerufen am 28.09.2022.

Gründel, K. (2022): Work-Life-Blending: Was die Generation Z vom Job erwartet, https://www.totalrewards.de/talent/potenzialtraeger/work-life-blending-was-die-generation-z-vom-job-erwartet-71671/, abgerufen am 19.09.2022.

Grünewald, S. (2021): Generation Z: Was unterscheidet sie von anderen Generationen?, https://www.rheingold-marktforschung.de/gesellschaft/generation-z-definition-werte-vorstellungen-arbeitgeber/, abgerufen am 10.11.2022.

Haaf, M. (2022): Hurra, diese Welt geht unter, http://sz.de/1.5673228, abgerufen am 13.11.2022.

Hagen, U. (2022): Hamburger Chef nimmt keine jungen Leute mehr: Müssen nach sechs Stunden zum Yoga, https://www.merkur.de/deutschland/arbeitsmoral-junge-generation-arbeitseinstellung-gen-z-junge-leute-faul-nds-91947557.html, abgerufen am 12.12.2022.

Haufe Group (2021): Generation Z wünscht sich Arbeitgeber mit Werten, https://www.haufe.de/personal/hr-management/studie-wuensche-und-beduerfnisse-der-generation-z-im-job_80_547736.html, abgerufen am 15.09.2022.

Herzberger, G. (2017): Authentizität ist der Schlüssel, https://medienmanager.at/2022/08/authentizitaet-ist-der-schluessel/, abgerufen am 31.10.2022.

Hesse, G. & Mattmüller, R. (2015): Perspektivwechsel im Employer Branding. Wiesbaden: Springer Fachmedien.

Hesse, G.; Mayer, K.; Rose, N. & Fellinger, C. (2019): Herausforderungen für das Employer Branding und deren Kompetenzen. In: G. Hesse & R. Mattmüller (Hrsg.), Perspektivwechsel im Employer Branding (Vol. 19). Wiesbaden: Springer Fachmedien.

Hoffower, H. (2022): Das ist der typische Arbeitnehmer der Generation Z: Er kündigt seinen Job für einen besseren – bereut es später aber, https://www.businessinsider.de/karriere/arbeitsleben/generation-z-den-job-kuendigen-fuer-einen-besseren-und-es-bereuen-p1/, abgerufen am 09.09.2022.

Horx, M. (2015): 5 Thesen zur Zukunft der Arbeit, https://www.zukunftsinstitut.de/artikel/fuenf-thesen-zur-zukunft-der-arbeit/, abgerufen am 02.09.2022.

Hürlimann, B. (2022): 5 Gen Z-Trends, die die Zukunft von Markenbeziehungen verändern, https://www.horizont.net/schweiz/nachrichten/meta-studie-fuenf-gen-z-trends-die-die-zukunft-von-markenbeziehungen-veraendern-199319, abgerufen am 07.10.2022.

Ickert, N. (2022): Generationen im Job »Manche Boomer halten an autoritär hierarchischem Denken fest«, https://www.derstandard.de/story/2000135508678/manche-boomer-halten-an-autoritaer-hierarchischem-denken-fest, abgerufen am 22.07.2022.

ifo-Institut (2022): Fachkräftemangel steigt auf Allzeithoch, https://www.ifo.de/pressemitteilung/2022-08-02/fachkraeftemangel-steigt-auf-allzeithoch, abgerufen am 20.11.2022.

IZI – Internationales Zentralinstitut für das Jugend- und Bildungsfernsehen (2019): Grunddaten Jugend und Medien 2020: Aktuelle Ergebnisse zur Mediennutzung von Jugendlichen in Deutschland. https://www.br-online.de/jugend/izi/deutsch/Grundddaten_Jugend_Medien.pdf, abgerufen am 05.10.2022.

Jechorek, J. (2022): Instagram Stories erstellen, https://blog.hubspot.de/marketing/instagram-stories-einfuehrung, abgerufen am 23.11.2022.

Jones, K. (2020): The Most Loved Brands, by Generation, https://www.visualcapitalist.com/the-most-loved-brands/, abgerufen am 10.07.2022.

Kewes, T. (2022): Der Mythos der Gen Z: Was die »Jahrtausendkinder« ausmacht, https://www.handelsblatt.com/arts_und_style/literatur/rezension-der-mythos-der-gen-z-was-die-jahrtausendkinder-ausmacht/28573978.html, abgerufen am 09.09.2022.

Klaus, F. & Günther, K. (2022): Was Gen Z an Marken bindet, https://www.marke41.de/content/was-gen-z-marken-bindet, abgerufen am 03.10.2022.

Klauth, J. (2022): Kein gutes Zeugnis für die Grünen – Das sind die größten Sorgen der Generation Z, https://www.welt.de/wirtschaft/article239582923/Millennial-Survey-2022-Das-sind-die-groessten-Sorgen-der-Generation-Z.html, abgerufen am 20.11.2022.

Kleinjohann, M. & Reinecke, V. (2020): Marketingkommunikation mit der Generation Z – Erfolgsfaktoren für das Marketing mit Digital Natives, https://link.springer.com/book/10.1007/978-3-658-30822-3?source=shoppingads&locale=de&gclid=Cj0KCQiAyMKbBhD1ARIsANs7rEH697DKlwdMJWntwYIhDxTIfr1x-locqY3mXXz6xth_MGKDSkn60yAaAmlxEALw_wcB, abgerufen am 08.09.2022.

Leitherer, J. (2022): Gen Z nutzt Instagram mit großen Erwartungen, https://www.springerprofessional.de/social-media-marketing/marketingkommunikation/gen-z-nutzt-instagram-mit-grossen-erwartungen/20301472, abgerufen am 20.10.2022.

Lewanczik, N. (2022): Konkurrenz für die Google-Suche: Gen Z sucht vermehrt via TikTok und Instagram, https://onlinemarketing.de/technologie/konkurrenz-google-suche-gen-z-tiktok-instagram, abgerufen am 20.11.2022.

Livadic, D. (2018): Meet the Gen Z: Grundlagenstudie der die junge Zielgruppe. https://www.ipsos.com/sites/default/files/ct/publication/documents/2018-04/rr0218_meet_the_gen_z.pdf, abgerufen am 08.10.2022.

Lux, T. & Brand, A. (2021): OMR Report »Gen Z – Professional Guide«, https://omr.com/de/daily/gen-z-marketing-tiktok-report/, abgerufen am 04.10.2022.

M'Barek, Y. (2022): Jugend: Die »Generation Z« mit Verantwortung und Sorgen, https://www.derstandard.de/story/2000124701247/jugend-die-generation-z-mit-verantwortung-und-sorgen, abgerufen am 10.09.2022.

Maas, R. (2019): Generation Z für Personaler und Führungskräfte. München: Carl Hanser Verlag.

Mai, J. (2020): Leere Versprechungen im Job: Was nun?, https://karrierebibel.de/leere-versprechungen/, abgerufen am 13.09.2022.

Mai, J. (2022): Versprechen halten, https://karrierebibel.de/versprechen-halten/, abgerufen am 15.10.2022.

Mallon, J. (2021): 5 Wege, wie Marken die Gen Z in acht Sekunden ansprechen, https://fashionunited.de/nachrichten/einzelhandel/5-wege-wie-marken-die-gen-z-in-acht-sekunden-ansprechen/2021112343902, abgerufen am 26.10.2022.

Management Study Guide (2022): Employer Branding to Attract Gen ›Z‹, https://www.managementstudyguide.com/employer-branding-to-attract-generation-z.htm, abgerufen am 02.12.2022.

Marconomy (2019): Generation Z – Zwischen Online- und Offlinewelt, https://www.marconomy.de/generation-z-zwischen-online-und-offlinewelt-a-873586/, abgerufen am 18.10.2022.

Markenartikel-magazin (2019): Generation Y und Z: Erhebliche Unterschiede bei der Bewegtbildnutzung, https://www.markenartikel-magazin.de/_rubric/detail.php?nr=27522&rubric=marke-marketing, abgerufen am 17.09.2022.

Marketingartikel-magazin (2021): So kommen Marken mit der Gen Z ins Gespräch, https://www.markenartikel-magazin.de/_rubric/detail.php?rubric=marke-marketing&nr=39314#39314, abgerufen am 29.10.2022.

Markenartikel-magazin (2022): Generation Z mag es authentisch, https://www.markenartikel-magazin.de/_rubric/detail.php?rubric=marke-marketing&nr=52095&PHPSESSID=f1vfbgp8t2d2s43bnn7molb637, abgerufen am 01.11.2022.

Marketing-BÖRSE (2019): https://www.marketing-boerse.de/news/details/1906-meister-der-anpassung-generation-z-auf-instagram--co/153807, abgerufen am 19.11.2022.

Mediaplus (2021): Gen-Z: Trendsetter heute und Konsumenten von morgen, https://www.mediaplus.com/de/landingpages/genz.html, abgerufen am 02.10.2022.

Mega Media (2022): Generation Z – Der zukünftige Kunde, https://www.mega-media.de/vlog/generation-z-der-zukuenftige-kunde, abgerufen am 23.10.2022

Meola, A. (2022): Generation Z News: Latest characteristics, research, and facts. https://www.insiderintelligence.com/insights/generation-z-facts/, abgerufen am 22.11.2022.

Mihalcea, A. (2017): Employer Branding and Talent Management in the Digital Age. In: Management Dynamics in the Knowledge Economy.

Milz, A. (2021): So tickt die Gen Z, https://onlinemarketing.de/social-media-marketing/gen-z-trends-facebook-twitter-tiktok, abgerufen am 06.10.2022.

Minkus, J. (2022): Krieg, Corona, Klimakrise: Das Weltgeschehen und die mentale Gesundheit der Teens, https://www.kom.de/die-generation-z-ueber-mentale-gesundheit/, abgerufen am 15.10.2022.

Mittelstand Heute (2020): Welche Customer Experience die Generation Z erwartet, https://www.mittelstand-heute.com/artikel/welche-customer-experience-die-generation-z-erwartet, abgerufen am 27.09.2022.

Mühlhausen, C. (2022): Mental Imbalance Youth: Die verletzte Gen Z, https://www.zukunftsinstitut.de/artikel/generation-z-mental-imbalance-youth/, abgerufen am 04.10.2022.

Müller, S. (2007): Jugendkulturen, Ausgehverhalten und sozialer Hintergrund, https://phbl-opus.phlb.de/frontdoor/deliver/index/docId/18/file/Diss_07_final.pdf, abgerufen am 24.11.2022.

Nau, A. (2018): Employer Branding für die Generationen Y und Z, https://www.andreasnau.de/2018/06/07/employer-branding-fuer-die-generationen-y-und-z/, abgerufen am 10.08.2022.

NWZ online (2017): Neues Statussymbol – Klassischer Luxus hat bei Generation Z ausgedient, https://www.nwzonline.de/digitale-welt/klassischer-luxus-hat-bei-generation-z-ausgedient_a_31,3,1241925401.html#, abgerufen am 14.07.2022.

OC&C (2019): Eine Generation ohne Grenzen: Generation Z wird erwachsen. https://www.occstrategy.com/media/1904/eine-generation-ohne-grenzen_.pdf, abgerufen am 15.09.2022.

Olbrich, J. (2021): Wie lebt und arbeitet die Generation Z? Handlungsempfehlungen für Recruiting und Personalmanagement. Studylab. E-Book.

Onderka, L. (2021): So wichtig ist der Generation Z das Thema Diversität, https://www.personalwirtschaft.de/news/recruiting/diversity-generationz-studie-96717/, abgerufen am 22.09.2022.

Onken, Th. (2022): Wie die Generation Z das Privatkundengeschäft der Banken transformiert, https://www.ey.com/de_de/banking-capital-markets/die-generation-z-transformiert-das-privatkundengeschaeft, abgerufen am 10.08.2022.

Ott, H. (2022): »Jetzt müssen die Arbeitgeber die Klimmzüge machen«, https://www.sueddeutsche.de/wirtschaft/ausbildung-personalmangel-berufsorientierung-1.5675068?reduced=true, abgerufen am 17.10.2022.

P&C (2021): New Work, https://karriere.peek-cloppenburg.de/newwork, abgerufen am 30.08.2022.

Pentzlin, P. (2022): Krisen, Krisen, noch mehr Krisen: Die Zukunft für die »Generation Z« sieht düster aus, https://www.berliner-zeitung.de/open-source/krisen-klima-covid-krieg-die-zukunft-fuer-gen-z-sieht-duester-aus-li.233836, abgerufen am 12.11.2022.

Piltz, C. (2020): Warum viele Millennials nie den Lebensstandard ihrer Eltern erreichen werden, https://www.spiegel.de/politik/warum-viele-millennials-nie-den-lebensstandard-ihrer-eltern-erreichen-werden-a-00000000-0002-0001-0000-000169122940, abgerufen am 12.07.2022.

Planung&Analyse (2018): Gen Z: authentisch, analog, anders, https://www.horizont.net/planung-analyse/nachrichten/online-special-zielgruppe-gen-z-authentisch-analog-anders-168042, abgerufen am 02.09.2022.

Pracher-Hilander, K. (2019): Motivierte und zufriedene Mitarbeiter sind möglich, https://www.iww.de/kp/kanzleifuehrung/mit-wissenschaft-fuehren-motivierte-und-zufriedene-mitarbeiter-sind-moeglich-f121015, abgerufen am 29.07.2022.

PwC (2020): PwC Europe Consumer Insights Series, https://www.pwc.de/de/handel-und-konsumguter/so-tickt-die-generation-z.html, abgerufen am 09.09.2022.

PwC (2021): Die Gen Z legt Wert auf Nachhaltigkeit beim Einkauf – und bei der Bundestagswahl, https://www.pwc.de/de/pressemitteilungen/2021/die-gen-z-legt-wert-auf-nachhaltigkeit-beim-einkauf-und-bei-der-bundestagswahl.html, abgerufen am 28.10.2022.

Rosentreter, J. (2022): Digital Employer Branding – how to win Millennials and Generation Z, Master-Thesis, International School of Management, Dortmund.

Rühle, L. (2021): YouGov Profiles, https://yougov.de/news/2021/11/15/fmcg-lieblingsmarken-von-millenials-genz/, abgerufen am 15.10.2022.

Rzemieniak, M. & Wawer, M. (2021). Employer Branding in the Context of the Company's Sustainable Development Strategy from the Perspective of Gender Diversity of Generation Z. Sustainability. In: Sustainability, 13(2), 828, https://doi.org/10.3390/su13020828.

Sbai, A. (2020): Hashtag Challenges als Trend: TikTok auf dem Vormarsch, , abgerufen am 26.09.2022.

Schönborn, L. (2022): Karrierepläne der Generation Z. Teilzeit ist nicht gleich Aperol-Zeit, https://www.spiegel.de/start/teilzeit-arbeiten-als-berufseinsteiger-warum-das-kein-zeichen-von-faulheit-ist-a-39a9aef2-a346-4cec-837c-67d37b6828f5, abgerufen am 20.07.2022.

september Strategie & Forschung GmbH (2022): Welpen der Wallstreet, https://www.september-online.de/welpen-der-wallstreet/, abgerufen am 10.10.2022.

Sigmund, T. (2022): Die enttäuschte Jugend: »Leere Versprechungen machen mich wütend«, https://www.handelsblatt.com/politik/deutschland/generation-z-die-enttaeuschte-jugend-leere-versprechungen-machen-mich-wuetend/28698060.html, abgerufen am 30.09.2022.

Staab, P. (2022): Anpassung. Berlin: Suhrkamp.

Steckl, M. et al. (2019): Arbeitgeberattraktivität aus Sicht der Generation Z. Eine quantitative Befragung zur Bedeutung gesundheitsrelevanter Dimensionen im Betrieb. In: Prävention und Gesundheitsförderung 14/3. DOI:10.1007/s11553-019-00703-w

SWR (2022): Ausbildung oder Studium? So tickt die Generation Z, https://www.swr.de/swr1/bw/programm/ausbildung-oder-studium-was-die-generation-z-will-100.html, abgerufen am 15.10.2022.

Tarkowski, P. (2020): Generation Z hat positive Erwartungen der Digitalisierung gegenüber, https://digital-magazin.de/generation-z-erwartungen-digitalisierung/, abgerufen am 28.10.2022.

Terstiege, M. (2022): Die Welt der Marketingautomatisierung. In: Terstiege et al. (Hrsg.): Marketing-Automation – Erfolgsmodelle aus Forschung und Praxis. Wiesbaden: Springer Gabler.

Thieme, T. (2021): Studie: Generation Z steht auf Marken mit Haltung, https://www.absatzwirtschaft.de/studie-generation-z-steht-auf-marken-mit-haltung-227593/, abgerufen am 22.09.2022.

Thieme, T. (2021): Truth about Gen Z, https://www.absatzwirtschaft.de/studie-generation-z-steht-auf-marken-mit-haltung-227593/, abgerufen am 29.10.2022.

Tholl, M. (2019): Aufstand gegen die Babyboomer: Ihr habt auf unsere Kosten gelebt!, https://www.tagesspiegel.de/gesellschaft/ihr-habt-auf-unsere-kosten-gelebt-4117450.html, abgerufen am 26.09.2022.

Tholl, M. (2022): Härtetest für die Generation Zeitenwende: Zerbrechen junge Menschen an den Krisen?, https://www.tagesspiegel.de/gesellschaft/hartetest-fur-die-generation-zeitenwende-zerbrechen-junge-menschen-an-den-krisen-8530438.html, abgerufen 03.09.2022.

Trend Report (2022): Die Generation Z liebt das Individuelle, https://www.trendreport.de/die-generation-z-liebt-das-individuelle/, abgerufen am 03.10.2022.

Tripathi, V., Yadav, V., & Srivastava, A. (2017): Employer Branding: Strategic Move towards Attracting Young Talents. International Journal of Economics and Management Studies. DOI:10.14445/23939125/IJEMS-V4I5P110

Tyler, H. (2019): 5 things you should know about marketing to gen z, https://www.sheerid.com/de/blog/5-things-you-should-know-about-marketing-to-gen-z/, abgerufen am 22.10.2022.

Uppal, A. et al. (2017): Magnitudes of attractiveness in Employer Branding: Generation Z. In: International Journal of Applied Business and Economic Research 23(2): 1–8.

Vogt, J. (2022): Neue Arbeitswelt – Generation Teilzeit: Ja, denken die denn nicht an morgen?, https://www.derstandard.de/story/2000138765251/generation-teilzeit-ja-denken-die-denn-nicht-an-morgen, abgerufen am 14.09.2022.

Vogt, M. (2019). Praxisanleitung: Braucht es neue Wege für Generation Z? In: Heilberufe 6/2019, S. 52–54.

W&Co (2018): Generation Z: Channel-Hopper mit Anspruch , https://www.w-co.de/news/generation-z-channel-hopper-mit-anspruch/, abgerufen am 04.10.2022.

W&V (2019): Gen Z hebt die Always-On-Mentalität auf die nächste Stufe, https://www.wuv.de/Exklusiv/Specials/Parallelwelten/%22Gen-Z-hebt-die-Always-On-Mentalit%C3%A4t-auf-die-n%C3%A4chste-Stufe%22, abgerufen am 15.10.2022.

W&V (2019): Sehnsucht nach Ordnung: Generation Z tickt anders als erwartet. https://www.wuv.de/marketing/sehnsucht_nach_ordnung_generation_z_tickt_anders_als_erwartet, abgerufen am 11.09.2022.

W&V (2022): Die Generation Z und das liebe Geld, https://www.wuv.de/Themen/People-Skills/Die-Generation-Z-und-das-liebe-Geld, abgerufen am 21.11.2022.

W&V (2022): Mental Health: Die Gen Z fürchtet Burnout und Depressionen, https://www.wuv.de/Themen/Media/Mental-Health-Die-Gen-Z-fuerchtet-Burnout-und-Depressionen, abgerufen am 14.10.2022.

W&V (2022): Teengeist – Einblick in die Köpfe der Gen Z, https://www.wuv.de/Themen/Media/Mental-Health-Die-Gen-Z-fuerchtet-Burnout-und-Depressionen, abgerufen am 15.07.2022.

Walter, T. (2021): Powerful And Deeply Insecure, https://www.30minuteuniversity.org/workingpapers/howtoavoidbecomingmostplanners-5e3lb-7myc3-tz9pg-h7cc7-pj84l-x5en6-zfxx4, abgerufen am 10.11.2022.

WeareAquaculture (2021): Employer Branding to Attract Genz Z, https://weareaquaculture.com/employer-branding-to-attract-gen-z.

Wilhelm, J. (2020): Employer Branding für die Generation Y und Z. Wie positionieren sich Unternehmen erfolgreich im War for Talents? Econco Books. E-Book.

Wittmann, L. (2022): Generation Z in der Arbeitswelt: Das sind die Auswirkungen, https://praxistipps.focus.de/generation-z-in-der-arbeitswelt-das-sind-die-auswirkungen_115734https://praxistipps.focus.de/generation-z-in-der-arbeitswelt-das-sind-die-auswirkungen_115734, abgerufen am 10.11.2022.

Zukunftsinstitut (2020): MOBILITY ZEITGEIST STUDIE, Die mobile Generation Z, https://www.zukunftsinstitut.de/fileadmin/user_upload/Publikationen/Auftragsstudien/Ford_Mobility_Zeitgeist_Studie_2020-Zukunftsinstitut.pdf, abgerufen am 19.09.2022.

Stichwortverzeichnis

Die Autorin

Prof. Dr. Meike Terstiege ist selbstständige Marketing-Beraterin und -Trainerin. Als @DOCMARKETEER berät sie Unternehmen zu digitalem und strategischem Marketing, zur Auswahl und Steuerung von Agenturen sowie zu Campus Recruiting. Sie hat eine Professur für Marketing an der International School of Management (ISM) und ist Herausgeberin und (Co-) Autorin mehrerer Fachartikel und -bücher (u. a. »Effiziente Marketingkommunikation«, »Digitales Marketing«, »KI in Marketing und Sales«, »Marketing Automation«, »Diversität in Marketing und Sales« sowie »Mensch.Marke.Manipulation.«). Als Vorstandsmitglied der Account Planning Group Deutschland sowie verschiedener Werbe-Jurys ist ihr Schwerpunkt die strategische Markenkommunikation. Sie studierte Wirtschaftspsychologie an der Universität Mannheim, promovierte berufsbegleitend am Marketing-Lehrstuhl der TU Dortmund und war im Strategischen Marketing auf Unternehmensseite (Henkel, Generali Holding und Allied Domecq) sowie auf Agenturseite (BBDO, Ogilvy, McCann und Edelman) tätig.

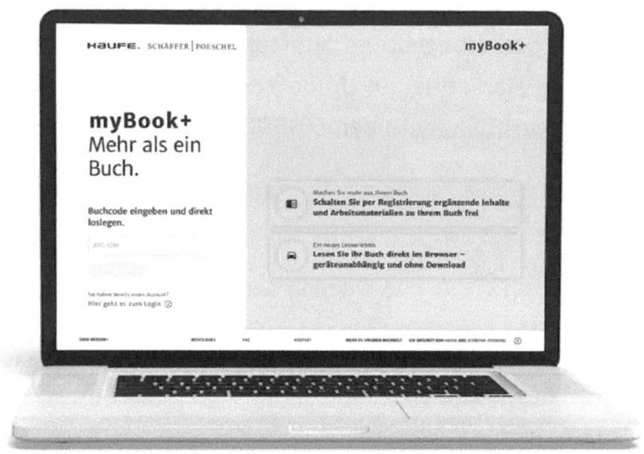

Ihre Online-Inhalte zum Buch: Exklusiv für Buchkäuferinnen und Buchkäufer!

▶ https://mybookplus.de

▶ Buchcode: VFT-99091